Ember.js 实战

Ember.js IN ACTION

〔挪〕 Joachim Ha[illegible]e 著

[illegible]祥 译

人民邮电出版社

北京

图书在版编目（CIP）数据

Ember.js实战 /（挪）斯基（Skeie,J.H.）著 ; 卢俊祥译. -- 北京 : 人民邮电出版社, 2015.7
书名原文: Ember.js in Action
ISBN 978-7-115-39001-1

Ⅰ. ①E… Ⅱ. ①斯… ②卢… Ⅲ. ①JAVA语言—程序设计 Ⅳ. ①TP312

中国版本图书馆CIP数据核字(2015)第094405号

◆ 著　　［挪］Joachim Haagen Skeie
译　　卢俊祥
责任编辑　杨海玲
责任印制　张佳莹　焦志炜
◆ 人民邮电出版社出版发行　　北京市丰台区成寿寺路 11 号
邮编　100164　　电子邮件　315@ptpress.com.cn
网址　http://www.ptpress.com.cn
北京艺辉印刷有限公司印刷
◆ 开本：800×1000　1/16
印张：14.75
字数：321 千字　　2015 年 7 月第 1 版
印数：1 – 2 500 册　　2015 年 7 月北京第 1 次印刷
著作权合同登记号　图字：01-2014-7055 号

定价：49.00 元

读者服务热线：(010) 81055410　印装质量热线：(010) 81055316
反盗版热线：(010) 81055315

内容提要

Ember.js 号称是“雄心勃勃”的 JavaScript MVC 框架、现代 JavaScript MVC 框架的一个代表，是构造如单页面应用等现代 Web 应用程序的新型 Web 端开发框架。本书深入介绍了这一框架的方方面面。

全书分为三个部分。第一部分为基础内容，共 4 章，引导读者对 Ember.js 有个概括性认识，并掌握其基础知识点，此部分包含两个示例程序——注意事项应用程序与博客应用程序；第二部分包括第 5 章到第 8 章，涉及 Ember.js 实战的几个关注点，如 Ember Data、自定义组件以及测试；第三部分为第 9 章到第 11 章，讨论 Ember.js 的高级主题，如认证、运行循环和打包部署。

本书对于 Web 开发者掌握 Ember.js 非常有价值。阅读本书需要读者具备一定的 JavaScript 开发经验。

译者简介

卢俊祥　译者，书迷；关注 Web 技术趋势，热衷 App 开发、Web 开发、数据分析、架构设计以及各类编程语言；陈氏太极拳五十六式爱好者；佛禅人生，缘散缘聚。

前言

2006 年起，我已经以某种方式进行 Web 应用开发。我开始为挪威最大的零售商开发 Web 应用，先是使用 JavaServer Pages（JSP）技术，之后换成 JavaServer Faces（JSF）。当时这些技术很不错，并能让使用者达到使用目的。在那时（Ajax 流行之前），HTTP 的请求-响应周期要求将大多数处理逻辑放在服务器端，服务器端在每次请求中传递所有标记、脚本和样式表给浏览器。

虽然以服务器端方式开发 Web 应用也能行之有效，但状态问题总是绕不开的。由于服务器端要求记住所有登录用户，管理状态很快就成为一个棘手而占用大量内存的任务。要如何处理用户打开多个标签页并在彼此间进行切换？跨多个（虚拟）机器延展服务的时候如何持久化会话数据？如果在服务器端存储用户状态，那又如何以一致方式方便地进行水平扩展？处理起来真不容易。

当我开始从事开源项目 Montric（那时叫 EurekaJ），我很快决定，如果想要在不借助独立的会话缓存的情况下水平扩展应用，我就得掌握一个具备良好前景和流行度的 JavaScript 框架。

我评估了多个框架，并用 Cappuccino（www.cappuccino-project.org）和 SproutCore（http://sproutcore.com）这两个框架搭建了原型。虽然 Cappuccino 的工具比较完整，而且提供了更细致好看的用户界面，我还是选择了一个 SproutCore，因为它可以让我使用既有技术积累，它还承诺可以跟第三方库方便结合。SproutCore 提供了更强大的视图，其组件方式可以最终组建出一个完整功能的 Web 应用。以组件为基础，使用服务器端框架，这些特性让我对 SproutCore 倍感亲切。但经历了最初的喜悦之后，我发现将第三方库集成到 SproutCore 并不简单。

随着 SproutCore 开发团队被收购以及该框架放慢了发展脚步，SproutCore 社区开始发生了变化，SproutCore 2.0 版进展顺利，但老版本与新版本间的裂痕却在扩大，最终，SproutCore 产生了一个新的分支——Ember.js。

Ember.js 依托能够提供优良 Web 体验的技术而打造，它能够帮助开发者使用既有技能组合开发 JavaScript 应用程序。Ember.js 并不抽象或隐藏 JavaScript、HTML 或者 CSS 的实现细节，反而与时俱进地充分利用这些技术。

不用说，我肯定是跟随 Ember.js，并且决定用 Ember.js 重写 EurekaJ 的前端部分。在此期间，我把项目改名为 Montric（http://montric.no）。从那时起，我就一直使用 Ember.js。在 v1.0.0 预览版发布期间，Ember.js 社区的发展也经历了起浮。那时频繁调整 API，感觉每周都在重新考虑和审视概念，但随着问题被逐步解决，思路也越来越明晰。在预览版时就决定写一本全面介绍 Ember.js 的图书，但对于这个想法我确实还有顾虑。

在我写作过程中，Ember.js v1.2.0 也发布了，API 变得稳定了，整个项目健康发展。今天，Ember.js 已经成为一个了不起的框架，能够帮助你创建极具挑战的 Web 应用。

致谢

至完稿时，本书是最全面且最结合实战的 Ember 书籍，学习本书是有一定挑战性的。在历经打击和困难的写作过程中，我也获益颇多。

感谢 Manning 团队出版这本 Ember.js 书籍，让我们有机会开启一段 Ember 学习之旅。我还要特别感谢策划编辑 Susanna Kline 容忍我一次次延期以及在 Skype 上无数次地发问，并始终耐心给予反馈，帮助我提高。同时，感谢文字编辑团队——Lianna Wlasiuk 与 Rosalie Donlon、Sharon Wilkey、Teresa Wilson——他们修订了全书大量拼写及语法错误。感谢也要送给校对员 Melody Dolab、排版员 Marija Tudor，以及项目经理 Mary Piergies 和 Kevin Sullivan。

审稿人确保了各个阶段目标的实现，我要对他们的工作表示感谢，感谢 Benoît Benedetti、Chetan Shenoy、Dineth Mendis、Jean-Christopher Remy、Leo Cassarani、Marius Butuc、Michael Angelo、Oren Zeev-Ben-Mordehai、Philippe Charrière、Richard Harriman 以及 Rob MacEachern。最后，感谢技术审校 Deepak Vohra 在送印前的认真复审。

我还要向我美丽的妻子 Lene、两个总给我惊喜的孩子 Nicolas 和 Aurora 致以特别而崇高的谢意！Lene 的支持和理解对我的写作是如此重要，要知道，写作得占用大量晚上和周末的空暇时间。当把时间优先花在其他事情上的时候，家庭带给你的安全感和幸福感至关重要。

致谢

[illegible]

[illegible]

[illegible]

[illegible]

关于本书

Ember.js 是一个最具雄心的 JavaScript Web 应用框架。随着 v1.0.0 正式版的发布，经过不到两年的发展，API 已经稳定了下来，项目也有序推进，并很快又推出了 v1.1.0 和 v1.2.0 两个版本。

构建一个庞大而有雄心的 Web 应用是个挑战。Ember.js 的应运而生是因为创建者们希望开发出一种框架，能够简化并标准化 Web 应用开发方式。本书的出发点是通过实例来讲解 Ember.js 的特性及精彩之处。

路线图

本书内容分为以下三个部分。

- 第一部分——Ember.js 基础。
- 第二部分——创建雄心勃勃的真实 Web 应用。
- 第三部分——高级 Ember.js 主题。

第一部分通过简单、独立的例子介绍 Ember.js 核心特性以及应用这些特性应具备的条件。

- 第 1 章介绍 Ember.js 及其背景，以及它的 Web 应用开发特性。读者将了解 Ember.js 的基本概念和技术。
- 第 2 章以第 1 章为基础，进一步介绍 Ember.js 核心特性。这一章会介绍绑定、计算属性、观察者模式以及 Ember.js 对象模型。
- 第 3 章是 Ember 路由器专题，路由器负责整合应用的各个部分。
- 第 4 章介绍 Ember.js 应用开发首选模板库 Handlebars.js。这一章将在 Ember.js 应用程序的表格功能中使用 Handlebars.js 特性，同时还将介绍 Ember.js 添加到 Handlebars.js 的 Ember.js-specific 插件。

第二部分会结合案例展开阐述，并介绍后续大多数章节将用到的 Montric 库。这一部分会深入探讨 Web 应用开发的难点：如何与服务器端高效交互、编写自定义组件以及测试 Ember.js 应用。

- 第 5 章研究如何使用第三方 Ember Data 库跟服务器端通信（基于 Ember Data beta 2 版本）。在演示如何自定义 Ember Data 以适配既有服务器端 API 之前，我们先来研究服务器端 API 和 Ember.js 应用在使用 Ember Data 时的一些相应处理。
- 第 6 章会演示不依赖框架的情况下如何与服务器端交互。此外，还将一步步演示如何搭建一个完整的 CRUD 数据层。
- 第 7 章专门讲解如何自定义组件，这是 Ember.js 在后期加入的特性。通过 Ember.js 组件，可以创建原子级别的独立组件，从而在自己应用或更复杂组件构建过程中复用。
- 第 8 章讲述如何测试 Ember.js 应用程序。可以通过 QUnit 和 PhantomJS 来构建可行的测试方案。

第三部分将进一步深入高级 Ember.js 主题，并讨论其他服务和工具，为应用开发提供便利，并加深读者对 Ember.js 的理解。

- 第 9 章讲述如何通过第三方认证系统创建认证与授权功能。本章以开源解决方案 Mozilla Persona 为实现基础。
- 第 10 章借助 Backburner.js 库以更轻松的方式使用 Ember。这个后台引擎可以让你更好地驾驭 Ember.js 应用程序，并确保应用视图实时更新的同时还具备高效性能。
- 第 11 章介绍在代码不断膨胀的情况下如何组织 Ember.js 应用程序，以及在发布准备阶段如何创建、装配和打包应用程序。

阅读对象

本书立足于帮助读者成为一名熟练而高效的 Ember.js 开发者。有赖于读者的背景，使用如 Ember.js 这样的框架开发 JavaScript 应用程序有可能要面对较大困难。本书帮助读者快速掌握 Ember.js 概念并熟悉 Ember.js 技术及应用结构，本书适合 Ember.js 新手和专业开发者阅读。

作为前提条件，本书假定读者已经熟练掌握 JavaScript 语言，并对 jQuery 相关知识有一定了解。

代码约定及下载

本书排版约定如下。

- 楷体用于表示专业术语。
- Courier 字体用于代码样例、元素、属性、方法名、类、接口及其他标识符。
- 在代码清单里，以及强调重要概念时，会采用代码注释的方式。

- 限于版面，一些较长的代码行会折断到下一行。因此，在需要时代码清单里会出现续行标志（➥）。

本书包含了许多代码片段和源代码。第一部分的源代码可以通过本书 GitHub 页获取，或者到 Manning 出版社网站 www.manning.com/Ember.jsinAction 下载 zip 格式的源代码压缩包。第二部分和第三部分的内容以 Montric 源代码为基础，Montric 源代码可以通过 GitHub 获取。

由于本书案例是实际的项目，本书写成时项目代码应该已经发生了变化。考虑到这一点，本书使用以下链接给出写作时的代码版本。

- 第 1 章和第 2 章：https://github.com/joachimhs/Ember.js-in-Action-Source/tree/master/chapter1/notes。
- 第 3 章：https://github.com/joachimhs/Ember.js-in-Action-Source /tree/master/chapter3/blog。
- 第 5 章、第 7 章～第 9 章和第 11 章：https://github.com/joachimhs/Montric/tree/ Ember.js-in-Action-Branch。
- 第 6 章：https://github.com/joachimhs/EmberFestWebsite/tree/Ember.js-in-Action-branch。

尽管要保持案例的真实有效，但我还是会努力通过文字来阐述 Ember.js。虽然在独立而优秀的案例中使用 Montric 源代码可能会偶尔给读者带来挑战，但也让本书内容更深入。此外，书中案例的更新变化也能够让读者了解 Ember.js 的发展历程。

作者在线

购买本书的读者可以免费访问 Manning 出版社维护的专用论坛，在论坛里读者可以评论本书、提出技术问题并得到作者和其他开发者的帮助。要访问论坛并订阅信息请访问 www.manning.com/Ember.jsinAction。该页面提供了注册后如何访问论坛的指引、各种帮助信息以及论坛行为准则。

Manning 以尽责的态度提供一个读者间、读者与作者间互动的空间。Manning 无法承诺作者的参与程度，其对论坛的贡献基于自愿而免费的原则。我们建议你尽量向作者提一些富有挑战性的问题，以保持作者的热情！

只要书籍得以出版，你就可以通过出版社网站访问作者在线论坛以及早期的讨论归档内容。

作者介绍

Joachim Haagen Skeie 是一位自由职业者，其供职于自己的公司 Haagen Software AS。致力于开发 Montric（一款开源的应用程序性能监控工具）和 Conticious（一款开源的主要用于

Ember.js 富互联网应用的 CMS API）的同时，他还是一名独立咨询师、Ember.js 和 RaspberryPi 课程讲师。Montric 和 Conticious 的前端部分基于 Ember.js 技术，后端使用 Java 技术。

Joachim Haagen Skeie 从 2006 年开始，就从事各种规模的 Web 应用开发工作，主要使用 Java 和 Ember.js 技术。他和妻子、孩子一起居住在挪威首都奥斯陆。

关于封面图画

本书封面图画的标题是“巴黎的戏剧导演”。这幅图出自 19 世纪法国出版的西尔万·马雷夏尔（Sylvain Maréchal）地域服饰习俗四卷本摘要。其每幅图画皆由手工精心绘制和着色而成。丰富多样的马雷夏尔作品集让我们强烈感受到 200 年前世界上城镇与地域在人文上的巨大差异。那时候人们生活封闭，所操语种、方言各不相同。无论是在街道还是乡野，通过各式穿戴，就能够很容易地识别人们的职业、身份，以及他们来自何方。

自那时起着装发生了变化，同时那个年代丰富的地域多样性也逐渐褪去。现在要分辨出不同大陆的居民已非常困难，更不用说城镇或地域的区别了。也许我们已用文化多样性来装扮个人生活的多样化——当然是从更加多样而快节奏的科技生活的角度。

有时候从某个角度很难描述一本计算机书籍，Manning 参考两个世纪前地域生活的丰富多样性来设计图书封面，借此表达对计算机领域开创精神的赞誉，并通过马雷夏尔的图画将时光带回到历史。

目录

第一部分　Ember.js 基础

第一部分

Ember.js 基础

JavaScript MVC 框架 Ember.js 用于组织大型 Web 应用代码结构。与其他流行的 JavaScript 应用框架相比，其具有更完整的 MVC 模式特征，并包含创建新一代 Web 应用所需特性。它自信满满，严格依赖约定优于配置的设计范式来构造应用程序。

由于包含大量特性及应用约定，Ember.js 的学习曲线比较陡峭。本书第一部分包含 4 章内容，帮你尽快找到 Ember.js 开发的感觉，并确保你从一开始就能有所成。

前两章重点介绍 Ember.js 常用核心特性。第 3 章介绍 Ember 路由器，第 4 章聚焦于为 Ember 程序员遴选的模板库 Handlebars.js。

第 1 章　发力雄心勃勃的 Web 应用

本章涵盖的内容

- 单页面 Web 应用概述（Single-page Web Application，SPA）
- Ember.js 介绍
- Ember.js 为 Web 开发者带来了什么
- 第一个 Ember.js 应用程序

本章介绍 Ember.js 应用框架，以及 Ember.js 生态系统的大量特性和技术。大多数主题将在后续章节具体展开。你还将快速了解 Ember.js 应用的轮廓及其优势。

同时，本章也会介绍如何构建 Ember.js 应用，其间将涉及 Ember.js 框架的不同方面。如果一开始你不太理解某些代码，请别担心！所有的这些开发代码都会在后面一步步具体展开。

如果你已习惯开发服务器端技术驱动的 Web 应用，掌握 Ember.js 可不是轻松的事情。本章代码示例和记事本应用将涉及构建 Ember.js 应用的各种概念。

Ember.js 的结构以一系列基础库为基础。书中各章开始处都会提供一张图，展示各个基础库并高亮显示各章涉及的内容。本章就会接触到许多 Ember.js 基础库，如图 1-1 所示。

1.1　Ember.js 适用场景

像《纽约时报》网站或苹果公司网站这样的内容服务网站以传统的 HTTP 请求-响应生命周期为基础，在服务器端渲染大部分的 HTML、CSS 和 JavaScript 代码。如图 1-2 左半部分所示，对于每个请求，服务器端都会生成网页标记全新而完整的复本。

另一种技术是富互联网应用（RIA），诸如 Google 地图、Trello 以及某种程度上的 GitHub。这些网站的目标就是重新定义应用类型，在客户端渲染大部分内容，以与原生安装应用竞争。如图 1-2 右半部分所示，应用在第一次请求发生时，服务器端做出响应，将完整的应用（HTML、CSS 以及 JavaScript）一次性传送给客户端。对于随后请求将只返回显示下一页面所需的数据。

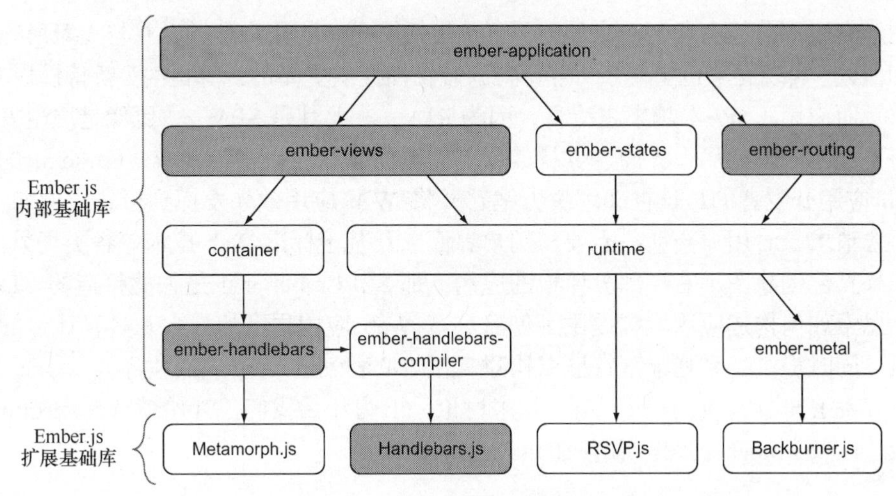

图 1-1 Ember.js 内部结构

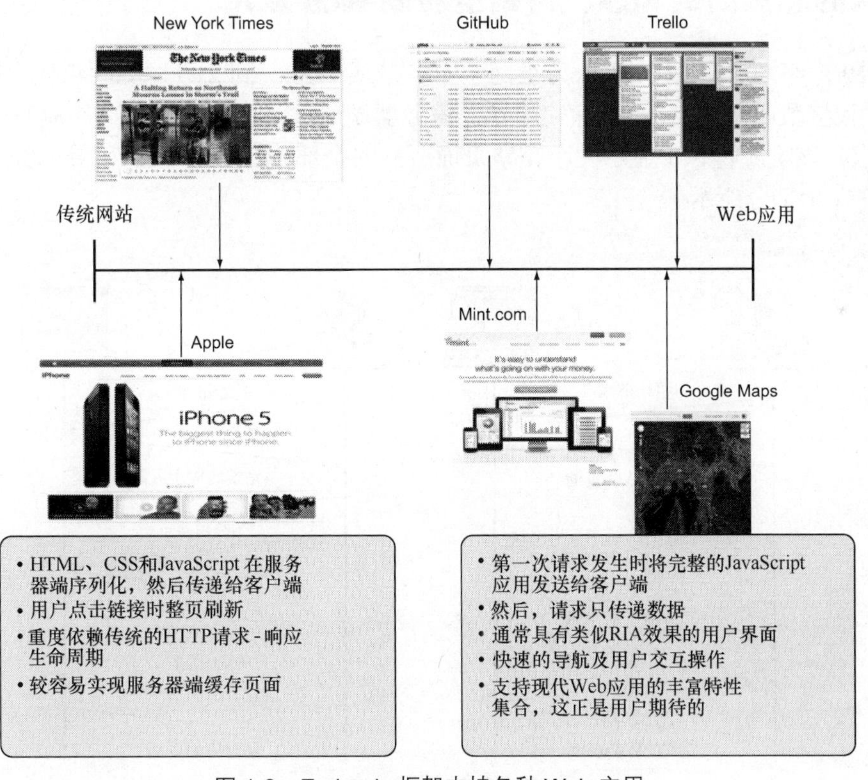

图 1-2 Ember.js 框架支持各种 Web 应用

两种技术的优缺点展示在图示的两端。左边描述的页面很容易被服务器端缓存，但其依赖请求-响应生命周期模式，而且为了响应用户动作必须整页刷新。

图示右半部分拥有典型的富用户界面，提供了更好的用户体验，并与大家所熟知的原生应用相似，但实现起来也更复杂，需要浏览器软件提供更多的计算能力、新特性以及稳定性。

单页面应用（SPA）越来越流行，因为 RIA——尤其是 SPA——更像是原生安装应用，其具有更加响应式的用户界面、少量或局部的页面刷新。在这个领域，Ember.js 的目标是成为 Web 应用开发者的最佳框架解决方案，并将 Web 应用效果发挥到极致。例如，Ember.js 非常适合请求长时用户会话、需要富用户界面以及基于标准 Web 技术等各类场景。

如果打算创建图示右半部分风格的应用，那么，Ember.js 正是为此打造的。Ember.js 还有助于思索如何构建应用。它提供了创建丰富 Web 应用程序的强大工具，让你的创意发挥到极致，同时提供一系列丰富特性以构建真正雄心勃勃的 Web 应用程序。

在开发 Ember.js 应用程序之前，先来讨论一下为什么我们一开始就选择象 Ember.js 这样的框架，以及 Ember.js 提出要解决的问题。

1.2　从静态页面到 Ajax、再到全功能 Web 应用

从 20 世纪 90 年代中期引入万维网（WWW 或 W3），到 21 世纪 00 年代中期 Ajax 出现之前，大多数的网站本质上是静态网站。服务器端通过一个 HTTP 响应来应答所有 HTTP 页面请求，该响应包含了显示一个完整页面所需的全部 HTML、CSS 和 JavaScript 代码，如图 1-3 左半部分所示。

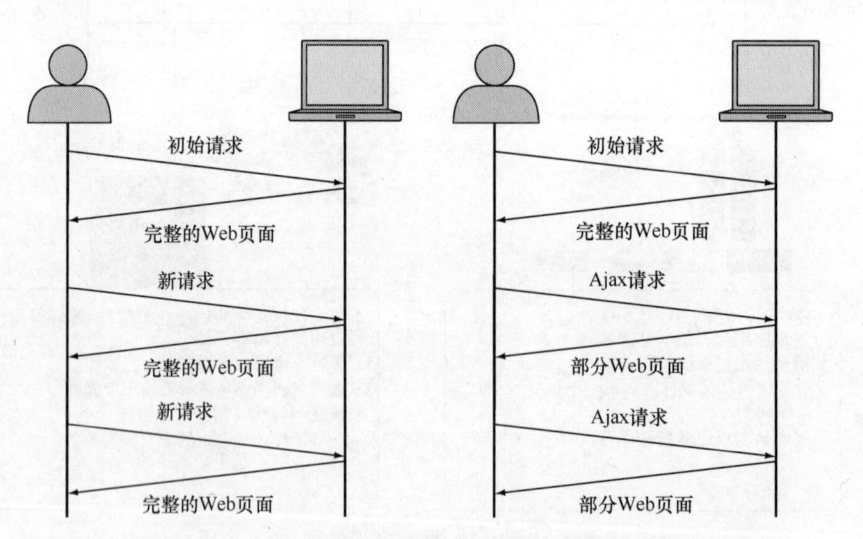

图 1-3　早期 Web 结构（左边）与 Ajax Promise 模式（右边）的比较

虽然许多网站仍然如图 1-3 左半部分所示那样，依赖于整页刷新的方式，但越来越多的开发者都在创建动态内容。今天，用户希望在体验网站时能够做到页面不要刷新。

1.2.1 异步 Web 应用的兴起

随着异步调用功能的引入，其提供了为每个响应发送特定内容的能力。客户端有专门接受这个响应的 JavaScript 代码，并会替换网站中所有相关的 HTML 元素内容，如图 1-3 右半部分所示。这看起来很好，但这种方式存在一个很大的问题。

在服务器端实现一个服务是很容易的事情：给出一个元素类型，呈现元素的新内容，并以原子级的完整方式返回给浏览器。如果这就是富 Web 应用用户所需，那就没那么多麻烦了。但问题是用户极少一次只更新一个元素。

比如，当你浏览在线商店的时候，会搜索商品项并将其添加到个人的购物车中。但添加一项商品到购物车时，你理所当然希望商品数量以及购物车商品总金额也相应更新。这样你才知道购物车里的商品总数以及总金额到底有多少。

由于服务器端在每个 Ajax 响应中应该明确包含哪些元素的规则很难定义，大多数服务器端框架都直接发送整个页面给客户端。同时，客户端知道应该用哪个元素替换/互换对应的 HTML 元素。

如你猜到的，这种方式效率很低，其意味着增加了大量客户端发送到服务器端的 HTTP 请求，而这正是 Ember.js 的用武之地。作为一名开发者，你或许理解图 1-3 所示模型的问题所在，服务器端为页面上单个元素返回更新过的标记，而要更新多个元素，你就需要采取以下的某种方式。

- 要求浏览器为每个要更新的元素触发额外的 Ajax 请求。
- 时刻记住——同时在客户端和服务器端——针对用户在应用中执行的每个操作，都要相应更新元素。

第一种方式增加了 HTTP 调用服务器端的次数；第二种方式需要你在客户端和服务器端同时管理用户状态。因此，这大大增加了 HTTP 请求的次数，导致服务器端负担加重，但又无法减少服务器端处理每个请求的工作量。别误解了，这种模型下，通过判断元素标识符来替代元素，以及挑选出服务器端所返回完整标记中的特定元素，是可以支持局部页面更新的。但如你所想，这种模式同时浪费了服务器端和客户端的资源。图 1-4 说明了这种结构。

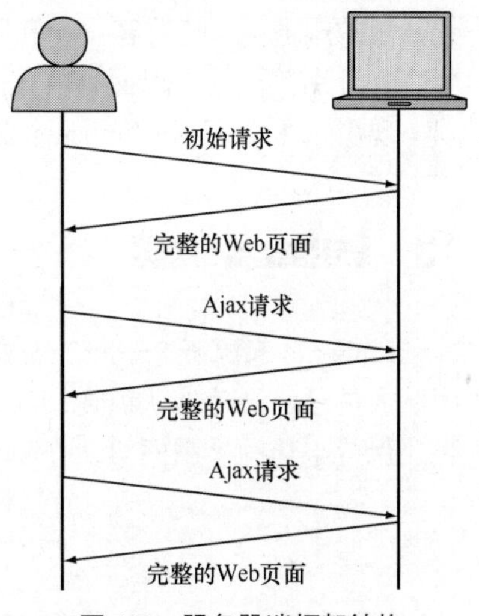

图 1-4 服务器端框架结构

理想情况下，我们希望只在初始时服务器端将完整应用一次性传送给客户端。当整个应用加载后，客户端只需提交数据请求。伴随这种想法让我们进入 Ember.js 使用的模型。

1.2.2 Ember.js 模型

以往，大多数网站忽视在服务器端与客户端间传递标记，而更关注数据传递。这正是 Ember.js 擅长的领域，如图 1-5 所示。

在图 1-5 中，用户在初次请求发出后一次性接收完整的网站。这将导致两件事情发生：增加初次加载的时间，但也意味着随后每次用户操作时性能得到提升。

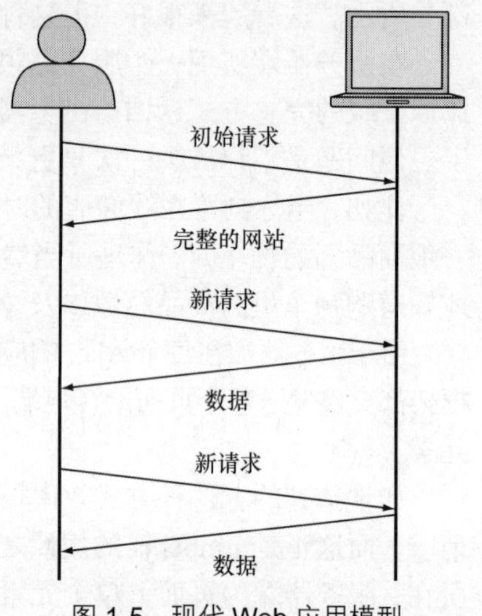

图 1-5 现代 Web 应用模型

实际上，图 1-5 所示的模型与可追溯到 20 世纪 70 年代的传统客户端/服务器端模型类似，但有两个重要的区别：初始请求充当客户端应用程序高度可行且可定制的分发渠道，同时确保所有客户端遵循一套通用的 Web 标准（HTML、CSS、JavaScript 和其他）。

随着客户端/服务器端模型提出，涉及用户交互的业务逻辑、GUI（图形用户界面），以及执行逻辑已从服务器端转移到了客户端来处理。对特定部署而言这种转移会带来一定的安全问题，但在通常情况下，只要服务器端控制着所请求数据的访问权，安全事宜就可以委托给所属的服务器。随着客户端和服务器端职责的清晰分离，客户端和服务器端就可以各司其职——分别关注用户界面和数据处理。

现在你理解了通过 Ember.js 创建的 Web 应用程序的类型，接下来将进入到 Ember.js 内部。

1.3 Ember.js 概览

Ember.js 起源于 SproutCore 框架的第二个版本。在 SproutCore 2.0 开发期间，SproutCore 团队成员已经清楚地认识到，如果想要创建满足目标广泛的 Web 应用程序的需要，并且体积还保持小巧的易用框架，SproutCore 框架的底层结构就需要有个根本改变。

SproutCore 简介

SproutCore 是一个用高度面向组件编程模型开发出来的框架。SproutCore 的大多数概念都是从 Apple 的 Cocoa 借鉴来的，而 Apple 也使用 SproutCore 来构建它的一些 Web 应用（MobileMe 和 iCloud）。同时，Apple 还贡献了大量代码给 SproutCore 项目。2011 年 11 月，Facebook 得到了该项目团队并负责维护 SproutCore。

最后，核心团队的部分成员决定从 SproutCore 分离出来，创建一个新的框架来实现这些改变。

Ember.js 借鉴了 SproutCore 大量的底层结构和设计。但 SproutCore 为了创建桌面风格的应用程序，通过对开发者隐藏大部分实现细节来费力提供端到端解决方案，与此不同，Ember.js 力求让开发者明白 HTML 和 CSS 才是开发栈里的核心。

Ember.js 的优势在于能够让你以一致而可靠的模式组织 JavaScript 源代码，同时还保持着 HTML 与 CSS 代码的易见性。此外，不强制依赖特定工具来开发、构建及装配应用程序，给开发者更多的选择控制权来组织开发过程。在装配及打包应用程序时，有许多可靠的工具供选择。第 11 章将介绍一些有效的打包选项。

你迫不及待地想开始 Ember.js 编码了？但在创建你的第一个 Ember.js 应用程序之前，还是先来了解下 Ember.js 及其应用结构吧。

1.3.1 Ember.js 特性

按照 Ember.js 官网[①]上的说法，Ember.js 是一个帮助你构建“雄心勃勃”Web 应用的框架。“雄心勃勃”这个词对不同的人可能有不同理解，但有一点是众所周知的，Ember.js 的目标是挑战 Web 开发的极限，同时确保源代码的结构化和健壮性。

Ember.js 将应用结构封装为逻辑抽象层，并强制尽可能采用面向对象开发模式，以达成其目标。其内置支持以下核心特性。

- 绑定——双向绑定的变量值将相互影响和更新。
- 计算属性——将方法标识为属性，并自动随其所依赖属性变化而更新。
- 自动更新模板——无论底层数据何时更改，始终确保界面处于最新状态。

将以上特性与强大而优良的 MVC 架构结合起来，你就获得了一个众望所归的 Ember.js 框架。

1.3.2 Ember.js 应用程序结构

如果你曾经花费了大量时间通过服务器端生成标记及 JavaScript 代码来开发 Web 应用程序，Ember.js——一个全新亮相的 JavaScript 框架——其应用结构完全不同于旧有做法。

Ember.js 包含了完整的 MVC 实现，MVC 架构强化了控制器层和视图层。随着本章内容的推进，我们将涉及更多的 MVC 实现细节。

- 控制器层——构建路由与控制器的结合逻辑。
- 视图层——构建模板与视图的结合逻辑。

① http://emberjs.com/

注意 第5章介绍的Ember Data，将充当Ember.js的模型层。

构建Ember.js应用程序时，开发者会对应用按一致而结构化的原则进行划分。可以花点时间考虑下放置应用逻辑的最佳位置。尽管这种方式要求在编码之前先仔细思考，但却能保证产品最终具有更好的结构，也就意味着程序易于维护。

大多数情况下，你将遵循Ember.js的指导原则和约定惯例，但有些情况下还需要花一些时间采取特别的方式来实现更复杂的应用功能。

如图1-6所示，Ember.js在标准MVC模型的各层之上引入了额外的概念，本书前5章会介绍这些概念。

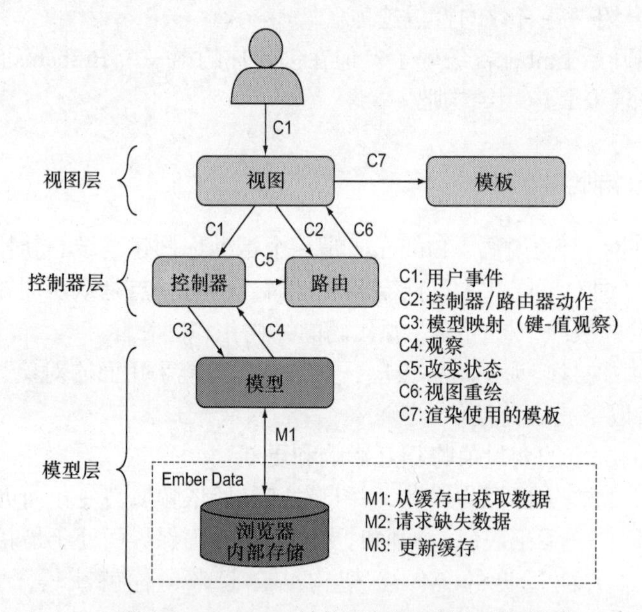

图1-6 Ember.js结构及如何匹配MVC模式

记住这张图，我们来具体了解一下每个MVC组件。

1. 模型与Ember Data

在图1-6的底部，Ember.js通过Ember Data来简化应用程序，Ember Data提供了创建富Web应用所需的大量数据-模型特性，其描绘了一种跟服务器端通信的可行实现方式。其他库也具备这种功能，你可以编写或引入你自己的客户端-服务器端通信层。Ember Data将在第5章中详细介绍，并在第6章介绍如何整合你自己的数据层。

模型层通常以半严格模式指定的方式来保存应用数据。模型层负责服务器端通信以及模型特有任务如数据转换。视图可以通过控制器绑定界面组件到模型对象属性。

Ember Data在模型层发挥作用，用来定义模型对象和客户端到服务器端的API，以及

Ember.js 与服务器端的传送协议（jQuery、XHR、WebSockets 及其他）。

2. 控制器与 Ember 路由器

在模型层之上是控制器层。控制器的主要作用是担当模型与视图之间的纽带。Ember.js 附带了几个自定义控制器，最主要的是`Ember.ObjectController`和`Ember.ArrayController`这两个控制器。通常，当控制器描述单一对象时（如选择一条事项）使用`ObjectController`；而在控制器描述项目数组时（如列出当前用户所有有效事项）使用`ArrayController`。

在此之上，Ember.js 通过路由器把应用程序分割为清晰界定的逻辑状态。每个路由可以有多个子路由，使用路由器在应用程序的不同状态间导航。

Ember 路由器同时也是 Ember.js 用于更新应用程序 URL 以及监听 URL 变化的机制。使用 Ember 路由器的时候，将以类似状态图的层级结构来模型化所有应用状态。第 3 章将涉及 Ember 路由器的内容。

3. 视图与 Handlebars.js

视图层负责绘制界面元素。视图通常不保存自身永久状态，但也有极少例外。默认情况下，Ember.js 中的每个视图都有一个对应的控制器作为其上下文。视图通过控制器获取数据，默认情况下，使用这个控制器来处理任何对该视图进行的用户操作。

同样是在默认情况下，Ember.js 使用 Handlebars.js 作为其模板引擎。所以，大多数 Ember.js 应用程序通过 Handlebars.js 模板来定义用户界面。一个视图使用一个模板来渲染。第 4 章会介绍 Handlebars.js 和模板。

Handlebars.js

Handlebars.js 基于 Mustache，包括 JavaScript 在内的许多编程语言中都能看到无逻辑模板库 Mustache 的应用。Handlebars.js 在 Mustache 之上添加了逻辑表达式（if、if-else、each 等）。这样，随着可以将模板绑定到视图与控制器的属性上，开发者就能够为 Ember.js 应用构建逻辑清晰且可定制的结构化模板。

Ember.js 附带了支持 HTML5 基本元素的默认视图，在处理简单元素时这些视图是非常合适的。而在构建 Web 应用复杂元素时，无论是扩展还是结合标准 Ember.js 视图，都能够很容易地创建出属于自己的自定义视图。

现在你了解了 Ember.js 应用程序结构，接下来开始编写你的第一个 Ember.js 应用。

1.4 第一个 Ember.js 应用程序：记事本应用

记事本应用大约有 200 行程序代码（包括模板和 JavaScript 代码）以及 130 行 CSS 代码。

你完全可以在 Windows、Mac 以及 Linux 等各种操作系统上使用你喜爱的编辑器来开发并运行这个应用。

提示　我使用 JetBrains WebStorm 来编写 JavaScript 应用，但这对你来说不是必需的。

你将通过编写一个简单的记事本 Web 管理应用来一探 Ember.js。该应用功能如下。

- 添加新事项——应用提供了用户添加事项的专用区域。
- 选择、查看及编辑事项——界面左边显示事项列表。用户一次选择一个事项，并可在右边查看、编辑内容。
- 删除已有事项——用户可以删除所选事项。

该应用设计轮廓如图 1-7 所示。

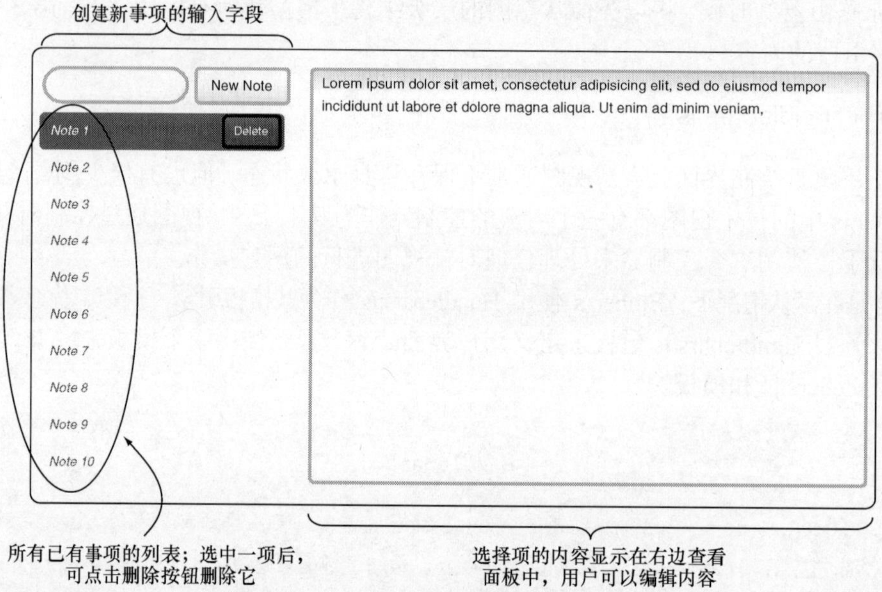

图 1-7　记事本应用的设计及布局

开始之前请下载以下各个库。取决于 Ember.js 当前版本，所需各个库的版本可能会有所不同。

- Ember.js 1.0.0
- Handlebars.js 1.0.0
- jQuery 1.1x
- Twitter Bootstrap CSS
- Twitter Bootstrap Modal
- Ember Data 1.x Beta 版

- Ember Data Local Storage Adapter

可选项：从头开始或者从 GitHub 获取代码

从头开始。

（1）在硬盘里创建目录，用以存储所有应用文件。

（2）目录结构如下所示。

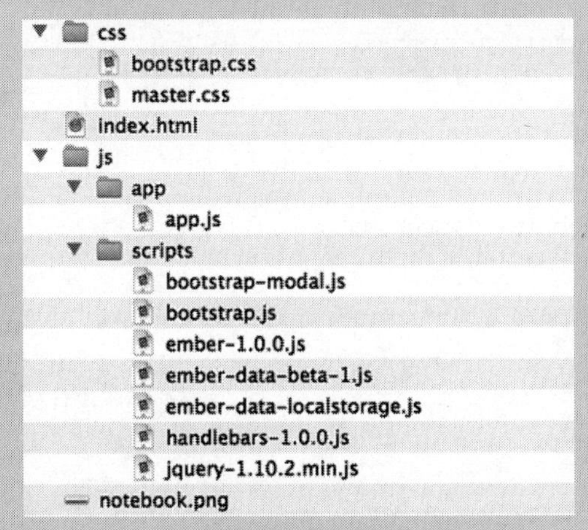

从 GitHub 获取代码：如果想要获取打包整理好的源代码，请通过 GitHub 仓库的链接 https://github.com/joachimhs/Ember.js-in-Action-Source/tree/master/chapter1 下载或复制，该内容是第 2 章结束之时的源代码。

设置完毕，请打开 index.html 文件。

1.4.1　记事本应用开发起步

在 index.html 中加载应用依赖的各个程序文件，如代码清单 1-1 所示。

代码清单 1-1　在 index.html 文件里加载依赖文件

```
<!DOCTYPE html>                          ← 标准的 doctype 声明
                                         开始 HTML 文档的标准元素
<html lang="en">
<head>
    <meta http-equiv="Content-Type" content="text/html; charset=utf-8">
    <meta name="viewport" content="width=device-width,
        initial-scale=1.0, maximum-scale=1.0">

     <title>Ember.js Chapter 1 - Notes</title>
     <link rel="stylesheet" href="css/bootstrap.css"
        type="text/css" charset="utf-8">          ← 加载 Twitter Bootstrap CSS 文件
```

```
    <link rel="stylesheet" href="css/master.css"
       type="text/css" charset="utf-8">                    加载自定义 CSS 文件

    <script src="js/scripts/jquery-1.10.2.min.js"
       type="text/javascript" charset="utf-8">
    </script>
    <script src="js/scripts/bootstrap-modal.js"
       type="text/javascript" charset="utf-8">
    </script>
    <script src="js/scripts/handlebars-1.0.0.js"
       type="text/javascript" charset="utf-8">
    </script>
    <script src="js/scripts/ember-1.0.0.js"
       type="text/javascript" charset="utf-8">
    </script>
    <script src="js/scripts/ember-data-beta-1.js"
       type="text/javascript" charset="utf-8">
    </script>
    <script src="js/scripts/ember-data-localstorage.js"
       type="text/javascript" charset="utf-8">
    </script>
    <script src="js/app/app.js" type="text/javascript"
       charset="utf-8">
    </script>                                  加载应用程序代码

</head>
<body>

</body>
</html>
```

这段程序足以作为开发记事本应用的起点。

模板的放置位置

简单起见，可以在 index.html 中放置所有的应用模板。这将简化设置操作，并便于开始新的 Ember.js 应用。一旦应用规模增长了，通常需要通过构造工具提取模板到独立的文件中，构造工具将在第 11 章介绍。

在大多数用于生产的 Ember.js 应用程序中，代码清单 1-1 中的代码就是将始终放在 index.html 文件里的所有代码。这可能跟以往的 Web 开发方式不尽相同，如我接触 Ember.js 之前的经历。除非开发者特别指定，默认情况下 Ember.js 应用程序将把内容放置在 HTML 文档的`<body>`标签里。

这段代码里并没有什么特别的。文档一开始定义了 `doctype` 类型，之后定义 HTML 元素——先是定义标准的`<head>`元素。在`<head>`元素中，设置页面标题，并加载 Twitter Bootstrap CSS 和应用所需的自定义 CSS。`<head>`标签里的`<script>`元素加载应用程序依赖的各个脚本，最后一个`<script>`标签加载记事本应用程序的实现代码，在本章剩余章节中我们将实现它。

1.4.2　创建命名空间与路由器

本节将通过基本 Web 应用布局来创建记事本应用程序的第一部分内容。

注意　不管是自己编写还是从 GitHub 链接（https://github.com/joachimhs/Ember.js-in-Action- Source/ blob/ master/ chapter1/notes/js/app/app1.js）下载代码，这里的代码文件都命名为 app1.js。

Ember.js 应用程序首先需要一个命名空间来容纳它。对于记事本应用程序，使用 Notes 作为命名空间。

创建命名空间之后，需要创建一个路由器，以获悉应用程序的结构。路由器不是必须的，但如本书所述，路由器能够极大简化并管理整个应用程序的结构化工作。你可以把路由器想象成一种黏合剂，用来恰当地处理应用程序并将各部分功能联系在一起。

让记事本应用程序以空白网站形式运行起来的最简单代码如下所示：

```
var Notes = Ember.Application.create({
});
```

创建应用程序的命名空间

这行代码通过 Ember.Application.create()创建 Notes 命名空间。任何应用实现代码都包含在这个命名空间里。这将有效分隔实现代码与引入的第三方库乃至包含它的其他 JavaScript 文件。但空白网站很无趣，接下来添加些显示内容。

当前 Ember.js 创建了 4 个具有默认行为的对象，这些对象跟我们的应用程序密切相关：

- application 路由；
- application 控制器；
- application 视图；
- application 模板。

这时你还不用具体了解这 4 个对象。但你必须知道可以覆写它们并包含自定义行为。

要想在页面呈现些文字，需要用自定义标记覆写默认的 application 模板。在 index.html 文件里的<head>标签里添加一个<script>标签。<script>标签的类型设置为"text/x-handlebars"，同时必须包括你的模板的名称（id），如代码清单 1-2 所示。

代码清单 1-2　覆写 application 模板

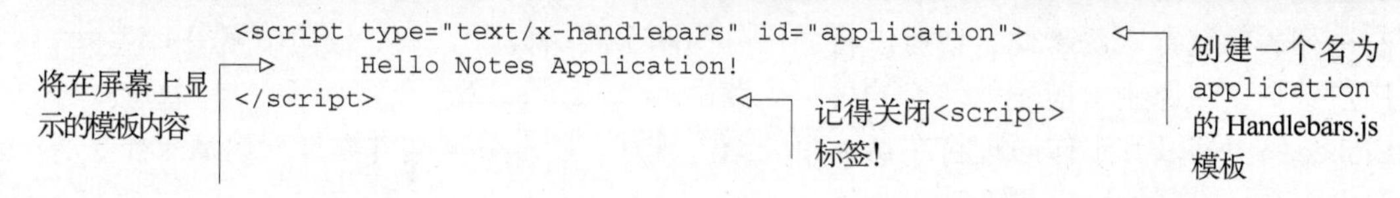

```
<script type="text/x-handlebars" id="application">
        Hello Notes Application!
</script>
```

在浏览器中打开 index.html 文件，将显示“Hello Notes Application!”，如图 1-8 所示。

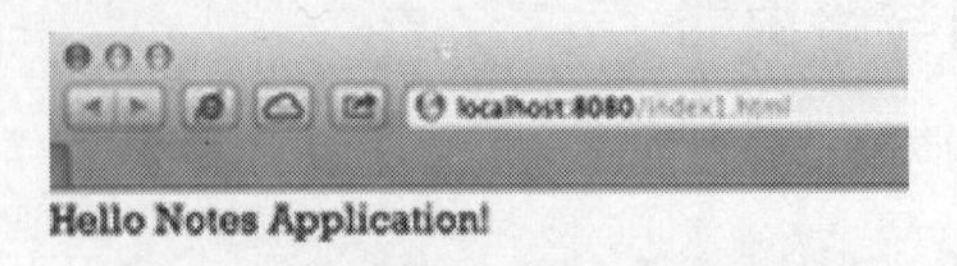

图 1-8 渲染 application 模板

> **运行程序**
>
> 虽然可以通过拖放 index.html 到浏览器的方式来运行记事本应用，但我还是推荐使用一个合适的 Web 服务器来运行它。你可以使用你最熟悉的 Web 服务器。如果你打算使用一个轻量级的小型 Web 服务器，你可以考虑 asdf 这个 Ruby gem，或者是使用一段简单的 Python 脚本。
>
> **如果已安装 Ruby**
>
> （1）在终端窗口（Mac 或 Linux）或命令行窗口（Windows）输入 `gem install asdf` 命令来安装 asdf；
>
> （2）安装完成后，在当前目录的终端或命令行窗口执行 `asdf -port 8080`；
>
> （3）gem 启动后，在浏览器打开链接 http://localhost:8088/index.html，运行应用程序。
>
> **如果已安装 Python**
>
> （1）在终端或命令行窗口执行 `python -m SimpleHTTPServer 8088` 命令；
>
> （2）命令执行并启动后，在浏览器打开链接 http://localhost:8088/index.html，运行应用程序。

你已经能够在屏幕上显示一些文字了，接下来继续设置记事本应用程序的剩余部分。在继续之前，我们先来思考一下应用程序可以有哪些状态（路由）。

但首先删除在代码清单 1-2 中添加的 `application` 模板。对于本章剩余内容，我们不需要复写默认的 `application` 模板，因此删除它，我们继续前进。

1.4.3 定义应用程序路由

回头看看图 1-7，你会发现记事本应用程序可以有两种逻辑状态——应用窗口左边的事项列表呈现一种状态，所选事项右边的内容呈现第二种状态。此外，所选事项内容的状态依赖于左边列表的选择。基于此，你可以将应用分为两个路由设置。一个是初始路由 `notes`，一旦用户选择了该路由，应用就转换到第二个路由 `notes.note`。

Ember 路由器及其工作原理将在第 3 章介绍。现在，给 app.js 文件添加代码清单 1-3 所示的路由定义。

代码清单 1-3　定义应用程序的路由器

```
Notes.Router.map(function () {
    this.resource('notes', {path: "/"}, function() {
        this.route('note', {path: "/note/:note_id"});
    });
});
```

定义应用程序路由器

定义顶层路由 notes，响应 URL “/”

定义子路由 notes.note，响应 URL “/note/:note_id”

以上代码在 Notes.Router 类里创建应用程序路由的映射。这个路由器里有两个路由。一个名称为 notes，对应 URL “/”；另一个名称为 note，是 notes 路由的子路由。拥有子路由的路由在 Ember.js 中被称为 resource（资源），而子路由被称为 route（路由）。

资源和路由以其父路由名称和自身名称的组合作为完全限定名称。例如，列表中 note 路由被称为 notes.note 路由。这个规则同样适用于控制器、视图以及模板。根据所定义的路由，Ember.js 创建了以下默认对象实现：

- Notes.NotesRoute
- Notes.NotesController
- Notes.NotesView
- notes 模板
- Notes.NotesNoteRoute
- Notes.NotesNoteController
- Notes.NotesNoteView
- notes/note 模板

此外，每个应用程序的路由都与一个关联 URL 实现双向访问绑定，这也意味着路由能够如约响应 URL 的变化，而在状态之间转换时同时以编程方式修改 URL。路由的概念刚开始容易让人迷惑，但请放心，我们会在第 3 章彻底讨论它。

注意　Ember.js 创建了上述列表中每个对象的默认实现，你只需要覆写需要修改的内容。因此，记事本应用程序并不用实现所有列出的类。

现在已定义了应用程序的每个路由，接下来还需要通知应用程序每个路由可使用哪些数据。代码清单 1-4 所示的程序定义了 notes 与 notes.note 路由。

代码清单 1-4　定义应用程序路由

```
Notes.NotesRoute = Ember.Route.extend({
    model: function() {
        return this.store.find('note');
    }
});

Notes.NotesNoteRoute = Ember.Route.extend({
    model: function(note) {
     return this.store.find('note', note.note_id);
    }
})
```

定义 notes 路由

定义路由可使用的数据

定义notes.note 路由

这段代码引入了几个新概念。最明显的是每个路由都扩展自 Ember.Route。接下来，通过 model() 函数通知每个路由可使用哪些有效数据。在这里，我们先不讨论 model() 函数代码的作用。

通过 Ember Data，通知 notes 路由将所有注册事项传入 NotesController；类似的，通知 notes.note 路由将所选事项传入 NotesNoteController。此外，我们使用了 Local Storage Adapter 来与 Ember Data 协同工作，也就是说，创建的事项会存储在本地浏览器里，应用可用其实现跨站更新。现在你可能不太理解 Ember Data，没关系，我们会在第 5 章详细解释它。

接下来为应用添加一些真实内容。

1.4.4 创建并列出事项

在 notes 路由里，可以包含一个输入文本字段以及一个按钮，这样用户就可以为应用添加新的事项。在文本字段和按钮的下方，将列出所有注册事项。

前面已经定义了路由，现在来添加一个新的 notes 模板。代码清单 1-5 在 index.html 中添加文本字段和按钮。

代码清单 1-5 添加模板、输入字段和按钮

```
<script type="text/x-handlebars" id="notes">          ← 定义模板，名为 notes
    <div id="notes" class="azureBlueBackground
        azureBlueBorderThin">                          ← 在 id 为 notes 的<div>标签中放置模板内容
        {{input}}                                      ← 添加文本字段到模板中
        <button class="btn btn-default btn-xs">        ← 添加 label 为 New Note 的按钮
            New Note
        </button>
    </div>
</script>
```

我们在 id 为 notes 的<div>元素里放置了 notes 模板的内容，这样可以确保应用正确的 CSS 样式到 notes 列表上。在<div>元素内，添加了文本字段和按钮。现在，程序尚未具备太多的功能，因为还未告知 Ember.js 在文本字段输入内容或用户点击按钮时应该如何动作。

先前为了在应用中添加文字，在代码清单 1-2 中编写了 application 模板的自定义实现。由于后续不再需要用到这段文字，所以请删除前面创建的 application 模板。依托 Ember.js 的标准应用模板就能够为记事本应用程序提供很好的支持。

注意 任何时候，只要 Ember.js 请求一个尚未定义好的模板，其都会使用默认实现，默认实现只包含了一个{{outlet}}表达式。

最后要实现的是用户在文本字段中输入新事项名称并点击按钮时，需创建该事项并将其保存到浏览器的本地存储当中。

要实现该功能，需要绑定文本字段的内容到 NotesController 的一个变量上，并添加一个动作，当点击按钮时，在 NotesController 中触发该动作。Ember.js 自动创建了一个默认的 NotesController，但要实现具体的动作，就需要覆写它。在 app.js 文件中添加代码清单 1-6 所示的实现。

代码清单 1-6　创建 NotesController

```
Notes.NotesController = Ember.ArrayController.extend({   <-- 扩展/继承自 Ember.ArrayController
    newNoteName: null,   <-- 绑定 newNoteName 属性到文本字段

    actions: {   <-- 在控制器中定义动作
        createNewNote: function() {   <-- 定义 createNewNote 动作
            var content = this.get('content');
            var newNoteName = this.get('newNoteName');
            var unique = newNoteName != null && newNoteName.length > 1;

            content.forEach(function(note) {   <-- 确保事项名唯一
                if (newNoteName === note.get('name')) {
                    unique = false; return;
                }
            });

            if (unique) {
                var newNote = this.store.createRecord('note');
                newNote.set('id', newNoteName);
                newNote.set('name', newNoteName);
                newNote.save();

                this.set('newNoteName', null);
            } else {
                alert('Note must have a unique name of at
                    least 2 characters!');
            }
        }
    }
});
```

（如果名称是唯一的，就通过 Ember Data 的 createRecord 方法创建该事项，并将事项保存至浏览器本地存储中，之后重置文本字段内容）

（如果事项名不唯一，则发出警）

该代码清单包含了不少处理逻辑。首先，创建名为 Notes.NotesController 的控制器。由于控制器里包含了事项列表，因此，其扩展自 Ember.ArrayController 比较合适。

接下来，在控制器里定义 newNoteName 属性，用来绑定输入文本字段。在这里也可以省略这个定义，Ember.js 在用户第一次输入文本字段内容时自动创建该属性，但我更喜欢明确指出模板会使用该属性。这只是个人偏好，你的习惯可能有所不同。

createNewNote 动作的含义很清楚了。

- 验证新事项的名称至少包括两个字符。
- 确保不存在同名的重复事项。
- 一旦新事项名称通过验证，就创建新事项并将其保存到浏览器本地存储当中去。

要在用户界面上添加事项，还得修改 notes 模板。首先需要初始化 Ember Data。将代码清单 1-7 中的代码添加到 app.js 中。

代码清单 1-7 初始化 Ember Data

```
Notes.Store = DS.Store.extend({
    adapter: DS.LSAdapter
});

Notes.Note = DS.Model.extend({
    name: DS.attr('string'),
    value: DS.attr('string')
});
```

- 创建扩展自 Ember Data 的 DS.Store 的 Notes.Store 类
- 指定所用的本地存储适配器
- 创建事项模型对象
- 指定名称属性（name）为字符串类型
- 指定值属性（value）为字符串类型

现在，应用程序已设置好可以通过 Ember Data 来使用浏览器本地存储了，你还可以将文本字段值以及按钮动作绑定到 Notes.NotesController。代码清单 1-8 所示的代码修改了 index.html 文件里的 notes 模板。

代码清单 1-8 添加绑定功能

```
<script type="text/x-handlebars" id="notes">
    <div id="notes" class="azureBlueBackground azureBlueBorderThin">

        {{input valueBinding="newNoteName"}}
        <button class="btn btn-default btn-xs" {{action
    "createNewNote"}}>New Note</button>
    </div>
</script>
```

- 添加动作触发 NotesController 控制器中的 reateNewNote
- 将文本字段输入值绑定到 newNoteName 属性

现在就可以为应用程序添加新事项了，我们的应用还需要能够列出所有的事项。要实现此功能，请编辑 notes 模板，如代码清单 1-9 所示。

代码清单 1-9 创建事项列表

```
<script type="text/x-handlebars" id="notes">
    <div id="notes" class="azureBlueBackground azureBlueBorderThin">
        {{input valueBinding="newNoteName"}}
         <button class="btn btn-default btn-xs"
            {{action "createNewNote"}}>
            New Note
        </button>

        <div class="list-group" style="margin-top: 10px;">
            {{#each controller}}
                <div class="list-group-item">
                    {{name}}
                </div>
            {{/each}}
        </div>
    </div>
</script>
```

- 为事项列表添加 Bootstrap 的列表组（listgroup）样式
- NotesController 中注册的每一个事项迭代
- 显示每条事项的名称

即使此时你还不太理解 Ember.js，但添加的代码已足够直观。你使用 Handlebars.js 表达式{{#each}}来迭代 Notes.NotesController 中的每条事项，并打印每条事项名称。我们还是使用 Twitter Bootstrap 来设置界面样式。加载修改过的 index.html，效果如图 1-9 所示。

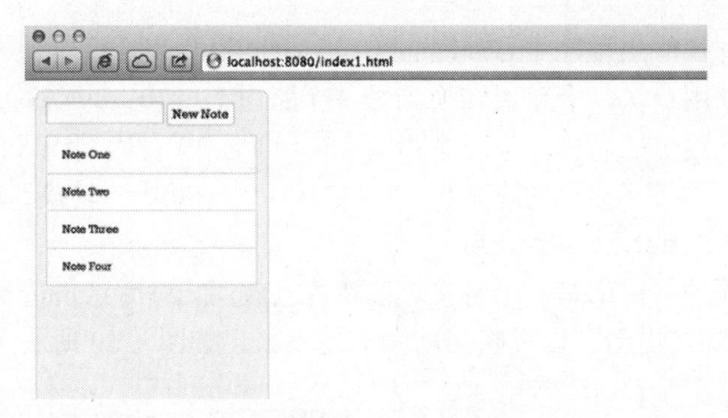

图 1-9　修改过的记事本应用程序主页面 index.html

到目前为止，也许你是经历了好一番周折，才在屏幕上显示出事项列表。但你很快就会发现，这些周折是有回报的。接下来，你将实现两个应用功能中的另一个：选择列表中的一条事项，转换到 notes.note 路由，并查看每条事项的内容。

1.4.5　选择并查看单条事项

记事本应用程序都具备输入事项内容的能力，本节最后面将实现该功能。

注意　本节完整源代码可以通过 GitHub 链接 https://github.com/joachimhs/Ember.js-in-Action-Source/blob/ master/chapter1/notes/js/app/app2.js 下载，相关文件为 index2.html 页面文件和 app2.js JavaScript 文件，如果是手动输入代码，别忘了按此设置正确的文件名。本节示例使用 Ember.js 1.0.0，因此相应使用{{#linkTo}}辅助器。对于新版本的 Ember.js，这个辅助器已改名为{{#link-to}}。如果你使用 1.0.0 以上的新版本 Ember.js，Ember.js 将提示你{{#linkTo}}已被废弃。

代码清单 1-10　接每条事项到 notes.note 路由

```
<script type="text/x-handlebars" id="notes">
    <div id="notes" class="azureBlueBackground azureBlueBorderThin">
        {{input valueBinding="newNoteName"}}
        <button class="btn btn-default btn-xs"
            {{action "createNewNote"}}>
            New Note
        </button>

        <div class="list-group" style="margin-top: 10px;">
            {{#each controller}}
                <div class="list-group-item">
                    {{#linkTo "notes.note" this}}
                        {{name}}
                    {{/linkTo}}
                </div>
            {{/each}}
        </div>
    </div>
</script>
```

在 linkTo 表达式中包含事项名称

当用户在 Ember.js 应用程序中导航时，在{{linkTo}}表达式中包含{{name}}是最通用的做法，可以帮助用户从一个路由转换到另一个路由上。{{linkTo}}表达式有 1～2 个属性：第一个是目标路由的名称；第二个指定{{linkTo}}表达式注入目标路由的上下文。

这段代码在点击某条事项名称的情况下，将用户从 NotesRoute 转换到 NotesNoteRoute，并将所选事项传给 NotesNoteRoute。

列表中每条事项的名称都是一个链接。重新载入应用，然后点击选择一条事项，之后可以发现应用的 URL 随之更新，以反映当前浏览的事项（如图 1-10 所示）。

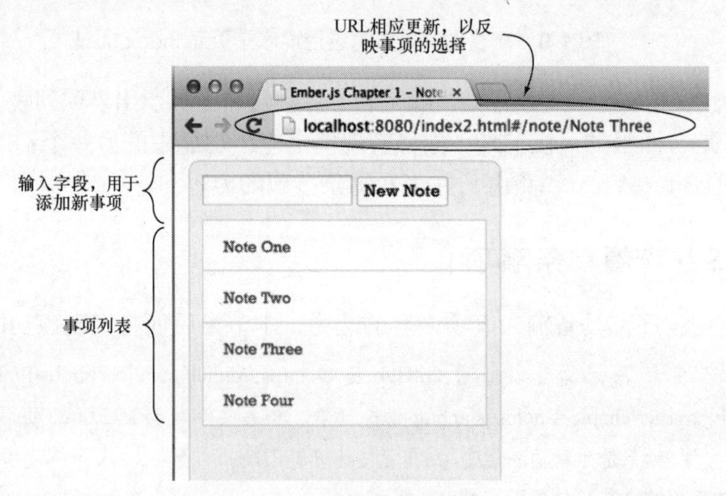

图 1-10　列表中的事项是个链接，当选择某条事项时，浏览器的链接将相应更新

现在可以查看并选择事项了，我们还希望在列表右边显示所选事项的内容。

要显示所需事项，需要创建 notes/note 模板。但在创建之前，需要添加一个{{outlet}}表达式到模板中，以通知 notes 模板在哪里渲染其子路由。Notes 模板修改如代码清单 1-11 所示。

代码清单 1-11　往 notes 模板中添加一个 outlet

```
<script type="text/x-handlebars" id="notes">
    <div id="notes" class="azureBlueBackground azureBlueBorderThin">
        {{input valueBinding="newNoteName"}}
        <button class="btn btn-default btn-xs"
            {{action "createNewNote"}}>
            New Note
        </button>

        <div class="list-group" style="margin-top: 10px;">
            {{#each controller}}
                <div class="list-group-item">
                    {{#linkTo "notes.note" this}}
```

```
                        {{name}}
                    {{/linkTo}}
                </div>
            {{/each}}
        </div>
    </div>

    {{outlet}}
</script>
```

指定在哪里渲染子路由

在通知 notes 模板在哪里渲染 notes.note 路由之后，可以添加显示所选事项的模板。在 index.html 文件中创建新模板，id 为 notes/note，代码如代码清单 1-12 所示。

代码清单 1-12　添加 notes.note 模板

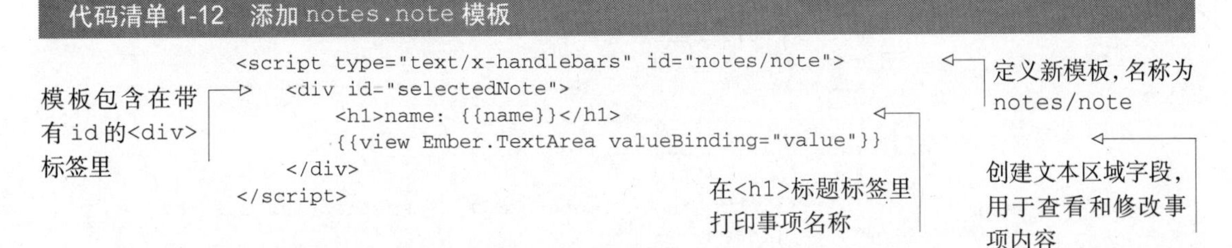

```
<script type="text/x-handlebars" id="notes/note">
    <div id="selectedNote">
        <h1>name: {{name}}</h1>
        {{view Ember.TextArea valueBinding="value"}}
    </div>
</script>
```

定义新模板，名称为 notes/note
模板包含在带有 id 的<div>标签里
在<h1>标题标签里打印事项名称
创建文本区域字段，用于查看和修改事项内容

虽然只添加了一小块代码，以允许用户选择某条事项并查看其内容，但现在的应用程序已可以提供以下功能给用户。

- 创建一条事项并添加到事项列表中。
- 查看添加到应用程序中的所有事项。
- 选择一条事项，转换到新路由，并更新 URL。
- 查看及编辑所选事项的内容。
- 在查看特定事项时刷新应用，将初始化应用程序，并仍会显示同一条事项。

图 1-11 所示为更新后的应用效果。

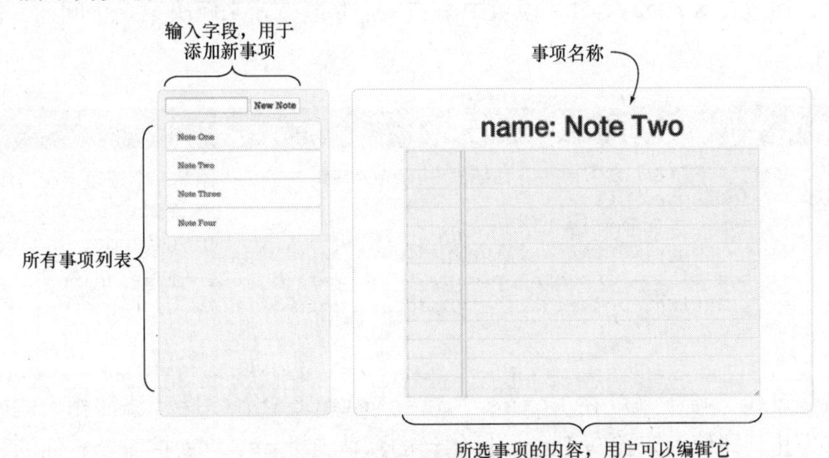

输入字段，用于添加新事项
事项名称
New Note
Note One
Note Two
Note Three
Note Four
name: Note Two
所有事项列表
所选事项的内容，用户可以编辑它

图 1-11　更新后的应用效果

在添加事项删除操作之前，还得先解决两个问题。

- 应用程序无法标识当前所选事项。
- 无法保存所选事项的更改。

要解决第一个问题，我们在`{{linkTo}}`表达式上使用 Twitter Bootstrap 的 CSS 样式及一个附加的 CSS 类名，如代码清单 1-13 所示。

代码清单 1-13　高亮所选事项

```
<script type="text/x-handlebars" id="notes">
    <div id="notes" class="azureBlueBackground azureBlueBorderThin">
        {{input valueBinding="newNoteName"}}
        <button class="btn btn-default btn-xs"
            {{action "createNewNote"}}>
            New Note
        </button>

        <div class="list-group" style="margin-top: 10px;">
            {{#each controller}}
                {{#linkTo "notes.note" this class="list-group-item"}}
                   {{name}}
                {{/linkTo}}
            {{/each}}
        </div>
    </div>

    {{outlet}}
</script>
```

移除<div>标签并添加 CSS 类

这里有一些微小调整：移除了`<div>`标签，然后添加一个 CSS 类名到`{{linkTo}}`表达式，这样就足以成功用蓝色高亮所选事项。不管你是点击事项或是直接通过 URL 进入`notes.note`路由，注意观察相应变化。

接下来，通过在`notes/note`模板中添加一个修改按钮来解决第二个问题，代码如代码清单 1-14 所示。

代码清单 1-14　在`notes/note`模板中添加按钮

```
<script type="text/x-handlebars" id="notes/note">
    <div id="selectedNote">
        <h1>name: {{name}}</h1>
        {{view Ember.TextArea valueBinding="value"}}
        <button class="btn btn-primary form-control mediumTopPadding"
            {{action "updateNote"}}>Update</button><br />
    </div>
</script>
```

添加一个按钮，在 NotesNoteController 控制器中触发 updateNote 动作

一旦按钮就位，接下来就在`Notes.NotesNoteController`添加相应的事项修改动作。到目前为止，即使尚未覆写 Ember.js 创建的默认`NotesNote`控制器，你的程序也已相当不错了。在 app.js 文件里添加代码清单 1-15 所示的修改功能的程序。

代码清单 1-15 添加 NotesNoteController 来修改事项内容

```
Notes.NotesNoteController = Ember.ObjectController.extend({
    actions: {
        updateNote: function() {
            var content = this.get('content');
            console.log(content);
            if (content) {

                content.save();
            }
        }
    }
});
```

创建 Notes.NotesNoteController，扩展自 Ember.Object-Controller

捕捉修改按钮的点击事件，并添加动作

保存更改内容

应用程序现在看起来如图 1-12 所示。请注意所选事项高亮显示在图的左边，URL 随所选事项会相应更新，右边文本区域的下方有一个修改按钮。

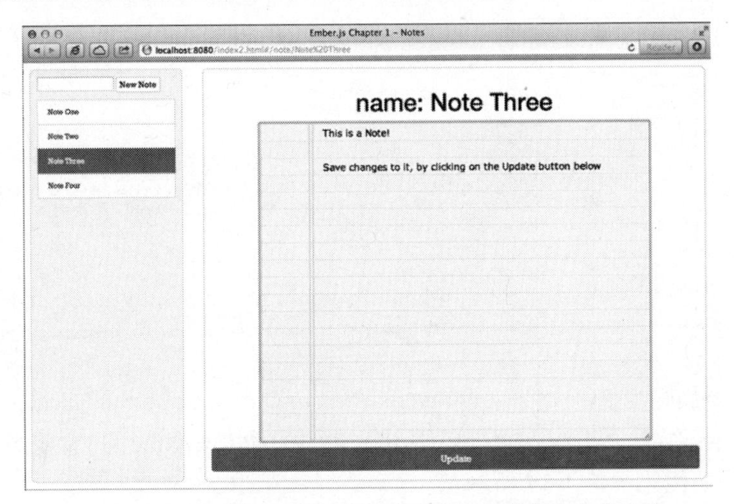

图 1-12 应用演示了事项被选中，并保存事项内容的修改

现在来完成记事本应用程序的最后一部分功能：删除事项。

1.4.6 删除事项

本节将完成记事本应用程序的第三个也是最后一部分功能。

注意 本节 JavaScript 代码文件名为 app3.js，或者你也可以通过 GitHub 链接下载源代码：https://github.com/joachimhs/Ember.js-in-Action-Source/blob/master/chapter1/notes/js/app/app3.js。

要删除事项，需要为界面左边列表中的所选事项添加一个删除按钮。当用户点击该按钮时，应用程序会弹出一个模式面板，在删除所选事项之前请用户确认。一旦用户确认删除，该事项就从 Notes.NotesController 的 content 属性里移除，同时设置 selectedNote 属性为 null。我们用 Twitter Bootstrap 实现一个模式面板，并添加到应用程序。同时还要在

Notes.NotesController 中添加一些新动作。

首先在 notes 模板中添加删除按钮，代码如代码清单 1-16 所示。

代码清单 1-16 在 notes 模板中添加删除按钮

```
<script type="text/x-handlebars" id="notes">
    <div id="notes" class="azureBlueBackground azureBlueBorderThin">
        {{input valueBinding="newNoteName"}}
        <button class="btn btn-default btn-xs"
            {{action "createNewNote"}}>
            New Note
        </button>

        <div class="list-group" style="margin-top: 10px;">
            {{#each controller}}
                {{#linkTo "notes.note" this class="list-group-item"}}
                    {{name}}

                    <button class="btn btn-danger btn-xs pull-right"
                        {{action "doDeleteNote" this}}>
                        Delete
                    </button>                    <-- 在 NotesController 中添加按钮，触发 doDeleteNote 动作
                {{/linkTo}}

            {{/each}}
        </div>
    </div>

    {{outlet}}
</script>
```

在用户界面添加好按钮后，接下来为 Notes.NotesController 添加新的 doDeleteNote 动作。这时候，传递 this 给 doDeleteNote 动作，通知该动作用户希望删除哪一条事项。控制器修改代码如代码清单 1-17 所示。

代码清单 1-17 在 NotesController 里添加 doDeleteNote 动作

```
Notes.NotesController = Ember.ArrayController.extend({
    needs: ['notesNote'],

    newNoteName: null,

    actions: {
        createNewNote: function () {
            //Same as before
        },
        doDeleteNote: function (note) {          <-- 在 NotesController 里添加新的 doDelete\Note 动作
            this.set('noteForDeletion', note);    <-- 将删除事项保存到控制器的属性 noteForDeletion 中
            $("#confirmDeleteNoteDialog").modal({"show": true});   <-- 显示确认模式对话框
        },
```

doDeleteNote 动作接受一个参数。由于之前在{{action}}表达式的第三个参数里传入了打算删除的事项，Ember.js 将确保传入该对象到动作中。此时，尚未得到用户的确认，因此还不能真正删除事项。在显示确认信息给用户之前，先临时保存用户打算删除的事项。之后，显示模式面板，接下来你就会创建它。

由于用 HTML 代码渲染 Bootstrap 模式面板有点儿复杂，且有可能在应用程序的多处地方重用它，因此，我们将创建一个新模板来渲染模式面板。在 index.html 文件中创建名为 confirmDialog 的新模板，如代码清单 1-18 所示。

代码清单 1-18 为模式面板创建新模板

```
<script type="text/x-handlebars" id="confirmDialog">
    <div id="confirmDeleteNoteDialog" class="modal fade">
        <div class="modal-dialog">
            <div class="modal-content">
                <div class="modal-header centerAlign">
                    <h1 class="centerAlign">Delete selected note?</h1>
                </div>
                <div class="modal-body">
                    Are you sure you want to delete the selected Note?
                    This action cannot be be undone!
                </div>
                <div class="modal-footer">
                    <button class="btn btn-default"
                        {{action "doCancelDelete"}}>
                        Cancel
                    </button>
                    <button class="btn btn-primary"
                        {{action "doConfirmDelete"}}>
                        Delete Note
                    </button>
                </div>
            </div>
        </div>
    </div>
</script>
```

添加名为 confirmDialog 的新模板

为模式面板创建 id 为 confirmDeleteNoteDialog 的<div>元素

在面板的标题区域里添加显示文本

在面板的主体区域添加显示文本

创建取消按钮，其触发 doCancelDelete 动

创建删除按钮，其触发 doConfirmDelete 动作

一旦掌握了 Bootstrap 标记，实现模式面板就很简单，但在这里处理起来却有点复杂。面板包含了标题区域、主体区域以及页脚区域。对记事本应用程序而言，需给模式面板添加文本信息以提示用户确认是否删除事项，并要提醒用户操作不可回退。在页脚区域添加两个按钮：一个用来取消删除操作，另一个执行事项删除。取消按钮调用控制器的 doCancelDelete 动作；删除按钮调用控制器的 doConfirmDelete 动作。

要显示模式面板，只需添加一行代码来通知 notes 模板在哪里渲染 confirmDialog 新模板。通过{{partial}}来构造该行代码，如代码清单 1-19 所示。

代码清单 1-19 渲染 confirmDialog 新模板

```
<script type="text/x-handlebars" id="notes">
    <div id="notes" class="azureBlueBackground azureBlueBorderThin">
```

```
        //Content same as before
    </div>

    {{outlet}}

    {{partial confirmDialog}}
</script>
```

渲染模板

{{partial}}表达式找出名称匹配其第一个参数的模板，之后将该模板渲染进 DOM 中。

最后的任务是在 Notes.NotesController 中实现 doCancelDelete 和 doConfirmDelete 动作，修改控制器的代码，如代码清单 1-20 所示。

代码清单 1-20 实现 doCancelDelete 和 doConfirmDelete 动作

```
Notes.NotesController = Ember.ArrayController.extend({
    needs: ['notesNote'],
    newNoteName: null,

    actions: {
        createNewNote: function() {
            //Same as before
        },

        doDeleteNote: function (note) {
            //Same as before
        },

        doCancelDelete: function () {
            this.set('noteForDeletion', null);
            $("#confirmDeleteNoteDialog").modal('hide');
        },

        doConfirmDelete: function () {
            var selectedNote = this.get('noteForDeletion');
            this.set('noteForDeletion', null);
            if (selectedNote) {
                this.store.deleteRecord(selectedNote);
                selectedNote.save();
                if (this.get('controllers.notesNote.model.id') ===
                    selectedNote.get('id')) {
                    this. transitionToRoute('notes');
                }
            }
            $("#confirmDeleteNoteDialog").modal('hide');
        }
    }
});
```

跨控制器访问 Notes.NotesNoteController

实现 doCancelDelete

隐藏模式面板

重置属性为 null

实现 doConfirm-Delete

从 noteForDeletion 属性中重获删除事项

如果用户确定删除事项，则执行删除操作并在浏览器本地存储中保存更改

如果删除当前正在查看的事项，将把用户转换到 notes 路由上

隐藏模式面板

我们来分析一下这段代码，首先实现了 doCancelDelete 动作，处理逻辑很简单：重置控制器的 noteForDeletion 属性为 null，然后隐藏模式面板。

doConfirmDelete 动作则更复杂。在重置控制器的 noteForDeletion 属性之前，

从该属性中获取想要删除的事项。接下来，确认控制器有一个实际要删除事项的引用。一旦得到确认，就通知 Ember Data 从存储器中删除该记录。这仅是标记事项为删除状态，要执行真正的删除操作，需要对该事项对象调用 `save()` 方法，该方法执行完毕，事项即从浏览器本地存储中删除，并从页面的事项列表中移除。

在关闭模式面板及完成 `doConfirmDelete` 动作之前，需要考虑这样一个场景：如果用户删除一条正在查看的事项会发生什么事情？有以下两种选择。

- 通知用户不能删除正在查看的事项。
- 将用户转换到 `notes` 路由上。

在本应用中，我认为第二种选择更合适。

可以发现控制器的第二行添加了一个 `needs` 属性。这种方式用来告知 Ember.js 将来某个时刻需要访问 `Notes.NotesNoteController` 的实例。有了该属性，以后就能够通过 `controllers.notesNote` 属性来访问 `Notes.NotesNoteController`。这将允许你比较删除事项与用户正在查看事项的 `id` 属性（可能的话）。如果属性匹配，则通过 `transitionToRoute()` 函数将用户转换到 `notes` 路由。

试一下删除事项功能，在浏览器中重新加载整个应用程序，并尝试删除一条事项（如图 1-13 所示）。

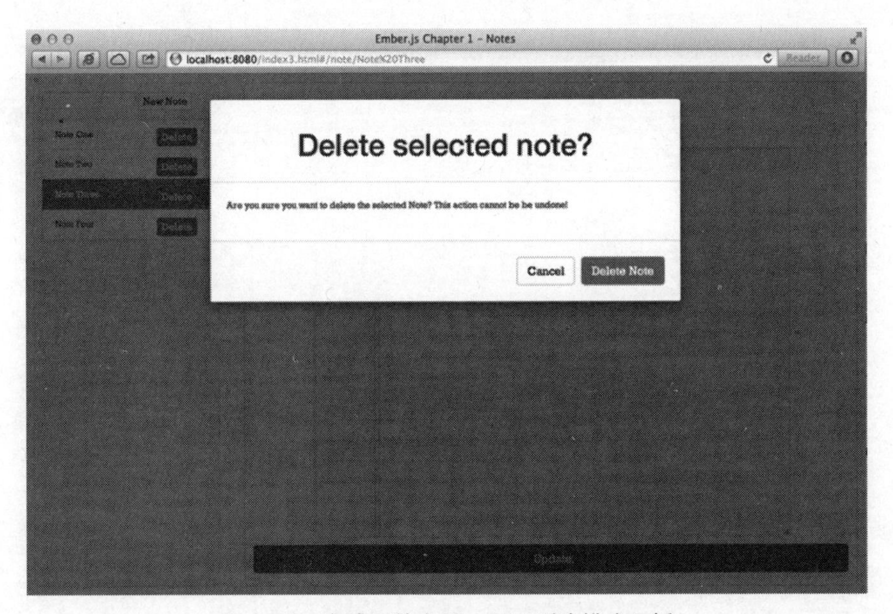

图 1-13　完成后的应用，显示删除模式面板

现在，我们完成了本章记事本应用程序的相关内容。随着第 2 章对 Ember.js 核心概念的深入研究，你还将继续完善记事本应用程序。

1.5 小结

本章快速浏览了 Ember.js 的基础构建模块，并介绍了 Ember.js 应用程序的核心概念。通过本章的学习，我希望你对 Ember.js 框架有了一个较好了解，同时理解其存在价值及其为 Web 开发者提供的便利。

作为 Ember.js 的介绍性章节，本章用一个简单 Web 应用的开发过程来引导你，过程中触及了框架的重要方面。开发记事本应用程序的目的是为了通过并不复杂的代码，尽可能多地将 Ember.js 基本特性展示在你面前。Ember.js 的学习曲线比较陡峭，但它却能够给 Web 开发者带来莫大实惠，本章的小试牛刀，已隐约要引爆现代框架 Ember.js 的巨大威力……

下一章里，将复用并扩展本章编写的代码，以彻底理解 Ember.js 的核心特性。

第 2 章　Ember.js 风格

本章涵盖的内容

- 绑定的工作方式，以及它们对编程风格的影响
- 自动更新模板的使用
- 如何及何时使用计算属性及观察者（Observer）模式
- Ember.js 对象及类模型

本章将在第 1 章代码的基础上详细阐述 Ember.js 框架中最具特色的知识点。Ember.js 最关键的设计目标之一就是提供完整、合理的默认实现以避免开发者必须自己创建大量样板代码。Ember.js 通过默认设置来满足大多数 Web 应用的需要，并允许开发者在合适之处轻松覆写这些默认设置。有了这些完备选择，我们就可以大大降低编写各种 Web 应用程序的难度，从此不用过多纠结于数据如何从 A 传到 B，也不用再老想着如何以清晰而高效的方式更新 HTML 元素，同时，还能够方便地集成第三方 JavaScript 框架。

如果你接触过诸如 Objective-C、Adobe Flex 以及 JavaFX 这些具备绑定功能的其他编程环境，那么在应用中运用观察者模式、约束变量以及数据自动同步等方法对你而言应该再熟悉不过了。否则，你得忘掉旧有编程习惯并接受 Ember.js 基本概念，因为这些概念将彻底改变你编写程序的思维方式。改变编程习惯以适应松耦合及异步编程思维方式，应该是学习高效运用 Ember.js 的最大难点。

图 2-1 列出了本章涉及的 Ember.js 功能模块——ember-application、ember-views 以及 Handlebars.js。

本章将进一步完善第 1 章创建的记事本应用程序。更新代码放在 index4.html 和 app4.js 文件中。

注意　你可以自己编写源代码，或通过 GitHub 获取源代码：https://github.com/joachimhs/ Ember.js-in-Action- Source/blob/master/chapter1/notes/js/app/app4.js。

我们先从绑定这个核心特性入手，它是整个 Ember.js 框架的基础。

Ember.js 框架基于相关联的几个特性来整合框架并提供其他特性。掌握绑定、计算属性及观察者模式的工作方式，是 Ember.js 程序员的必备技能。

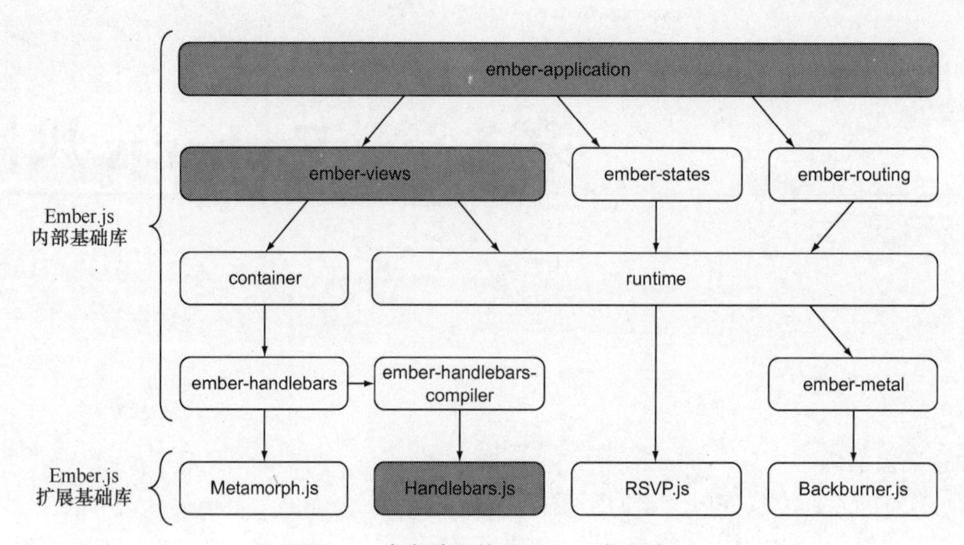

图 2-1　本章涉及的 Ember.js 知识点

2.1　绑定对象

最常见的任务可能就是不断重复编写 Web 应用代码请求服务器端数据，解析响应信息并调用控制器，确保视图在数据改变时同步更新。

然后，当用户使用这些数据的时候，还得在某种程度上同时更新浏览器缓存及视图数据，这样才能确保浏览器缓存数据与页面展示数据保持一致。

你可能已经为成百上千的用户案例编写过代码，但是大多数的 Web 应用程序仍缺乏一个网站级的底层结构以一种清晰而一致的方式来处理各种交互，这就导致开发者为每个应用、应用各层重复造轮子。通常的实现如图 2-2 所示。

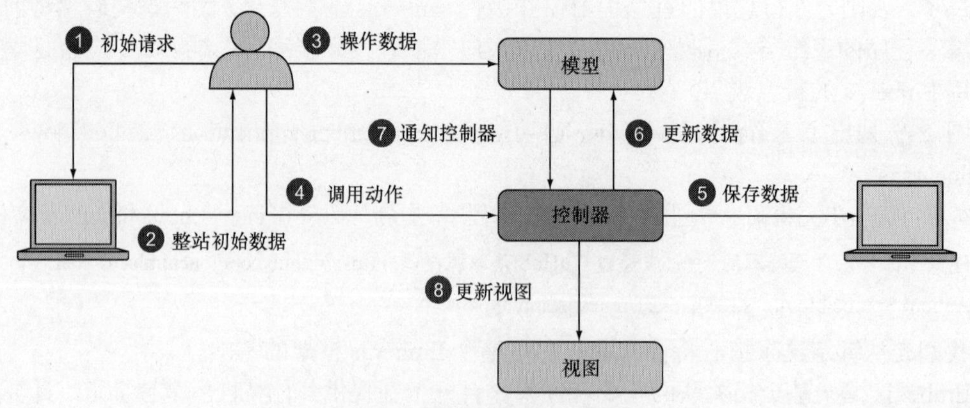

图 2-2　通常的数据同步实现

该模型假设你已经思考过要如何组织应用程序，并且已经在应用程序中实现了一个MVC结构。Ember.js的MVC模型与你以往开发Web应用时惯用的MVC模型稍有不同，但不用害怕，第3章将详细讲解Ember.js的MVC模型。

图2-2所示模型存在一个问题，开发者得自己实现一个结构来确保保存到服务器端的数据与展示给用户的数据是一致的。此外，还需为列出的6个步骤（步骤3~8）逐一编写代码。考虑一下各种边界情况。

- 如果服务器端无法保存数据会怎样?
- 如果在加载数据（步骤2）与保存数据（步骤5）之间服务器端却更新了数据，那会怎样?
- 如果用户创建了新数据并且服务器端需要为数据生成唯一标识符，那会怎样（步骤3和5）?
- 如果服务器端更新了一些数据，那么客户端如何及时获取通知以反映这种更新?
- 如果数据发送给服务器端后，用户马上进行了更改操作，但此时服务器端响应还未返回客户端，这时候会发生什么?
- 如果控制器未获得改变通知而模型却发生了改变，那会怎样?
- 如果多个视图需要展示同一数据会怎样?如何同步数据来保持用户界面的一致性?

这些只是需要在应用各个环节都要判别的几个例子。如果你打算在开发中实现通常的数据同步解决方案，那真是了不起！现在，你了解了在视图与控制器、模型与模型、客户端与服务器端之间同步应用数据的困难所在。而Ember.js凭其完整而健壮的绑定机制与MVC实现，特别适合在此类场景中发挥直接作用。Ember.js还提供了完整持久层Ember Data，我们将在第5章讨论它。

最简单的形式是，通过绑定方式告知应用程序“当变量A改变时，请确保同步更新变量B”。Ember.js的绑定可以是单向或双向的，两者的工作方式相同，但双向绑定无论哪个变量发生改变，都会在两个变量间保持同步。Ember.js中最常用的绑定类型可能就属双向绑定了，因为它是Ember.js的默认绑定结构，此外，编写客户端应用时也最可能需要双向绑定。

可以调用`Ember.Binding.twoWay`或`Ember.Binding.oneWay`函数来明确声明一个绑定；在创建单向绑定时需要这么做。而大多数情况下，我们在对象属性声明里通过`Binding`后缀关键字来创建双向绑定。Ember.js的构造足够聪明，现实中很少出现需要手动实例化绑定对象的情况。因此，在第1章开发的记事本应用程序里，并不需要手动创建绑定。

然而，假设你打算在`Notes.NotesController`上跟踪我们选择了哪条事项，可以绑定一个属性（如`selectedNote`）到`Notes.NotesController`的模型对象上。代码清单2-1修改了`NotesController`。

代码清单 2-1 通过绑定同步两个变量

```
Notes.NotesController = Ember.ArrayController.extend({
    needs: ['notesNote'],
    newNoteName: null,
    selectedNoteBinding: 'controllers.notesNote.model',    <— 在属性与模型之间创建绑定

    //Rest of controller left unchanged
});
```

如果重新加载应用程序并打开浏览器控制台，将看到如图 2-3 所示的结果。

```
DEBUG: -------------------------------                ember-1.0.0.js:394
DEBUG: Ember.VERSION : 1.0.0                          ember-1.0.0.js:394
DEBUG: Handlebars.VERSION : 1.0.0                     ember-1.0.0.js:394
DEBUG: jQuery.VERSION : 1.10.2                        ember-1.0.0.js:394
DEBUG: -------------------------------                ember-1.0.0.js:394
```

图 2-3 控制台日志

Ember.js 会输出应用程序使用的 Ember.js、Handlebars.js 以及 jQuery 版本号。当 Ember.js 实例化控制器和路由，Ember.js 会把它们放进一个叫容器（container）的结构。你可以请求容器查找 NotesController 实例并检查 selectedNote 属性值。在控制台输入以下命令并回车，图 2-4 显示了结果。

```
> Notes.__container__.lookup('controller:notesNote').get('model')
  null
```

图 2-4 请求容器获取 selectedNote 属性值

selectedNote 属性返回空值。这是预期结果，因为此时尚未选择事项。现在，选择一条事项并再次执行上条命令，图 2-5 显示了结果。

```
> Notes.__container__.lookup('controller:notesNote').get('model')
  ▶ Class {id: "Note Two", store: Class, currentState: (...), _changesToSync: Object, _deferredTriggers: Array[0]…}
> Notes.__container__.lookup('controller:notesNote').get('model.id')
  "Note Two"
```

图 2-5 选择一条事项，并请求容器获取 selectedNote 属性值

现在可以通过 NotesController 的 selectedNote 属性获取所选事项了。注意，还可以通过调用 get('selectedNote.id')获取所选事项的 id 属性。通过点记法可以深入对象继承链查找及更新属性值[①]。

① 前面的原文阐述有误。演示的命令应该是 Notes.__container__.lookup('controller:notes').get('selectedNote') 和 Notes.__container__.lookup('controller:notes').get('selectedNote.id')，这才能够跟文字上下文匹配起来。

尽管只在代码清单 2-1 中添加了一条语句，但 Ember.js 却帮你实现了以下特性。

- 在两个控制器之间实现了双向绑定，当改变发生时保持变量同步。
- 清晰的控制器间关系界定。
- 通过实现控制器间的松耦合，达成了高度的可测试性及应用灵活性。
- 在整个应用中，选择了哪条事项只有一个确定结果；明确了 SelectedNote-Controller.model[①]将总是代表所选事项这一规则，将让你能够创建无论所选事项何时发生改变都可以自动更新的视图。

接下来，我们添加一些代码行，以了解通过自动更新模板将数据绑定到视图的方式。

2.2 自动更新模板

Ember.js 默认使用 Handlebars.js 模板引擎。Ember Handlebars 实现的一个关键点是无论何时将模板与底层数据联系起来，Ember.js 都会在应用各层之间创建双向绑定。在第 1 章记事本应用程序开发过程中你已经了解了相关工作机制。

思考一下代码清单 2-2 里的 notes/note 模板代码。

代码清单 2-2 重访 notes/note 模板

```
<script type="text/x-handlebars" id="notes/note">
    <div id="selectedNote">
        {{#if model}}
            <h1>name: {{controller.model.name}}</h1>
            {{view Ember.TextArea valueBinding="value"}}
            <button class="btn btn-primary form-control mediumTopPadding"
                {{action "updateNote"}}>Update
            </button><br />
        {{/if}}
    </div>
</script>
```

仅当模型定义时才显示模板的内容

打印模型的 name 属性

将文本区域字段与模型值绑定在一起

这个示例中包含了两种绑定，第一种是通过 Handlebars 表达式实现模板绑定；第二种是通过 Binding 关键字在自定义视图上实现属性绑定，与代码清单 2-1 类似。

重点关注一下 Handlebars 表达式{{name}}。即使是模板中的一个简单表达式，也蕴藏了大量实现细节。notes/note 模板注入了对应的支持控制器上下文。这样，将数据填入模板的就是控制器 NotesNoteController。

在 Ember.js 内部实现里，这样将操作 NotesNoteController 的 model 属性。这可能看上去有点奇怪，但{{name}}是{{model.name}}的速记法，{{model.name}}反过来又是{{controller.model.name}}的速记法。实际上，你可以在模板里使用其中任何一种表达式打印事项名称。Ember Handlebars 实现里的优雅之处在于无论属性何时发生改变，模

① 原文应该有误，实际应该不是 SelectedNoteController.model，而是 SelectedNote。

板内容都会相应更新，Ember.js 会确保视图同步并自动更新。例如，如果你在控制台改变了事项名称，Ember.js 设置的观察者将确保视图及时更新。可以运行记事本应用并选择一条事项，然后在控制台运行以下命令试试看：

```
Notes.__container__.lookup('controller:notesNote')
    .set('model.name', 'New Name')
```

你将看到左边的事项列表和所选事项顶部信息里的事项名称已改变。如图 2-6 所示。

如果只想显示所选事项给用户，可以使用 Handlebars 的 `if` 辅助器。`{{#if model}}` 语句确保控制器的模型属性在非 `null` 或 `undefined` 的情况下，才执行 `if` 辅助器里的代码。通过少量的代码，Ember.js 就可以实现原先需要手动为各个视图编码的功能。

- ❑ 只有在选择一条事项时才显示所选事项。

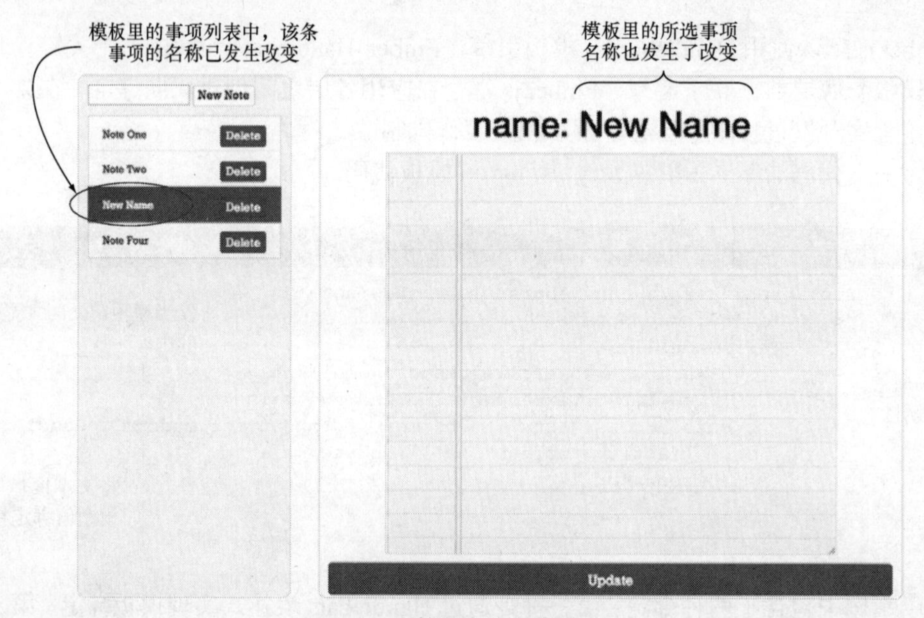

图 2-6 在控制台改变事项名称

- ❑ 确保 DOM 树的清晰，如果未选择事项，DOM 结构将完全不包含相关元素；看不到 `display:hidden` 这样的 CSS 代码。
- ❑ 确保用户总能在显示模板里看到事项更新信息。
- ❑ 确保用户通过文本区域字段改变所选事项值时，Ember.js 将更新底层事项数据。

在结束自动更新模板的讨论之前，我们再来做件事情：通过 Ember Data 创建全新的 Note 对象。在控制台执行以下命令：

```
Notes.__container__.lookup('store:main')
    .createRecord('note', {id: "New Note", "name": "New Note"})
```

首先通过容器，使用 store:main 关键字获取 Ember Data 存储器。之后，通过 createRecord 函数，传入事项 id 和名称创建一条新事项。当执行这条命令时，请注意，新事项即添加在事项列表的底部。

这时很容易想象，如果要在记事本应用与真实的服务器端应用之间同步记事本数据，会发生些什么。更新有效事项的数量、切换所选事项，甚至改变所选事项的内容，这些操作都能够通过服务器端的推送请求来发起。你只需编写少量的语句，就可以实现大批应用功能，完成所有这些任务的同时还可以保持应用程序结构的合理性。

Ember.js 默认的模板引擎 Handlebars 拥有集成到 Ember.js 的大量特性，第 4 章会详细介绍 Handlebars。

你可能想知道如何处理实际数据与显示数据不匹配的情况。类似的，如果要显示的、或者依赖 if/each 辅助器的数据比较复杂，你该怎么做？这些场景正是计算属性的用武之地。

2.3　计算属性

计算属性是一个函数，其返回一个从其他变量或表达式（也可以是其他计算属性）获取的值。计算属性与普通 JavaScript 函数之间的区别在于，Ember.js 将计算属性看作其真正的属性。因此，就可以在计算属性上调用 get() 和 set() 等方法，以及绑定/观察它们（观察者概念在本章稍后介绍）。通常，在模型对象中定义计算属性，并在控制器和视图中使用它。

目前的记事本应用程序还没用上计算属性，但如果你想增强应用程序功能，在界面左边的事项列表中显示每条事项前 20 个字符的内容，那么，就请忘掉使用 jQuery 选择器以及在视图某处注入/替代信息的方式，现在可以通过 Ember.js 的计算属性来实现。

接下来在 Notes.Note 类中创建一个名为 introduction 的计算属性，用来返回每条事项前 20 个字符的内容。修改 Notes.Note 模型类，如代码清单 2-3 所示。

代码清单 2-3　创建 introduction 计算属性

```
Notes.Note = DS.Model.extend({
    name: DS.attr('string'),
    value: DS.attr('string'),

    introduction: function() {
        var intro = "";

        if (this.get('value')) {
            intro = this.get('value').substring(0, 20);
        }
        return intro;
    }.property('value')
});
```

创建普通的 JavaScript 函数 introduction

如果模型值属性有值，则截取前 20 个字符

添加.property，使得 introduction 函数成为计算属性

Ember.js 在这里实现了大量功能。首先，Ember.js 能够智能感知对计算属性返回值进行

计算的时机和频率。只有用到计算属性，才会计算其返回值。这对性能而言非常有利，因为应用程序不用浪费时间计算那些有可能从不在界面上显示的大量属性。

了解如何将一个函数定义为计算属性的方式，将有助于了解对计算属性进行计算的第二层意思。property('value')意思是“无论 this 对象的 value 属性何时改变，都对计算属性的返回值进行重新计算”。因此，当在文本区域字段输入内容到事项的 value 属性，可以看到界面立即发生了更新，以反映这种变化。

到目前，尚未将 introduction 计算属性添加到模板中去，我们将用它来预览每条事项。代码清单 2-4 扩展了 notes 模板，以在事项列表显示 value 属性前 20 个字符的内容。

代码清单 2-4 在 notes 模板中添加 introduction 计算属性

```
<script type="text/x-handlebars" id="notes">
    <div id="notes" class="azureBlueBackground azureBlueBorderThin">
        {{input valueBinding="newNoteName"}}
        <button class="btn btn-default btn-xs"
            {{action "createNewNote"}}>
            New Note
        </button>

        <div class="list-group" style="margin-top: 10px;">
            {{#each controller}}
                {{#linkTo "notes.note" this class="list-group-item"}}
                    {{name}}
                    {{#if introduction}}
                        <br />{{introduction}}
                    {{/if}}

                    <button class="btn btn-danger btn-xs pull-right"
                        {{action "doDeleteNote" this}}>
                        Delete
                    </button>
                {{/linkTo}}

            {{/each}}
        </div>
    </div>

    {{outlet}}

    {{partial confirmDialog}}
</script>
```

在 notes 模板中添加 introduction 计算属性

我们只在模板中添加了一行代码。如果当前 Note 模型的 introduction 属性非 null，则其内容长度大于 0，那么就打印新行，之后输出 introduction 属性自身内容。修改后的记事本应用程序如图 2-7 所示。

前面提到可以将计算属性当作 setter 来用。但如何设置一个从其他关联属性获取的值呢？在代码清单 2-5 中，一个名为 Notes.Duration 的对象拥有一个 durationSeconds 属性。尽管对后台服务而言以秒为单位存储时长是有意义的事情，但对于用户来讲，看到秒数就显得很不直观。因此，我们应该将秒数转换成以冒号隔开的“时:分:秒”格式的字符串。

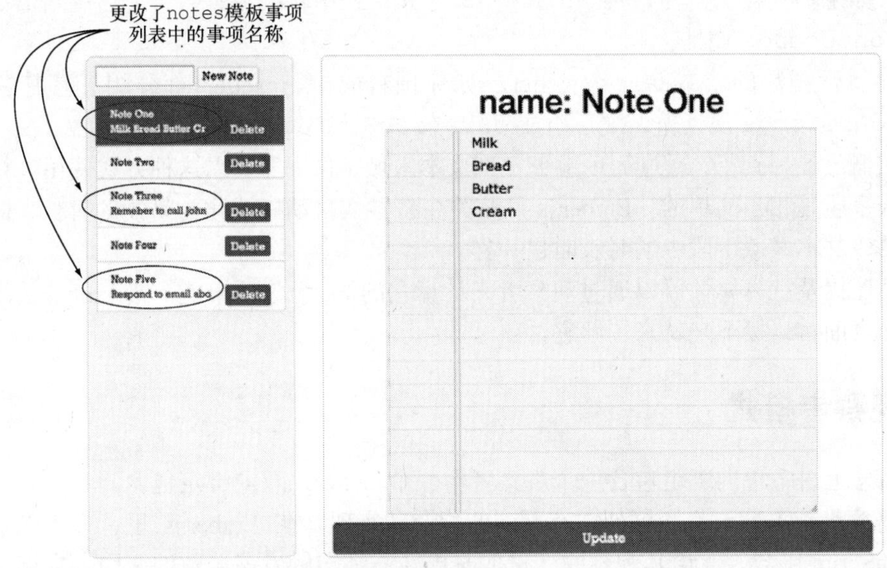

图 2-7 事项名称包含了显示 introduction 属性值的附加行

代码清单 2-5 将计算属性当作 setter

```
Notes.Duration = Ember.Object.extend({
    durationSeconds: 0,

    durationString: function(key, value) {
        if (arguments.length === 2 && value) {
            var valueParts = value.split(":");
            if (valueParts.length == 3) {
                var duration = (valueParts[0] * 60 * 60) +
                    (valueParts[1] * 60) + (valueParts[2] * 1);
                this.set('durationSeconds', duration);
            }
        }
        var duration = this.get('durationSeconds');
        var hours   = Math.floor(duration / 3600);
        var minutes = Math.floor((duration - (hours * 3600)) / 60);
        var seconds = Math.floor(duration - (minutes * 60) -
            (hours * 3600));

        return ("0" + hours).slice(-2) + ":" +
            ("0" + minutes).slice(-2) + ":" + ("0" + seconds).slice(-2);
    }.property('durationSeconds').cacheable()
});
```

定义计算属性，其有两个参数

计算属性 setter 开始部分

检测值并按约定分解成三个部分

用新的时长更新 durationSeconds

计算属性 getter 开始部分

根据请求格式化返回值

要注意的第一件事就是计算属性函数现在包含了两个参数：key 和 value。你可以通过检测这两个参数来判断函数是作为 getter 还是 setter 来调用。根据请求，对于 value 参数，null 可能有意义也可能无意义，因此不能用是否为 null 来判断。你希望输入有效格式时才更改 durationSeconds 属性，因此，先将输入值各部分分解到一个数组中，然后验证输入值。如果输入合法，开始将 HH:MM:SS 格式字符串转换成秒数，之后用新值更新对象 durationSeconds 属性。

计算属性函数的第二部分是 getter，如你预料的，与 setter 部分相反。其首先获取 durationSeconds 属性值，之后生成 durationString 并返回。

你大概已经想到了，通过简单地绑定到文本区域字段元素，以这种方式使用计算属性来填充输入字段是相当简单的。Ember.js 只需关注将秒数自动格式化为易读的时长，而反过来当用户更改文本区域字段中的时长时也一样。

前面还提及计算属性可以通过观察者来计算它的值，但你还未能一睹 Ember.js 观察者模式的庐山真面目，接下来就来了解它。

2.4 观察者模式

从概念上讲，单向绑定包含一个观察者与一个 setter，双向绑定包含两个观察者与两个 setter。观察者在不同语言和框架中有不同的称谓和实现。在 Ember.js 里，一个观察者就是一个 JavaScript 函数，无论其观察的变量何时更新，都会触发该函数的调用。在绑定较难实现或希望在某个值发生改变时执行某个任务的场景中，比较适合使用观察者模式。

要实现一个观察者，请使用.addObserver()方法，或者使用内联的 observes()方法后缀。代码清单 2-6 展示了观察者的一种使用方式。基于控制器的 content 数组的项数，启动并停止计时器。

代码清单 2-6 观察控制器内容长度并控制计时器

```
contentObserver: function() {
    var content = this.get('content');                    // 通过控制器获取 content 数组
    if (content.get('length') > 0 && this.get('chartTimerId') == null) {
        var intervalId = setInterval(function() {         // 开始设置计时器
            if (EurekaJ.appValuesController.get('showLiveCharts')) {
                content.forEach(function (node) {
                    node.get('chart').reload();
                });
            }
        }, 15000);

        this.set('chartTimerId', intervalId);             // 保存intervalId，以便后面可以停止计时

    } else if (content.get('length') == 0) {              // 停止计时器
        //stop timer if started
        if (this.get('chartTimerId') != null) {
            EurekaJ.log('stopping timer');
            clearInterval(this.get('chartTimerId'));
            this.set('chartTimerId', null);
        }
    }
}.observes('content.length')                              // 观察控制器模型项数
```

观察者 contentObserver 是一个普通的 JavaScript 方法，其首先获取控制器的 content 数组。如果存在 content 数组项且计时器未启动，则创建一个新的计时器，时间间隔设为 15 000 ms。计时器里将遍历每个数组项，并通过自定义的 reload()方法来重新加载数组项数据。如果 content 数组为空，则停止已有计时器。

要让 contentObserver 函数成为一个观察者，我们添加了内联的 observes()方法，并添加被观察属性。

可以使用替代的 addObserver()方法来重构上面的观察者。函数的主体代码部分都是一样的，但声明稍有不同，如代码清单 2-7 所示。

代码清单 2-7 通过.addObserver 方法创建观察者

```
var myCar = App.Car.create({          <-- 创建 App.Car 对象
    owner: "Joachim"
    make: "Toyota"
});
                                          观察 owner 属性的改变
myCar.addObserver('owner', function() {  <--
    //The content of the observer
});
```

虽然这是一种创建观察者的可能方式，但我发现如代码清单 2-6 的内联方式更清晰并更具可读性。我也习惯为观察者函数添加 Observer 后缀，当然这不是必须的。

有时你可能想观察数组项的属性，在记事本应用里，Notes.NotesController 有一个 Ember 对象组成的 content 数组，该对象有两个属性：name 和 value。为了观察每个对象的 name 属性，可以使用@each 来遍历被观察属性，如代码清单 2-8 所示。

代码清单 2-8 通过@each 观察数组项的改变

```
Notes.NotesController = Ember.ArrayController.extend({
    content: [],
    nameObserver: function() {          <-- 观察 content 数组项 name
        //The content of the observer       属性的改变
    }.observes('content.@each.name')
});
```

有了 Ember.js 对象模型，本章的所有功能才可能得以实现，接下来具体了解 Ember.js 对象模型。

2.5 Ember.js 对象模型

Ember.js 扩展了 JavaScript 默认对象类的定义，以构建一个更强大的对象模型。此外，Ember.js 还支持基于混入类的方式，在模块与模块之间、应用与应用之间共享代码。

你可能想了解 Ember.js 是怎样知道某个属性发生改变的，以及它何时触发观察者函数和绑定对象。同时你可能还注意到，Ember.js 总是要求使用 get()和 set()方法来获取或修改 Ember.Object 子类对象的属性。当在一个属性上调用 set() 方法，Ember.js 就会检查更新值与对象原有属性值是否不同，如果不同，Ember.js 就会触发绑定对象、观察者函数或者计算属性函数。

尽管刚接触 Ember.js 时使用 get() 和 set() 方法看起来可能有点不习惯，但这却是确保 Ember.js 统一智能处理观察者、绑定、计算属性以及 DOM 操作的重要机制。实际上，使用 get() 和 set() 方法是 Ember.js 解决涉及多个 DOM 元素更新及绑定性能问题的重要基础。

创建自定义 Ember.js 对象通常有两种方式，要么通过 extend() 方法扩展其他 Ember.js 对象并添加自定义功能，要么用 create() 方法创建一个 Ember.js 对象实例。无论选择哪种方式，应用程序中创建的每个对象都以某种方式扩展自 Ember.Object 类，Ember.Object 是基础类，其确保 Ember.js 能够提供本书涉及的所有功能。

想像一下，不通过扩展 DS.Model 来实现 Notes.Note 模型对象，绕开 Ember Data，自己实现一个 Notes.Note 模型，如代码清单 2-9 所示。

代码清单 2-9 创建 Notes.Note 对象

```
Notes.Note = Ember.Object.extend({      <-- 创建新的Notes.Note
    name: null,                             类定义
    value: null
});
```

不像使用 Ember.Object.create() 创建一个匿名 Note 实例，这里通过扩展 Ember.Object 类创建了一个显式的 Notes.Note 类。注意以下两点。

- 现在还没有 Notes.Note 类的实例，因为 extend() 方法并不返回一个实例。
- Note 类开始于大写的“N”，这个记号对于你，乃至 Ember.js 框架，都意味着 Note 是一个类定义，而非对象实例。

要创建 Notes.Note 类的新实例，请使用 create() 方法：

```
Notes.Note = Ember.Object.extend({      <-- 创建新的Notes.Note
    name: null,                             类定义
    value: null
});

var myNewNote = Notes.Note.create({                        <-- 创建 Notes.Note 类的
    'name': 'My New Note', 'value': null                       新实例
});
```

这时你可能会认为，我们仍看不到这种方式优于匿名 Ember.Object.create() 实现的地方。但是，对于 Ember.js 应用中用到的所有数据类型和对象而言，显式定义类通常是个好主意。即使这么做需要更多的代码，但你清晰地展示了实例化一个对象的意图，并且可以明确分隔各个业务模型对象。最终代码可读性强、更易于维护，而且容易测试。

明确定义应用程序对象还使得在正确的地方添加观察者、绑定以及计算属性变得容易，并确保应用快速应变。考虑这样一个场景，原先后台应用为每个 Note 对象的 value 属性提供了纯文本实现方式，以将属性值编码成 Markdown 格式，但现在要编码成 HTML 格式了。如代码清单 2-10 所示，如果在应用程序中显式定义了 Notes.Note，就很容易添加这个功能。

代码清单 2-10 添加计算属性，将 Markdown 格式转换为 HTML 格式

```
Notes.Note = Ember.Object.extend({
    name: null,
    value: null,

    htmlValue: function() {
        var value = this.get('value');
        return Notes.convertFromMarkdownToHtml(value);
    }.property('value')
});
```

将 Markdown 格式转换为 HTML 格式

一旦成功实现了 Notes.convertFromMarkdownToHtml 函数，接下来就可以在应用视图模板中将原先使用 value 的方式更改为使用新增的计算属性 htmlValue，这个改变显然易如反掌；简单更改视图 Handlebars 模板（见代码清单 2-2）的代码如下：

```
{{view Ember.TextArea valueBinding="htmlValue"}}
```

这样，记事本应用程序就改好了。接下来具体了解 Ember.js MVC 模式下各层之间如何同步数据。

2.6 Ember.js 实现各层间数据同步

本章前面我们看到了一个数据同步模型，其可以确保数据始终在客户端和服务器端之间保持同步（见图 2-2）。在这个模型中，应用程序 8 个步骤中就有 6 个需要显式跟踪并关注应用程序内部状态。反观 Ember.js 框架如何使用绑定、控制器以及清晰的模型层来尽可能多地自动化样板代码，孰优孰劣就很清楚了。图 2-8 展示了一个改进后的概念模型。

Ember.js 方式的步骤减少了，这是因为我们把更多的样板代码留给了 Ember.js 框架，而你仍完全掌控着应用的数据流。与前面模型相比，主要的差异在于 Ember.js 代码方式以尽可能接近“源头”（source）的方式明确表示各种操作，也就是在合适之处通知 Ember.js，以合适方式将应用程序各层联系在一起。

如你所见，Ember.js 提供了合理的默认实现方式，同时，只要有其他方式更适合特定使用场景，就可以用该方式覆写这些默认实现。这种特性将不断帮助你实现目标——编写雄心勃勃的 Web 应用程序，打造属于未来的强大 Web 应用。

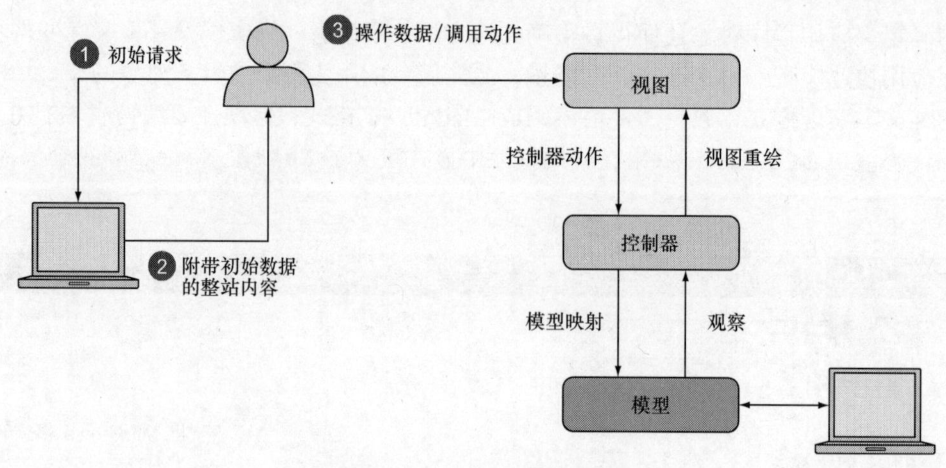

图 2-8　Ember.js 数据同步实现

2.7　小结

本章介绍了一些你可能不太熟悉的 Ember.js 新概念，以及它不同以往的处理方式。

我们讲述了绑定功能，以确保应用程序各层间数据更新与同步。同时还介绍了自动更新模板，该特性有助于提升开发效率，并使得用户界面总能及时反映模型对象里的数据变化。

拥有了创建、修改及删除事项的能力之后，紧接着我们添加计算属性以增强应用 UI 效果。接下来还了解了观察者角色，你在记事本应用中创建了一个观察者以观察数组里的属性变化。

之后，我们阐述了 Ember.js 对象模型，并讨论如何在标准 Ember.js 对象或自己应用的自定义对象基础上创建复杂对象。

最后，对 Ember.js 数据同步实现、本章开头通常的服务器端应用实现进行了比较。

前面多次提及模型-视图-控制器（MVC）模式，但我们尚未深入了解 Ember.js 如何帮助开发者创建真正 MVC 架构的 Web 应用程序，下一章就来讨论这个主题。

第 3 章　使用 Ember.js 路由器融合应用结构

本章涵盖的内容

- 服务器端与客户端 MVC 模型比较
- 探索 Ember.js MVC 模型
- 丰富 Ember.js MVC 模型状态图
- 绑定控制器与视图
- 使用 Ember 容器

Ember.js 的目标是为开发者提供一个功能齐备的客户端模型-视图-控制器（MVC）架构模式的实现，同时通过一个称之为 Ember 路由器的全功能状态图实现来增强控制器层。如果你还不太熟悉状态图，不用担心，3.3 节将会介绍状态图的关键概念，并提供一个链接，以帮助开发者查阅完整的状态图规范。

Ember 路由器允许开发者以一个层级结构来标识应用程序的每个状态，层级结构包含了应用中不同状态间关系，以及用户在应用中用于导航的路径。实现正确的情况下，路由将帮助你通过一个健壮而稳定的结构来创建 Web 应用，同时，该结构带有一个松耦合、定义清晰以及高度可测的状态。

我们将对 Ember.js 的 MVC 模式，以及在 21 世纪初就流行起来的传统服务器端 MVC 模式进行比较。你将发现 Ember 路由器非常匹配图 3-1 体现出来的核心思路，其将应用各部分联系在一起，以形成统一的用户体验。本章有专门一节用来阐述控制器与视图的连接，以及控制器如何完全通过 Ember 路由器联系在一起。

图 3-1 展示了 Ember.js 生态系统中本章所涉及的各部分内容：ember-application、ember-views、ember-states、ember-routing 以及 container。

在详细讨论 MVC 架构模式之前，先来介绍一下本章要创建的应用程序。

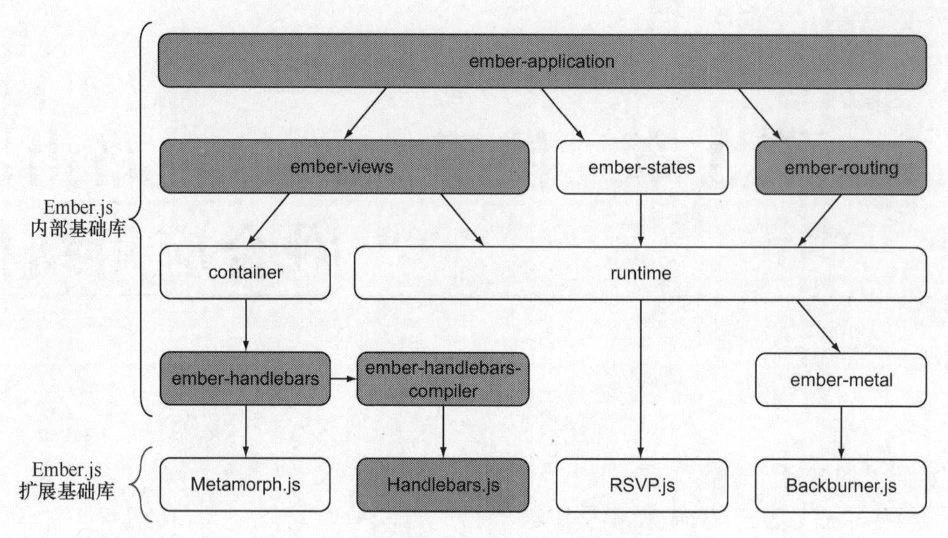

图 3-1　本章涉及的 Ember.js 知识点

3.1　Ember.js 实战博客介绍

本章将创建一个简单的博客应用程序，其从文件系统的一个 JSON 文件中获取数据，并提供给用户一个已有博客文章的列表。用户通过点击介绍文字下方的“Full Article”链接，可以查看博客文章的完整内容。此外，页面顶栏还提供了主页和关于页面的导航链接。整个博客应用的实现分为 3 部分。

（1）创建博客 index 路由。

（2）创建博客 post 路由。

（3）定义动作。

在第一部分，你将着手了解 Ember.js 状态图实现——Ember 路由器。期间会创建博客 index 路由，如图 3-2 所示，该路由提供给用户以下具体内容。

- 在顶栏显示博客名称。
- 已有博客文章的列表；每条博客项都包括了博客文章标题、文章开头内容以及发布日期。
- 导航到博客文章完整内容的链接。

第二部分将扩展路由器并添加 `blog.post` 路由。该路由允许用户查看所选博客项的博客文章内容，通过解析其 Markdown 格式，并以 HTML 格式展现内容给用户。如图 3-3 所示，该路由提供以下具体内容。

- 由 Markdown 格式转换成 HTML 格式的博客文章内容。
- 导航回博客索引页的链接。
- 博客文章发布日期。

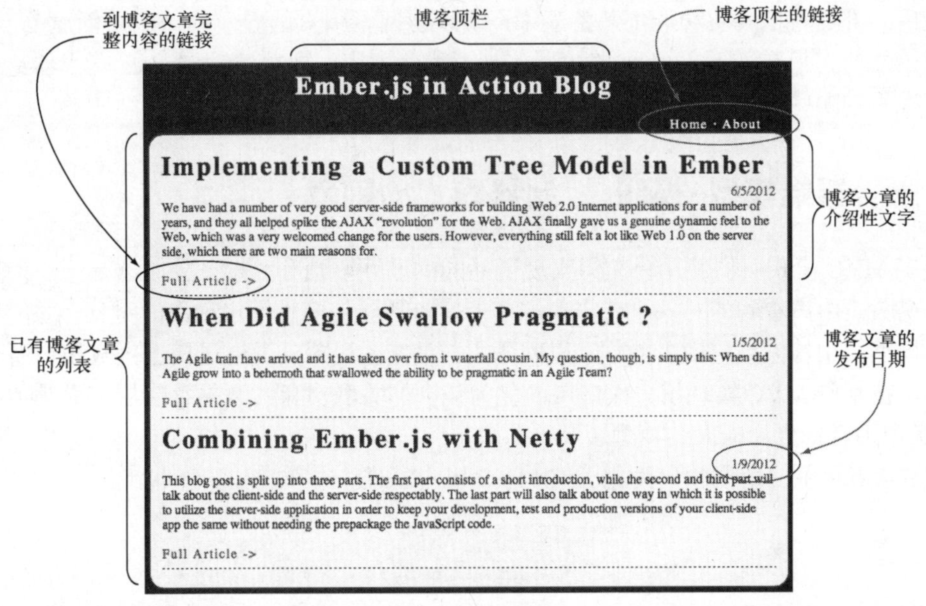

图 3-2 博客索引页

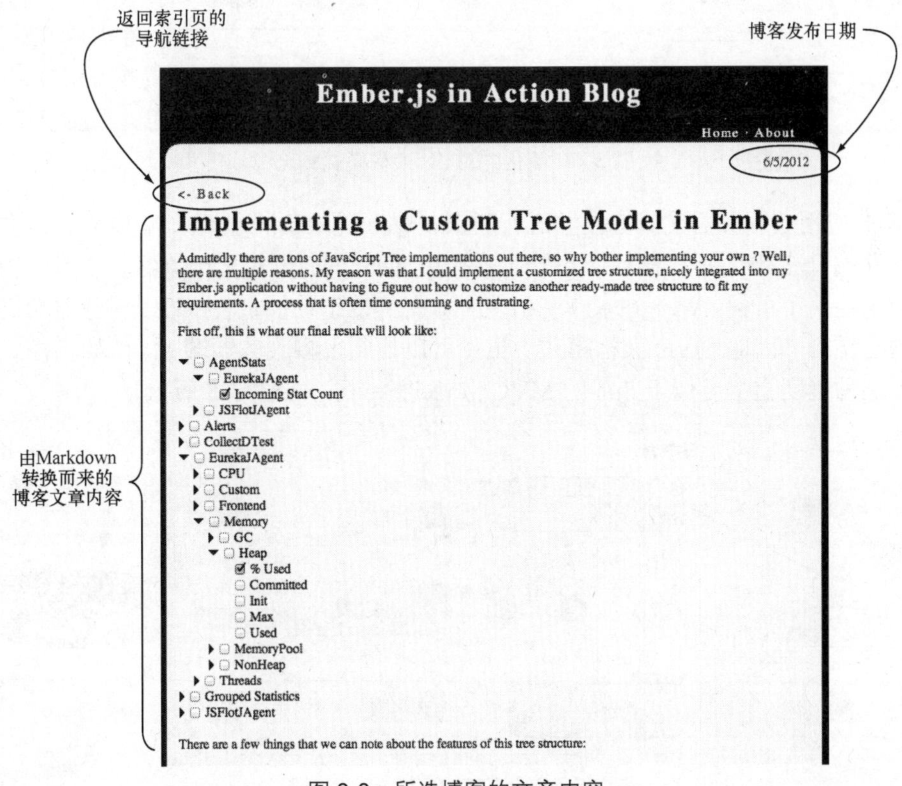

图 3-3 所选博客的文章内容

最后一部分将把各块功能都装备起来，实现返回索引页的导航动作，并创建关于页面。

开始之前先来看一下 Ember 路由器包括了哪些内容。要搞清楚 Ember 路由器适用于应用程序栈里的哪些方面，得先理解 Ember.js 的 MVC 架构模式。

3.2 服务器端模型-视图-控制器模式的困境

许多 MVC 模式可供使用，它们实现了共同的设计原则和目标。控制器是用户使用的对象，而视图是用户看到的对象。在实现细节上，控制器是接收用户动作的对象，并能够洞察需要在模型层中检索或修改的数据，以服务用户请求。视图负责通过模型生成用户所见的图形界面。在某些 MVC 实现里，模型层简化为包含非关联对象的数据存储层，而其他的一些 MVC 实现则具备更加强大的模型层。

图 3-4 展示了一个概念上简化了的 MVC 架构模式。

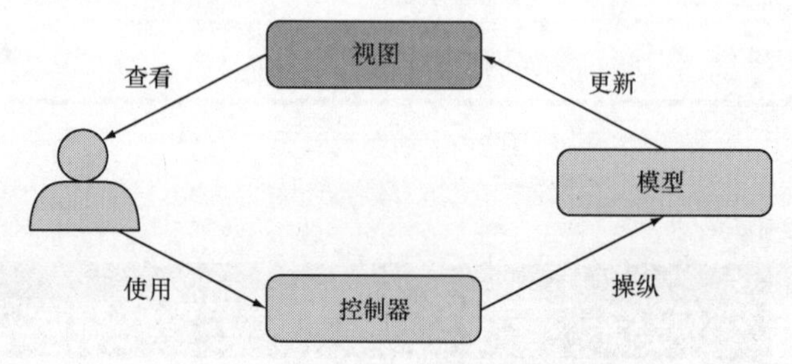

图 3-4　简化的 MVC 架构模式概览

当 Web 应用及服务器端脚本技术流行起来，Web 受限于同步请求-响应周期，在这个周期中服务器端只能针对每个请求一次次地将完整 Web 页面发送给浏览器。之后，浏览器基于新内容重绘整个页面。Web 并未体现出多少应有的动态特性，这导致了服务器端仅以严重缩水的动态结构来因应 MVC 架构模式。虽然可以找到很多服务器端 MVC 架构模式，但绝大部分在某种程度上都类似于 Sun 的 MVC Model 2 结构，如图 3-5 所示。

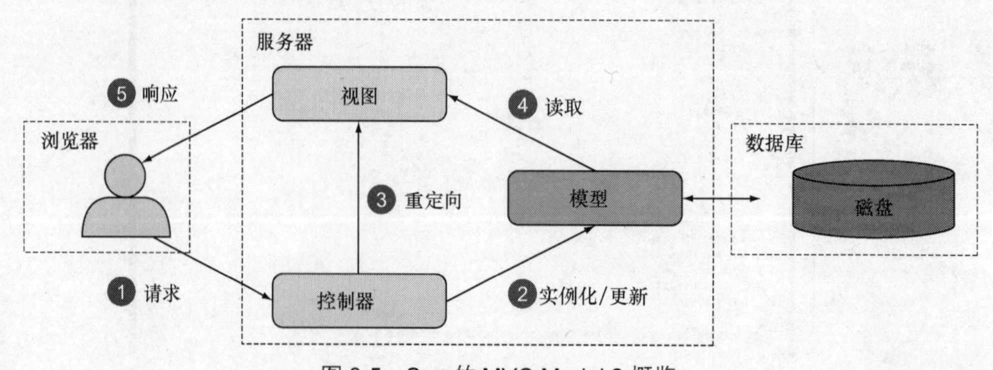

图 3-5　Sun 的 MVC Model 2 概览

在 MVC Model 2 结构中，控制器负责解析请求，以获悉应该提供什么数据。这种结构中，控制器解析请求的方式无非两种，一种是通过字符串查询来解析 URL，另一种是解析 HTTP 数据包体。请求解析之后，控制器会更新或实例化视图所请求的模型对象，之后重定向请求到正确视图。接下来，视图通过控制器提供的模型对象生成完整页面，并将该页面送回用户浏览器。

这种模型的优缺点都很明显。最大的缺点就是，对于大量现代 Web 应用，模型缺乏动态特性。在生成视图并将页面送回浏览器之后，缺少一种有效机制，以针对服务器端模型的变化来更新客户端视图。

当 Ajax（异步 JavaScript 和 XML，Asynchronous JavaScript and XML）技术随着 Web 2.0 概念的兴起而变得流行起来，大多数框架通过增加服务器端需用于跟踪每个用户登录的状态来支持 Ajax 技术。这样，服务器端为了能够针对每个 Ajax 请求提供正确的响应，不仅需要负责如何将复杂的视图聚合在一起，还需要管理每个登录用户状态的复杂细节。

随着上述方式在应用程序业务逻辑及可扩展性方面带来的困难，促生了强大的客户端 JavaScript MVC 框架，这些框架能够存储每个用户状态，状态回归其应在之处——客户端。

这些强大的客户端 JavaScript MVC 框架使得应用架构更容易向外扩展，同时让服务器端解脱出来并专注于它的强项：提供、更新以及保存数据。更少的服务器端状态管理，也意味着水平伸缩性策略的实现变得非常简单。同时，客户端也只需关注其强项：保持状态、渲染页面。Web 应用模式取代了传统的客户端/服务器应用模式，但在很多情况下，Web 应用现在仍使用跟客户端/服务器相同的架构模式。最主要的区别在于客户端使用了通用、免费而开放的技术来渲染视图、执行客户端业务逻辑，并请求和接收数据，这些都集中在浏览器里得以完成。

通过浏览器，绝大部分现代 JavaScript Web 框架依托一个全功能的 MVC 实现，以获取期望的 MVC 模式动态特性，Ember MVC 模式也是这样。

3.2.1　Ember MVC 模式

MVC 模式的目标是将应用逻辑的关注点分隔成清晰定义的组或层。每层都有其特定目标，为的是应用程序更具可读性、可维护性以及可测性。我们来深入探讨下 Ember.js 的控制器、模型及视图，以及在 Ember.js 生态系统中如何将它们组合起来。

1. 控制器

控制器主要充当模型及视图中的桥梁作用。Ember 附带了一些自定义控制器，特别是 `Ember.ObjectController` 和 `Ember.ArrayController` 这两个控制器。当控制器描述单一对象（如一篇博客文章）时使用 `ObjectController`，而控制器描述多个条目组成的数组（如所有博客文章列表）时则使用 `ArrayController`。在本章后续内容涉及这些控制器时，我们会进一步讨论它们的功能。

本书的样例程序中，我们会使用 Ember 路由器来增强控制器层的功能，以确保控制器个体尽量小巧和独立，这两个特性是保持 Web 应用程序良好可扩展性的关键所在。

2．模型

模型层负责应用程序的数据存储。数据对象通过半严格模式指定。模型没有太多的功能，模型对象主要负责诸如数据格式化等任务。视图将通过控制器将图形界面组件绑定到模型对象对应的属性上。

我们将通过 Ember Data 来增强模型层能力，Ember Data 是一个实现了浏览器缓存的框架，并服务于模型对象，通过统一 API，提供方法来实现数据的创建、读取、更新及删除等操作（CRUD）。我们会在第 5 章里详细讨论 Ember Data。

3．视图

视图层负责绘制屏幕元素。视图一般不保存自身的持久状态，但有极少数例外。

Ember 附带了一些默认视图，当你需要一些简单 HTML 元素时，使用它们是个不错的主意。对于 Web 应用中更复杂的元素，你也可以通过扩展或结合使用 Ember 标准视图的方式，来轻松创建出个人的自定义视图或组件。

Ember.js 视图层通过 Handlebars.js 模板来增强自身特性，我们会在全书中普遍使用 Handlebars.js。当然，在我经历过的实际 Ember.js 项目中，我也是这么做的。

3.2.2　将各层组合起来

尽管客户端 MVC 模式发展使得服务器端代码变得更简单了，但系统的总体架构将比以前变得更加复杂（如图 3-4 所示）。复杂度增加了，但却带来了一个极大好处：整洁、结构化、可维护及高度可测试的客户端代码。图 3-6 提供了 Ember.js MVC 模式的完整概览，连同一个典型的服务器端实现。

如你所见，客户端因其自身完整的生命周期而得到极大增强。我在这里将完整的 `model` 划分为三个部分（不包括数据库层）。想像一下，在一个客户端应用中，假设用户选择了图形界面列表中的某一项。用户的选择（C1）在选择项控制器（C2）或路由器上触发了一个动作。这将引发一个请求到模型层（C3），选择项对应的数据将被选中（M1）。由于数据并未放在 Ember Data 的浏览器缓存中，因此其得从服务器端获取（M2）。当客户端以异步方式等待响应返回时，Ember Data 创建了一条临时记录代表请求项。这条记录通过 Ember 观察者机制更新控制器（C4）。由于控制器内容绑定到了视图，视图就会立即更新（C5），尽管当前数据中没有太多东西——可能只有 C1 步骤中所选项的 id。

在服务器端，服务器端控制器接收 HTTP 请求（S1），生成或操作客户端请求所需的请求数据（S2 和 S3），并发送合适的 HTTP 响应回客户端应用程序（S4），这个 HTTP 响应包含了 JSON 格式的数据。当 Ember Data 接收到了请求项（M3），Ember Data 就更新模型（C3），这将触发步骤 C4 和 C5，并更新控制器和视图。这个模式将允许贯穿应用程序各层的全动态控制，即使是在推送方式或 WebSocket 方式实现的数据传输场景中，也能很好运行。

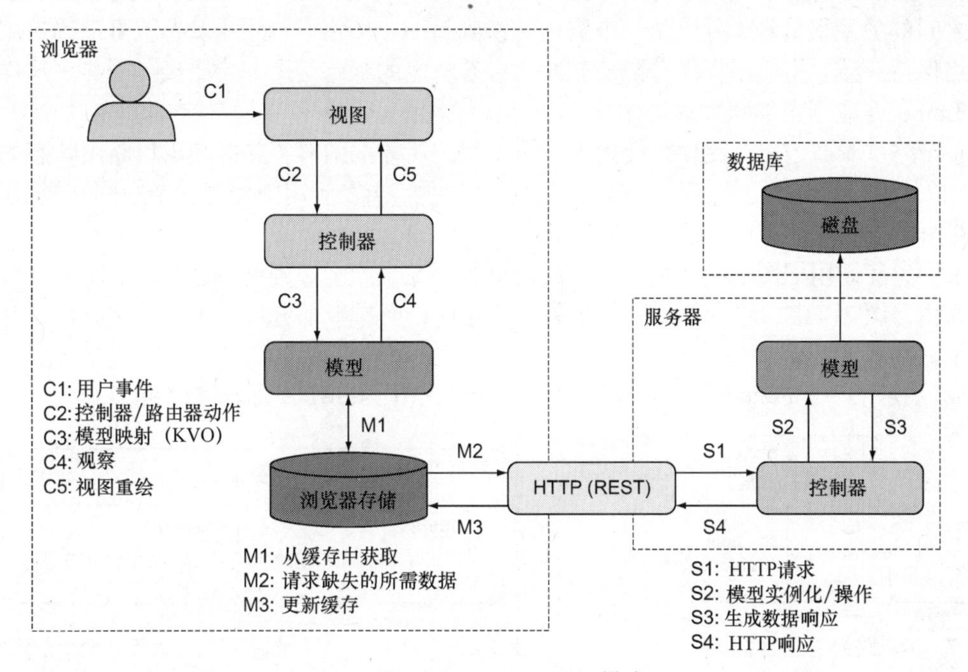

图 3-6　Ember MVC 模式

尽管这种方式比 Sun 的 MVC Model 2 更复杂，但其确实是一种很好的方式，能够帮助你实现 Ember.js 的承诺：赋予你超强的能力，创建雄心勃勃的 Web 应用程序，挑战 Web 世界一切可能的极限。

3.3　Ember 路由器：Ember.js 的状态图

早前提到 Ember.js 通过一种状态图实现丰富了控制器层的功能。这个状态图叫作 Ember 路由器（Ember Router），其非严格地基于名为 Ki 的 SproutCore 状态图实现。但不像 Ki，由于 Web 应用程序有一个原生应用程序不具备的重要特性——URL，所以 Ember 路由器是围绕该现实情况创建的，Ember 路由器在此现实基础上将应用程序的状态序列化及反序列化进 URL。

状态图简介

关于状态图的知识超出了本书范畴，但如果你对此感兴趣，可以参考 David Harel 的科技论著

Statecharts: A Visual Formalism for Complex Systems(1987)：http://www.wisdom.weizmann.ac.il/~harel/ SCANNED. PAPERS/Statecharts.pdf。要注意，Ember 路由器并非 Harel 笔下状态图的严格实现，但基本概念都适用。

Ember 路由器将应用程序状态组织进一个唯一标识应用程序中各个路由的层级结构。由于路由之间的关系很清晰，可以从一个路由转换到另一个路由，因此开发者就可以确信用户界面始终保持一致。将应用程序分隔成较小的、有限定的状态是个非常重要的原则，这样才能使得 Ember.js 应用更加强大而通用。

Ember 路由器通过每个路由，设置入口路由状态所需的内容，并拆卸出口路由状态的特定内容，以构建层级结构。由于路由被组织成层级结构，当在应用中构建复杂视图和模板时，Ember 路由器将确保路由以正确顺序初始化。

本书中，我们用框图描绘路由。由于路由可为子路由组成，因此，这时候框图内也可以放置子路由。图 3-7 中，左半部分展示了单一子路由，而右半部分展示了一个父路由，并带有一个子路由。

图 3-8 展示了一个 `Admin` 路由，其包含了两个子路由：`User admin` 与 `Payment admin`。

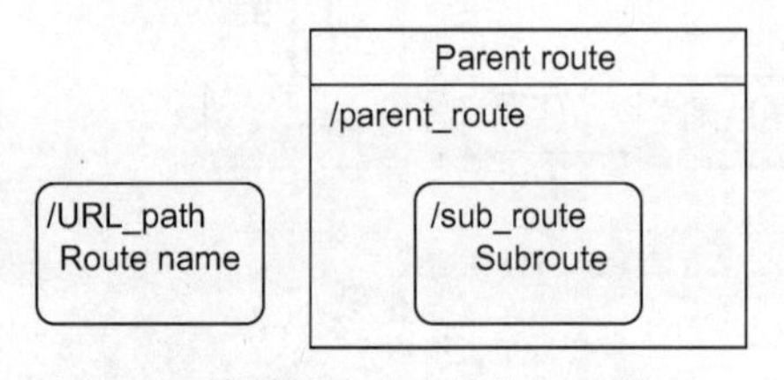

图 3-7　简单路由（左边）以及带有子路由的路由（右边）

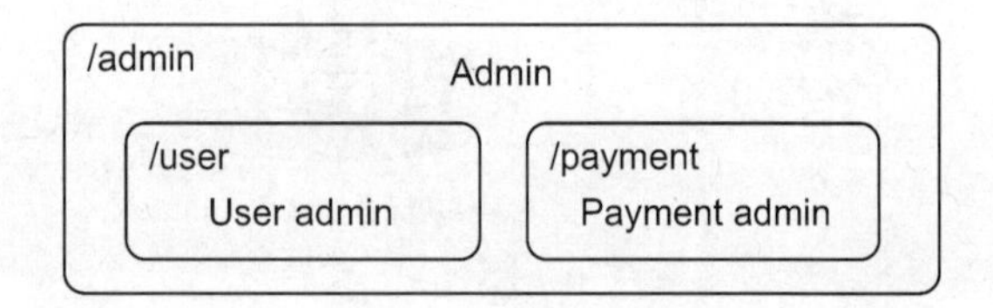

图 3-8　可视化一个 Ember 路由，其带有两个子路由

每个 Ember 路由器中的路由都有一系列函数，在用户进入或离开路由时调用。

Ember 路由器为这些函数预设了一些恰当的默认行为，如你在本章所见。但是，在需要的时候，你也可以覆写这些函数。图 3-9 展示了路由生命周期及可以覆写的函数。

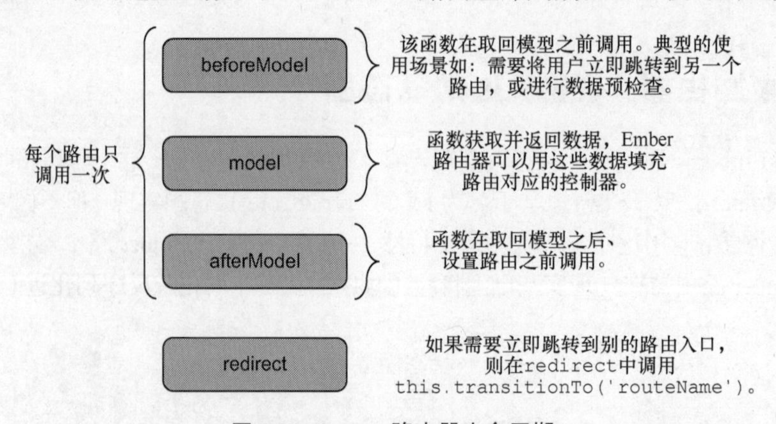

图 3-9　Ember 路由器生命周期

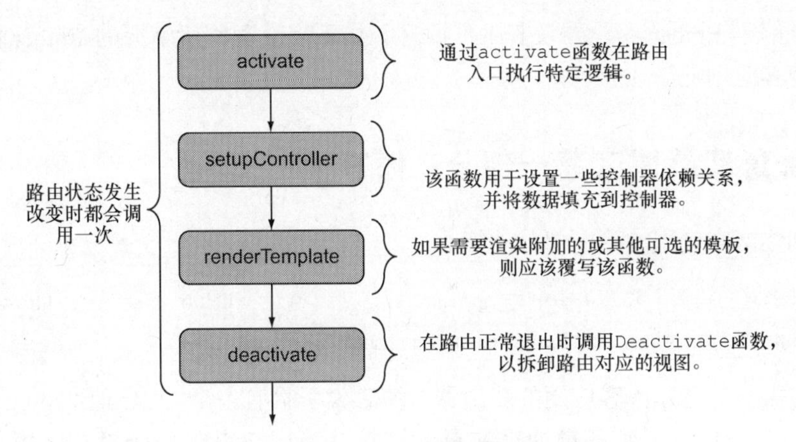

图 3-9　Ember 路由器生命周期（续）

如前面提及，Ember 路由器增强了应用的控制器层。最终的 Ember MVC 架构模式如图 3-10 所示，其间还包含了 Ember 路由器。

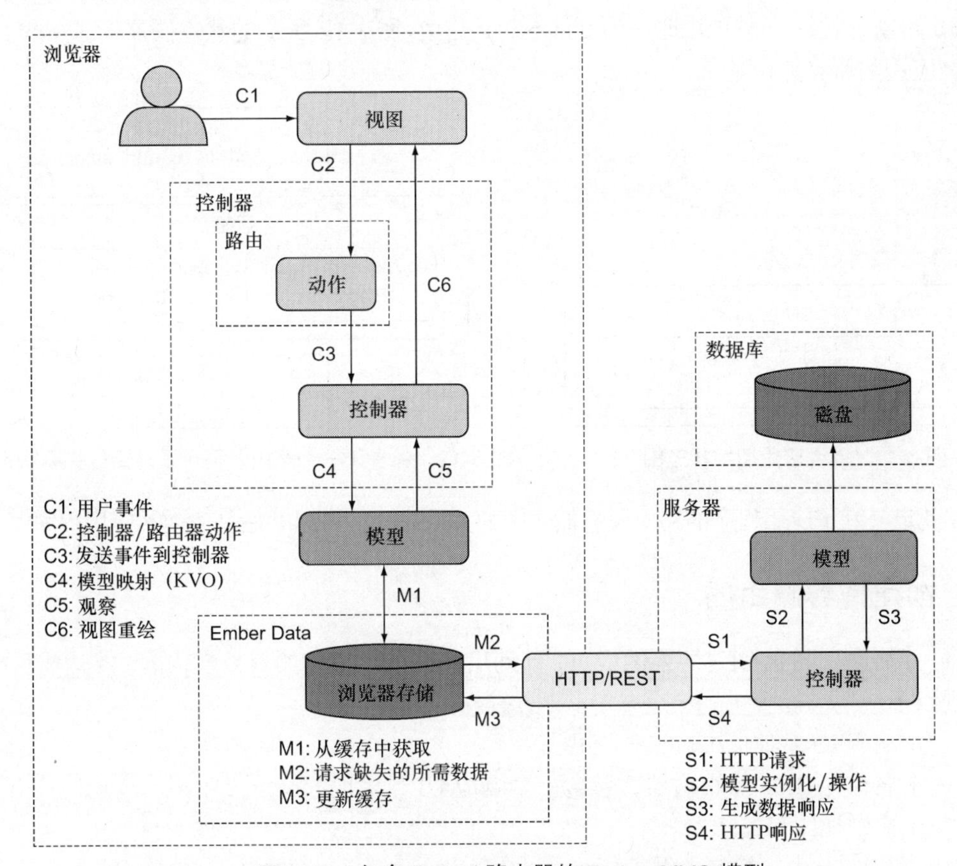

图 3-10　包含 Ember 路由器的 Ember MVC 模型

现在你了解了 Ember 路由器及其工作原理，接下来就利用所掌握的 Ember 路由器知识来编写一个博客应用吧。

3.4　Ember.js 实战博客第一部分：博客索引页

本节将创建博客应用的第一部分功能。

注意　本节完整代码为下载源代码中的 app1.js，或者可以通过 GitHub 链接下载：https://github.com/joachimhs/ Ember.js-in-Action-Source/blob/master/chapter3/blog/js/app/app1.js。

开始之前需要先创建博客应用的路由器。博客索引页有一个 URL 地址/blog，以及博客概要列表，列表项包含了到各篇博客文章的链接。当用户点击该链接，应用程序将通过/blog/post/:post_id 单独显示该博客文章内容，:post_id 为该博客文章的唯一标识符。博客路由如图 3-11 所示。

如图所示，网站包含了三个路由（其中两个为子路由）。此外，还有一个 URL 地址为/about 的 about 路由，以及一个 URL 地址为/的 index 路由。图 3-12 所示的状态图展示了 Ember.js 实战博客应用的所有路由。

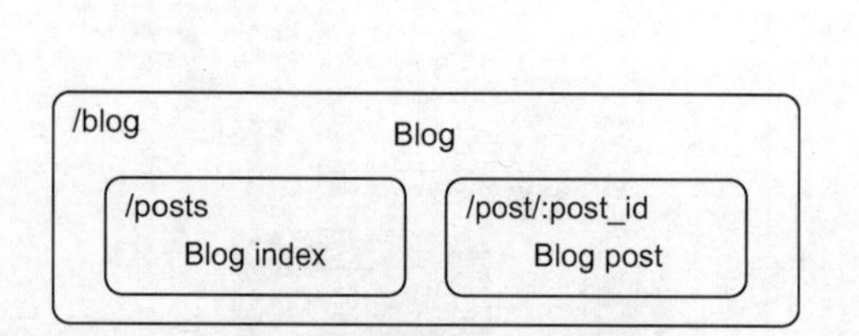

图 3-11　博客应用初始状态图

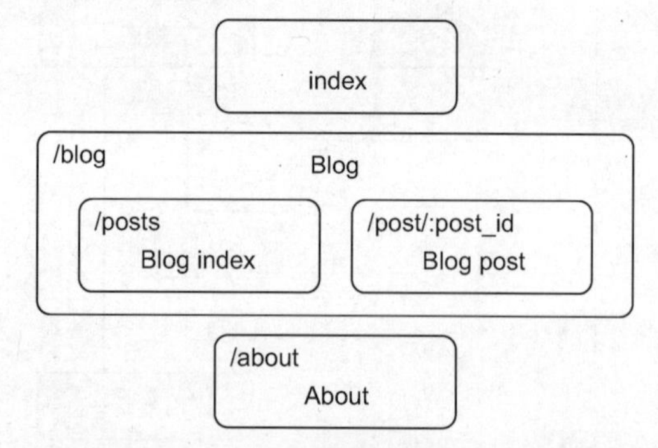

图 3-12　包含了三个路由及两个子路由的完整状态图

现在就定义好了应用程序的路由及它们之间的关系，我们可以开始创建博客应用程序了。

3.4.1　创建博客路由器

在第一部分里，你将创建博客索引页，其列出各篇博客文章的概要性内容。要达成目标，需要实现以下应用功能。

- 一个响应 URL 地址/的 index 路由。
- 一个名称为 Blog 的路由器，包含一个响应 URL 地址/blog 的路由。
- 一个应用视图和控制器。
- 一个 blog 路由、控制器及模板。

- 从 JSON 文件中获取博客文章内容。

运行程序

虽然第 1 章中可以通过拖放 index.html 到浏览器的方式来运行记事本应用，但我还是推荐使用一个合适的 Web 服务器来运行它。博客应用也必须这么做。你可以使用你最熟悉的 Web 服务器。如果你打算使用一个轻量级的小型 Web 服务器，可以考虑 asdf 这个 Ruby gem，或者是使用一段简单的 Python 脚本。

如果已安装 Ruby，在终端窗口（Mac 或 Linux）或命令行窗口（Windows）输入 `gem install asdf` 命令来安装 asdf；安装完成后，在当前目录的终端或命令行窗口执行 `asdf-port 8080`；gem 启动后，在浏览器打开链接 http://localhost:8088/index.html，运行应用程序。

如果已安装 Python，在终端或命令行窗口执行 `python -m SimpleHTTPServer 8088` 命令；命令执行并启动后，在浏览器打开链接 http://localhost:8088/index.html，运行应用程序。

先来实现 `Blog.Router`，如代码清单 3-1 所示。

代码清单 3-1 应用路由器代码

```
var Blog = Ember.Application.create({});
Blog.Router = Ember.Router.extend({
    location: 'hash'
});

Blog.Router.map(function() {
    this.route("index", {path: "/"});
    this.route("blog", {path: "/blog"});
});

Blog.IndexRoute = Ember.Route.extend({
    redirect: function() {
        this.transitionTo('blog');
    }
});

Blog.BlogRoute = Ember.Route.extend({
    model: function() {
        return this.store.find('blogPost');
    }
});
```

创建新类，扩展自 Ember.Router

指定使用基于散列的 URL（默认值）

创建路由映射（即路由器）

定义映射到/和/blog 的路由

定义 index 路由并跳转到 /blog 路由

创建 blog 路由，指定控制器内容的模型对象

这些代码包含了前面尚未涉及的新概念。一开始通过 `Blog.Router.map` 构造方法指定了应用程序响应的 URL。在这个构造方法中，通知 Ember.js 哪个路由对应哪个 URL。URL 地址/对应 `index` 路由，而/blog 对应 `blog` 路由。

代码中，由于你指定了 `location: 'hash'`（hash 是默认值），Ember 路由器就会使用基于散列编码的 URL 格式，这也意味着 URL 预先有了一个散列符#。一个链接到博客文章的 URL 看起来像这样：

```
/#/blog/post/:post_id
```

你也可以通过 `location: 'history'`来使用历史 API 替代上述方式，同样的 URL 表示方式就变为了：

```
/blog/post/:post_id
```

可以依据个人偏好及后台服务器端，使用相应方式。由于 hash 是默认的 URL 模式，因此可以忽略 `Blog.Router` 的声明，这里只是为了演示如何定义该属性。

通过在 `Blog.Router.map` 中指定两个路由，就通知 Ember.js 实例化了三个路由、三个控制器以及三个视图（每个视图使用一个模板）。默认的，Ember.js 使用标准命名规则来自动查找并实例化这些对象。如果你遵循这些命名规则，就不需要额外的样板代码来将这些内容整合在一起。Ember 路由器将实例化对象注入到 Ember 容器中，你在接近本章结束时会看到相关内容。

除非做一些特殊处理，通常并不需要手动定义任何对象。Ember.js 也不会同时实例化这些对象，但 Ember 路由器将确保视图在需要之前被实例化。同样的，在视图不再需要时，由于用户离开了视图对应的路由，因此，Ember 路由器也会销毁这些视图。

Ember 路由器使用路由名称来决定路由、控制器及视图的默认类名称。基于这个命名规则，如果路由命名为 `blog`，Ember.js 将查找名称分别为 `BlogRoute`、`BlogController` 以及 `BlogView` 的类。另外，将假定渲染 `BlogView` 的模板名称为 `blog`。除非进行了特殊覆写，我们并不需要在代码中指明这些类。Ember.js 跟 Ember 路由器预设的各个可用类如表 3-1 所示（如果不可用，则在运行时创建）。

表 3-1 默认的类名称与路由名称

路 由 名 称	默 认 类	模 板
application	ApplicationRoute ApplicationController ApplicationView	application
index	IndexRoute IndexController IndexView	index
blog	BlogRoute BlogController BlogView	blog

由于 `index` 路由不会有任何内容，因此将其跳转到 `blog` 路由：指定 `redirect` 属性，跳转到接下来实现的 `Blog.BlogRoute`。在这里，当用户进入 `index` 路由，通过 `this.transitionTo('blog')`将自动跳转到 `blog` 路由。

博客状态附加到了 URL 地址/blog 上，以通知 Ember.js 从服务器端获取博客文章，并将其放在 `BlogController.model` 属性中——在 `model()`函数中实现该功能。在该函数内部，告知 Ember.js 通过 Ember Data 存储器执行 `this.store.find('blogPost')`代码，找出所有 `Blog.BlogPost` 类型的文章。当找到所有文章之后，Ember.js 会将文章数据插入到该路由控制器的 `model` 属性中。这里的代码虽少，但涉及的概念却比较多，所以我们对代码进行分解说明，保证过程更加清晰。

`this.store.find('blogPost')`由 Ember Data 提供。第 5 章会具体讨论 Ember Data，但现在只需明白这条语句获取/`blogPosts` 文件中所有的博客文章，并将其保存进 `Blog.BlogController` 控制器的 `model` 属性中。

> **注意**　由于不需要在 `Blog.BlogController` 添加特殊功能，因此也就不需要定义它。Ember 路由器会实例化一个默认的 `Blog.BlogController`，以加载博客文章列表。Ember 路由器通过 `Blog.BlogRoute` 中的 `model` 函数的返回值，来判定 `Blog.BlogController` 是扩展自 `Ember.ObjectController` 还是 `Ember.ArrayController`。

Ember 路由器接下来会将 `blog` 模板注入到 `application` 模板中的`{{outlet}}`表达式。

此时你已经实现了满足博客程序第一部分要求的 Ember 路由器，如图 3-13 所示。

现在我们搭好了运行博客应用所需的架子，接下来添加视图和模板，丰富应用程序内容。

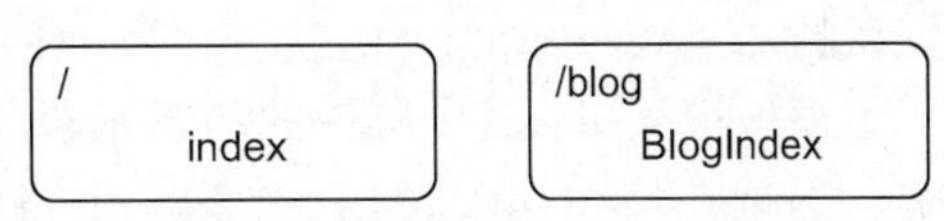

图 3-13　目前实现的 Ember 路由器

3.4.2　添加视图和模板

如图 3-13 所示，上节代码只是让路由器刚好能够运作起来的最小功能实现。首先，我们简要总结下，我们将为 Ember 路由器提供什么。

- 一个 `IndexRoute` 及一个 `BlogRoute`。
- 一个 `application` 模板、一个 `index` 模板及一个 `blog` 模板。
- 一个 `Blog.BlogPost` 模型对象。

前面已经实现两个路由，现在我们来实现相应模板。代码清单 3-2 覆写了默认模板以实现所需功能。

代码清单 3-2　`application` 及 `blog` 模板

```
<script type="text/x-handlebars" id="application">
    <div id="mainArea">
        <h1>Ember.js in Action Blog</h1>

        {{outlet}}
    </div>
</script>

<script type="text/x-handlebars" id="blog">
```

```
        <div id="blogsArea">
            {{#each controller}}
                <h1>{{postTitle}}</h1>
                <div class="postDate">{{postDate}}</div>
                {{postLongIntro}}<br />

                <hr class="blogSeparator"/>
            {{/each}}
        </div>
    </script>
```

打印 BlogController 的模型中每篇博客文章的概要内容

注意我们并没有为 application 模板或 blog 模板创建任何视图。由于并不需要为这些视图创建特殊的功能，因此，直接使用 Ember.js 创建的默认视图即可。

在应用程序需要时，Ember 路由器会将路由与控制器、控制器与视图、视图与模板联系在一起。

这时候，Ember.js 也很清楚 Ember 路由器同时实例化了控制器。你可能想知道对于每个路由，Ember.js 是如何获知需要什么类型的控制器？更具体地说，Ember.js 如何知道 BlogController 是个 ArrayController，而不是 ObjectController？答案就在于 BlogRoute 路由中 model()函数的返回值。由于其返回一个数组，因此，Ember.js 就知道将默认的 BlogController 实例化为一个 ArrayController 实例。

模板很简单。其中唯一的动态元素在 application 模板里。第 4 章会详细讨论模板内容，但现在将{{outlet}}作为一个路由器注入其子路由到这个位置上的占位符就好。在 application 路由里，路由器将注入 blog 模板。

你可以自由地覆写这些默认的标准命名规则，但我发现遵循相似的命名规则对路由、控制器和视图来讲非常便利，因为我总能通过命名知道它们之间的关系。如果当前在 Blog.BlogController 里编写代码，我就知道对应本控制器的视图代码应该在 Blog.BlogView 中，对 blog 模板而言也一样。

现在，你需要从磁盘中获取博客文章，以提供一些内容给应用程序。

3.4.3　显示博客文章列表

要让 Ember Data 的 Blog.BlogPost 模型生效，就得定义数据的结构，并指定一个 URL 地址，以便 Ember Data 能够通过该 URL 获取到数据。代码清单 3-3 实现了 Blog.BlogPost 模型的定义。

代码清单 3-3　BlogPost 模型结构

```
Blog.BlogPost = DS.Model.extend({
    postTitle: DS.attr('string'),
    postDate: DS.attr('date'),
    postShortIntro: DS.attr('string'),
    postLongIntro: DS.attr('string'),
    postFilename: DS.attr('string'),
    markdown: null
});
```

每个 BlogPost 的属性

该属性并非 Ember Data 模型对象

代码引入了几个新概念。首先，你可能已经注意到了模型扩展自 DS.Model，这是 Ember Data 提供的高级模型类，用于清晰定义期望的数据模型结构。Blog.BlogPost 模型定义了四个字符串类型属性以及一个日期类型属性。所有的 DS.Model 类也定义了一个名称为 id 的隐式属性，id 属性作为数据模型的主键。

注意还有一个额外的 markdown 属性。在这里指定该属性并非必需，但我希望每个模型定义都必须有的所有属性，都应该包括在内。这样，在查看使用该属性的模型代码时就一目了然。由于 markdown 属性没有 DS.attr 类型，因此，在属性对象与 JSON 数据间转换时，Ember Data 就会忽略该属性。

在取回数据时，使用了默认的 DS.RESTAdapter。URL 及从服务器端返回的数据的格式都必须使用这个特定模式。根据我们的需要，Blog.BlogPost 映射到 URL 地址 /blogPost，postTitle 映射到 JSON 数据中的 postTitle 键，以此类推。

我们的 Blog.BlogPost 对象将从 JSON 数据序列化，或者反序列化到 JSON 数据，如代码清单 3-4 所示。

代码清单 3-4 BlogPost 模型使用的 JSON 数据结构

```
{
    "id": "2012-05-05-Ember_tree",
    "postTitle": "Implementing a Custom Tree Model in Ember",
    "postDate": "2012-05-05",
       "postShortIntro": "Explaining the Client-side MVC model …",
    "postLongIntro": "We have had a number of very good …"
```

本章使用标准的 DS.RESTAdapter。第 6 章将介绍在不借助 Ember Data 的情况下如何获取数据，而第 5 章则会具体讨论 Ember Data 和 RESTAdapter。

由于你接收了一个博客文章列表，因此需要将单个博客文章的 JSON 对象放进一个数组中，并保存内容到文件 blogPosts，该文件内容如代码清单 3-5 所示。注意其中也添加了一个 id 属性。Ember Data 使用隐式的 id，尽管在 Blog.BlogPost 模型对象中并未明确指定 id。

代码清单 3-5 blogPosts 文件内容

```
{ "blogPosts": [
    {
        "id": "2012-05-05-Ember_tree",
        "postTitle": "Implementing a Custom Tree Model in Ember",
        "postDate": "2012-05-05",
        "postShortIntro": "Explaining the Client-side MVC model ...",
        "postLongIntro": "We have had a number of very good ..."
    }
  ]
}
```

现在应用可以列出 blogPosts 文件里的博客文章了。加载最新的应用程序，你应该可以顺利看到图 3-14 的效果。

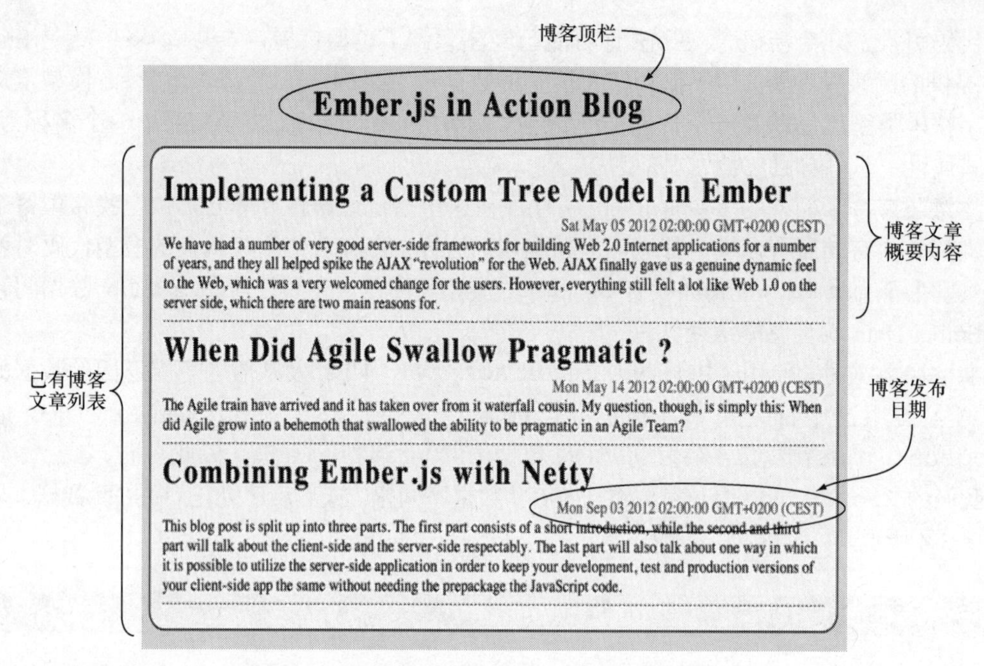

图 3-14　Ember.js 实战博客应用的第一部分功能

观察一下每篇文章的发布日期，你就会发现日期格式不便于阅读。我们还需要想办法格式化标准 JavaScript 日期输出格式，以便更符合人们的阅读习惯。要完成这件事有好几种办法。可以使用第三方日期格式化库并创建一个自定义 Handlebars.js 表达式来做转换（自定义表达式将在第 4 章讨论）。但出于这里的考虑，我们在 BlogPost 模型中创建一个计算属性，其返回一个正确格式化的日期。BlogPost 模型修改代码如代码清单 3-6 所示。

代码清单 3-6　修改 BlogPost 模型

```
Blog.BlogPost = DS.Model.extend({
    postTitle: DS.attr('string'),
    postDate: DS.attr('date'),                    由字符串格式转换为日期格式
    postShortIntro: DS.attr('string'),
    postLongIntro: DS.attr('string'),
    postFilename: DS.attr('string'),
    markdown: null

    formattedDate: function() {                   添加计算属性，将日期格式化为适合人们阅读的方式
        if (this.get('postDate')) {
            return this.get('postDate').getUTCDay()
                + "/" + (this.get('postDate').getUTCMonth() + 1)
                + "/" + this.get('postDate').getUTCFullYear();
        }

        return '';
    }.property('postDate')                        基于 postDate 处理并相应更新计算属性
});
```

Blog.BlogPost 模型对象中添加了一个计算属性 formattedDate。该计算属性在 Blog.BlogPost.postDate 属性发生改变时会相应更新，并用“mm/dd/ yyyy”格式打印日期。计算属性是 Ember.js 的一个强大机制，帮助你为函数添加复杂计算特性。此外，计算属性是可绑定且自动更新的，这样的话，只要 BlogPost 模型中的 postDate 属性发生变化，formattedDate 的返回值也会同步更新。由于计算属性是可绑定的，因此，使用到 formattedDate 属性的模板就会更新，仿佛 formattedDate 只是个普通属性。这真是个非常强大的概念。

模板中只需添加一条表达式。要达成目的，请为博客文章内容添加新的视图和模板。代码清单 3-7 展示了新的 blog 模板代码。

代码清单 3-7 修改模板

```
<script type="text/x-handlebars" id="blog">
    <div id="blogsArea">
        {{#each controller}}
            <h1>{{postTitle}}</h1>
            <div class="postDate">{{formattedDate}}</div>
            {{postLongIntro}}<br />

            <hr class="blogSeperator"/>
        {{/each}}
    </div>
</script>
```

通过 formattedDate 打印正确格式的日期

你可能觉得 moment.js 这样的第三方库更适合日期格式化。虽然我也赞同这个说法，但在讲解计算属性知识点的时候引入第三方库是没必要的。

这就是博客应用程序的第一部分功能实现。接下来，你将显示单独的博客文章，并添加直达它们的链接。

3.5 Ember.js 实战博客第二部分：添加博客文章路由

本节将创建博客应用程序的第二部分功能。

注意 本节完整代码为下载源代码中的 app2.js，或者可以通过 GitHub 链接下载：https://github.com/joachimhs/ Ember.js-in-Action-Source/blob/master/chapter3/blog/js/app/app2.js。

接下来的实现涉及将博客索引页连接到单独的博客文章页。首先向 blogPosts 文件添加内容项，如代码清单 3-8 所示。同时还会将博客内容更新为使用实际的博客文章，这些文章是从我所在公司的博客上获取的。这样，我们将使用实际数据。

代码清单 3-8 修改 blogPosts 文件

```
{ "blogPosts": [
    {
```

```
            "id": "2012-05-05-Ember_tree",
            "postTitle": "Implementing a Custom Tree Model in Ember",
            "postDate": "2012-05-05",
            "postShortIntro": "Explaining the Client-side MVC model and how ...",
            "postLongIntro": "We have had a number of very good ..."
        },
        {
            "id": "2012-05-14-when_did_agile_swallow_pragmatic",
            "postTitle": "When Did Agile Swallow Pragmatic ?",
            "postDate": "2012-05-14",
            "postShortIntro": "My question, is simply this: When did Agile ... ",
            "postLongIntro": "The Agile train have arrived and it .."
        },
        {
            "id": "2012-09-03-Combining_Ember_js_with_Netty",
            "postTitle": "Combining Ember.js with Netty",
            "postDate": "2012-09-03",
            "postShortIntro": "Combining Ember.js with Netty ",
            "postLongIntro": "This blog post is split up into three parts. ..."
        }
    ]
}
```

要从博客文章列表中导航到单独的具体文章，首先得修改 blog 路由映射定义，将路由改为资源。

注意　对于应用中的每个路由，Ember 路由器都会创建一个对应的默认模板。路由的子路由也可以定义为资源（resource）。每个资源会自动有一个对应它的 index 路由。我们的 blog 资源内部将自动插入一个 blog.index 路由作为子路由，blog.index 路由的 URL 地址以 blog/打头。

接下来，给 blog 资源添加两个子路由，名称为 index 和 post。添加完子路由之后，在 blog.index 模板中添加一个链接，转换 blog.index 路由，进入 blog.post 路由。还需要确保blog.post路由的URL根据动态ID而改变，该ID标识唯一的博客文章，这样用户就可以为单独的博客文章添加书签。但先来回顾下路由器状态图，如图 3-15 所示。

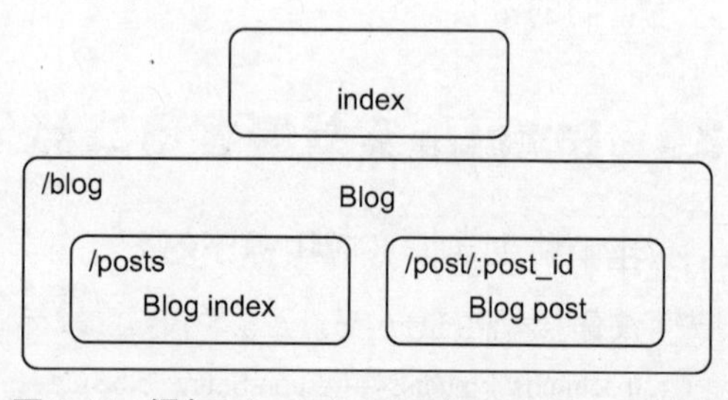

图 3-15　添加blog.index和blog.post路由

现在添加了两个新路由。我们需要blog.index路由，以能够导航到/blog/，又能够导航到/blog/ post/: post_id。此外，添加动作由blog.index路由转换到blog.post路由。修改后的Blog.Router代码如代码清单 3-9 所示。

代码清单 3-9　添加博客的 index 和 post 状态

```
Blog.Router.map(function() {
    this.route("index", {path: "/"});
    this.resource("blog", {path: "/blog"}, function() {    <-- 添加路由，并将路由索引为/blog路由
```

```
        this.route("index", {path: '/posts'});
        this.route("post", {path: '/post/:blog_post_id'});
    });
});
```

添加博客路由的子路由

移动 blogIndex 路由，让其成为博客路由的子路由

前面已经解释了两个新路由，代码中的两个重点你也应该注意到了。首先，由于 blog 路由现在定义成了资源，因此，Ember 路由器自动创建了 index 路由，并作为 blog 路由的直接孩子。但由于你想在 blog.index 路由上附上自定义地址/posts，因此，在这里就必须显式定义 index 路由。

其次，注意附在 blog.post 路由的 URL，特别是其中的:blog_post_id。这部分通知 Ember 路由器我们希望路由中附有动态部分。在这里，用该 URL 来表示当前查看的博客文章。这能够让用户针对单独的博客文章，进行书签保存及链接分享，同时也默认指定博客文章通过 blog.post 路由加载或传递到 BlogPostController。

现在在 Ember 路由器定义中添加了新路由，接下来定义新路由的具体实现，如代码清单 3-10 所示。

代码清单 3-10 修改及新建路由

```
Blog.BlogIndexRoute = Ember.Route.extend(
    model: function() {
        return this.store.find('blogPost');
    }
});

Blog.BlogPostRoute = Ember.Route.extend({
    model: function(blogPost) {
        return this.store.find('blogPost', blogPost.blog_post_id);
    }
});
```

重命名 Blog.BlogRoute 为 Blog.BlogIndexRoute

为 blog.route 路由添加 BlogPostRoute

通过 URL 动态部分填充 BlogPostController

Blog.BlogRoute 改名为 Blog.BlogIndexRoute。另外，还添加了一个新的 Blog.BlogPostRoute。通过覆写 BlogPostRoute 的 model()函数，你可以从 Ember Data 中找出正确的博客文章，并将文章传递给 BlogPostController 的 model 属性。还请注意传递给 BlogPostRoute model()函数的对象，其有一个属性，属性名称与代码清单 3-9 中的路由动态部分的名称相同。

接下来，修改博客索引页的模板，让用户可以选择某个博客文章，如代码清单 3-11 所示。

代码清单 3-11 添加从 blog.index 模板到 blog.post 模板的链接

```
<script type="text/x-handlebars" id="blog/index">
    <div id="blogsArea">
        {{#each controller}}
            <h1>{{postTitle}}</h1>
            <div class="postDate">{{formattedDate}}</div>
            {{postLongIntro}}<br /><br />
```

重命名 blog 模板为 blog.index

```
            {{#linkTo "blog.post" this}}Full Article ->{{/linkTo}}
            <hr class="blogSeperator"/>
        {{/each}}
    </div>
</script>
```

通过{{linkTo}}表达式添加到 blog.post 路由的链接

模板中有两个需要关注的细节。首先，将模板名称 blog 改为 blog/index。只要用户通过博客索引页转为查看一篇单独的博客文章，就从 DOM 中移除 blog/index，并以 blog.post 路由替代。由于已不需要为 blog 路由实现模板，因此 Ember 路由器为你创建新的默认模板。默认模板只包含了一个{{outlet}}，用来渲染活动子路由模板。

第二个细节是通过{{linkTo}}表达式，添加了一个从 blog.index 路由到 blog.post 路由的链接。这个表达式可以包括 1 到 2 个参数，第一个参数是导航目标路由，第二个参数是希望传递到目标路由的上下文。

添加完到 blog.post 路由的链接，现在来实现该路由对应的模板。我们在 index2.html 中添加该模板，如代码清单 3-12 所示。

代码清单 3-12 添加 blog/post 模板

```
<script type="text/x-handlebars" id="blog/post">
    <div id="blogPostArea">
        <div class="postDate">{{formattedDate}}</div>
        <br />{{#linkTo "blog.index"}}&lt; back{{/linkTo}}
        {{markdown}}
        <br />{{#linkTo "blog.index"}}&lt; back{{/linkTo}}
    </div>
</script>
```

创建新的 handlebars 模板，id 为 blog/post

在<div>元素里封装模板内容，方便后续设置 CSS 样式

通过{{#linkTo}}表达式返回 blog.Index

显示博客文章内容

在 blog.post 模板中没有新的概念。但请注意我们打印了模型中的 markdown 属性。是否还记得 BlogPost 模型的定义？在模型中将该属性初始化为 null。此外，你也尚未通知应用程序 markdown 属性里要填入些什么。

当用户进入 blog.post 路由，将从服务器端加载基于 Markdown 格式的内容，并将加载内容放在 markdown 属性里。可以有多种实现方式，但目前我们考虑在 Blog.BlogPostController 中实现一个观察者来获取博客文章内容，并将内容填入 markdown 属性。Blog.BlogPostController 的实现部分如代码清单 3-13 所示。

代码清单 3-13 Blog.BlogPostController

```
Blog.BlogPostController = Ember.ObjectController.extend({
    contentObserver: function() {
        if (this.get('content')) {
            var page = this.get('content');
            var id = page.get('id');

            $.get("/posts/" + id + ".md", function(data) {
                var converter = new Showdown.converter();
                page.set('markdown',
                  new Handlebars.SafeString(converter.makeHtml(data)));
            }, "text")
                .error(function() {
```

扩展 ObjectController 对象，代理单一博客文章对象

创建函数，监听 content 属性的变化

获取控制器 content 的 id 属性

取回博客文章内容

初始化转换器，将 Markdown 格式转换成 HTML 格式

```
                page.set('markdown',  "Unable to find specified page");
                //TODO: Navigate to 404 state
            });

        }
    }.observes('content')
});
```

标记函数为观察者

转义 HTML，以添加 HTML 格式而非文本格式的内容给控制器

这段 Blog.BlogPostController 代码中有些值得注意的地方。我们首先创建了一个 contentObserver 函数，并给它添加了 observes('content')后缀，这样 Ember.js 就知道只要控制器的 content 属性发生改变，就会执行该函数。只要用户进入 blog.post 路由查看一个不同的博客文章，contentObserver 函数就会触发，并更新模型中的 markdown 属性。

这里还使用了 showdown.js 转换服务器端返回的 Markdown 格式内容为 HTML 格式，之后将转换好的 HTML 格式内容填入模型 markdown 属性中。实现该功能有好几种方式。这里采用的方式是为了演示观察者的运用，以及 Ember Data 与标准 Ajax 技术的结合使用。

现在刷新页面并选择一篇博客文章导航到 blog.post 路由，就可以看到文章内容了。图 3-16 展示了应用全貌。

你可以点击"Full Article"链接，从 blog.index 路由转换到 blog.post 路由，也可以点击"Back"链接返回到 blog.index 路由。

在继续之前还得解决一个问题。如果身处 blog.post 路由且刷新页面，Ember.js 将抛出"Error while loading route（加载路由时出错）"的异常，这是因为此时并未加载博客文章（在此之前，我们是采用从 blog.index 路由进入 blog.post 路由的方式来加载文章的）。服务器端尚未实现为应用提供单独博客文章的方法，而 Ember Data 进入 Blog.BlogPost 路由的 model 函数时，Ember Data 期望通过/blogPosts/:post_id 加载单独的博客文章[①]。

你可以有两种解决方式。

- 在服务器端通过 URL 地址/blogPosts/:post_id 来提供单独博客文章。
- 在更高的路由层级中加载所有的博客文章。

对于真实的服务器环境，尽管在服务器端提供一种响应/blogPost/:post_id 的方式不是什么难事，但对于简单且基于文件的服务器端实现而言却不够直截了当。我们通过直接在 Blog.BlogRoute 而非 Blog.BlogIndexRoute 加载所有的博客文章，来解决该问题。但由于同时希望在 Blog. BlogIndexRoute 里也能够访问所有的博客文章（你得通过

---

① 这里不太容易理解。可以看看前面代码清单 3-10，Blog.BlogPostRoute 中的 model 函数参数为 blogPost，是一条博客文章记录，而在代码清单 3-11 中，{{#linkTo "blog.post" this}}这里的 this 上下文代表的也正是一条记录。所以，通过 blog.index 路由进入 blog.post，传给 blogPost 参数的是一条记录，这时候获取数据是完全没有问题的。但现在的情况是刷新，程序执行到 Blog.BlogPostRoute 中 model 函数时，没有记录传给 blogPost 参数，所以报错了。Ember.js 的学习曲线确实挺陡！但 Ember.js 也着实强大！

blog.index 模板在博客索引页显示博客列表），因此，你必须确保在 Blog.BlogRoute 与 Blog. BlogIndexRoute 中都能获取到博客文章。

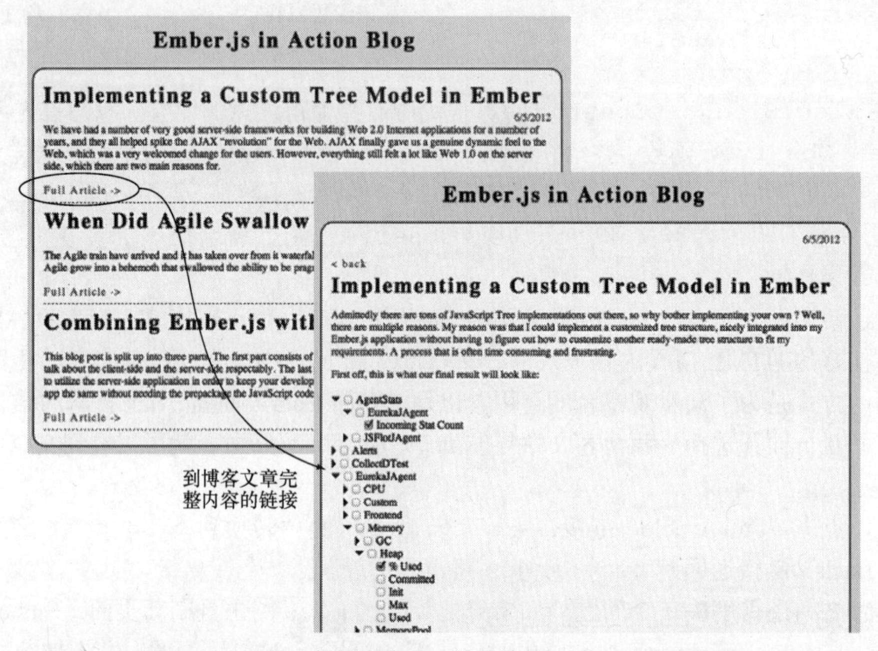

图 3-16　选择一篇博客文章，并转换到 blog.post 路由

有多种构建方式。在这里，你将采用尽量少改动应用程序的方式。在本章结尾讨论依赖注入及容器时，会讨论其他的方式。

在更高的路由层级加载博客文章，需修改 Blog.BlogIndexRoute 的实现，同时还要覆写 Blog.BlogRoute 路由的默认实现。代码清单 3-14 展示了修改路由的代码。

代码清单 3-14　修改 Blog.BlogIndexRoute 和 Blog.BlogRoute

```
Blog.BlogRoute = Ember.Route.extend({
    model: function() {
        return this.store.find('blogPost');
    }
});

Blog.BlogIndexRoute = Ember.Route.extend({
    model: function() {
        return this.modelFor('blog');
    }
});
```

- 引入 Blog.BlogRoute 的定义
- 覆写 model 函数，以加载博客文章
- 加载所有博客文章
- 确保 Blog.BlogIndexRoute 的 model 函数返回的数据与 Blog.BlogRoute 中返回的一致

如果仔细观察修改的路由，就会发现实际上就是把原来 Blog.BlogIndexRoute 的模型定义移到了 Blog.BlogRoute 里去。要确保填充到 Blog.BlogIndexController 与

Blog.BlogController 的模型一致，可以使用路由的 modelFor() 函数。这个函数传入更高层级路由的名称并返回填入更高层级路由的模型。

顺带说一下，你也可以通过在 Blog.BlogIndexRoute 的 model() 函数中返回 this.store.find('blogPost')来让 Blog.BlogIndexRoute 正常工作，如你之前的实现，因为 Ember Data 为从服务器端获取的数据实现了标识映射。我们将在第 5 章详细讨论 Ember Data。

这时刷新应用页面，应该就可以直接在 blog.post 路由上访问应用程序了，刷新正常①。

整个博客应用程序就只差关于页面的功能实现了，这个课后作业就留给你自己实现好了，但我会在本书源代码中提供其实现。

我前面提到我们将讨论 Ember 容器，以及依赖注入在 Ember.js 中是如何工作的，因此，接下来换挡驶入这个核心概念！

3.6 依赖注入与 Ember 容器

有两种方式可以把应用程序的各部分连接在一起。假设想连接控制器，可以使用控制器的 needs 属性，或者采用注册并通过依赖注入来注入对象的方式②。

3.6.1 使用 needs 属性连接控制器

如果想连接两个控制器，可以使用控制器的 needs 属性。在博客应用程序中，blog.index 路由依赖加载进 blog 路由的数据。早前我们通过 Blog.BlogIndexRoute model() 函数中的 modelFor() 方法来解决问题。

另一种方式是使用 Blog.BlogIndexController 的 needs 属性，来连接 Blog.BlogIndexController 与 Blog.BlogController。相关路由及控制器的修改代码如代码清单 3-15 所示。

代码清单 3-15 使用 needs 属性连接控制器

```
Blog.BlogController = Ember.ArrayController.extend({      <—控制器扩展自 ArrayController

});                                          创建 BlogIndexController,
                                             并扩展自 ObjectController

Blog.BlogIndexController =  Ember.ObjectController.extend({   <—

    needs: ['blog']                          <— 指定控制器需要
});                                             BlogController
```

① 为什么这时候能够在 blog.post 刷新正常了呢？因为在更高的路由层级中加载了所有博客文章，子路由就可以共享之。

② 这句不太好理解，但在本章后文会阐述。

你也许想知道 needs 属性为应用程序做了些什么事情，以及 Ember.js 如何使用它来连接这两个控制器？

当 BlogIndexController 初始化时，Ember.js 会检测该控制器的 needs 属性，并通过 needs 属性判断该控制器是否依赖其他控制器。如果该控制器指定了至少一个依赖控制器，Ember.js 就会在 Ember 容器中查找每个依赖控制器，并将它们注入到该控制器的 controllers 属性。

要通过 BlogIndexController 获得 BlogController，请访问 BlogIndexController 的 controllers 属性。在 BlogIndexController 中，具体调用 this.get('controllers.blog')，即可获取 BlogController。

对于控制器的调整，同时还需相应修改 blog.index 模板。代码清单 3-16 所示是修改模板的代码。

代码清单 3-16　修改 blog.index 模板

```
<script type="text/x-handlebars" id="blog/index">
  <div id="blogsArea">
    {{#each controllers.blog}}        <- 使用 controllers.blog 访问
      ...                                BlogController 的内容
    {{/each}}
  </div>
</script>
```

在这里省略了与前面相同的{{each}}表达式包含的代码，模板唯一的变化是{{each}}表达式。这里的调用逻辑与控制器中的调用一样。由于在 BlogIndexController 的 controllers.blog 中添加了 BlogController 实例，因此，你就可以在 blog.index 模板中直接通过 controllers.blog 表达式来访问 BlogController。

虽然这个方法在机制之下也运用了 Ember 容器，但其终究只是一个连接控制器的例子。如果你打算连接其他对象，就需要仔细了解 Ember 容器。

3.6.2　通过 Ember 容器连接对象

依赖注入的概念可以写一整本书。简而言之，Ember 容器允许你为对象分配普通名称。对象注册之后，就可以将其注入到其他事先也在 Ember 容器中注册过的对象的属性中。

Ember Data 是一个通过 Ember 容器来体现强大功能的极好示例。代码清单 3-17 展示了 Ember Data 的初始化过程。

代码清单 3-17　Ember Data 初始化过程及 Ember 容器

```
Ember.onLoad('Ember.Application', function(Application) {
  Application.initializer({
    name: "store",                    <- 创建应用程序初始化器，
                                         名为 store
    initialize: function(container, application) {
```

```
注册store到容 ┌─▷ application.register('store:main', application.Store || DS.Store);
器的 store:   │   application.register('serializer:_default', DS.JSONSerializer);
main 属性     │   application.register('serializer:_rest', DS.RESTSerializer);
              │   application.register('adapter:_rest', DS.RESTAdapter);

      container.lookup('store:main');
    }
  });

...

  Application.initializer({                      │创建应用程序初始化器，名
    name: "injectStore",                      ◁─┘为 injectStore

    initialize: function(container, application) {
      application.inject('controller', 'store', 'store:main');    │将容器 store:main
      application.inject('route', 'store', 'store:main');         │属性注入到对应对象
      application.inject('serializer', 'store', 'store:main');    │的store 属性中
      application.inject('dataAdapter', 'store', 'store:main');   │
    }
  });
```

这里，并不要求你理解应用程序初始化器之后的逻辑。这个例子只是为了让你对 Ember 容器的强大有个感知。在程序靠前位置调用了 `application.register()`，其有两个参数。第一个参数为代表对应注册对象唯一名称的字符串；第二个参数是一个希望在容器中注册的对象或类。在例子中，你注册了一个名称为 `store:main` 的 `DS.Store` 类到容器中。

在第二个 `initialize` 函数里，使用了 `application.inject` 来注入一个已保存属性到另一个注册对象的属性中。你得确保 `store:main` 代表的任何已注册的对象或类，都会被注入到应用程序中各个 `controller`、`route`、`serializer` 以及 `dataAdapter` 对象的 `store` 属性中。这是非常了不起的事情，这样就允许你在 `model()` 函数内部调用 `this.store.find('blogPost')`，如本章前面的做法所示。

对象在容器中注册之后，就可以通过非公开的 `App.__container__.lookup` 函数来获取对象。你不应该在自己的应用程序中直接使用这个函数，但如果你需要通过浏览器控制台调试程序的话，它确实很有用。代码清单 3-18 帮助你了解何时使用该函数。

代码清单 3-18 从容器中获取注册对象

```
Blog.__container__.lookup('store:main').find('blogPost')   ◁─┐查找所有的博客文章
Blog.__container__.lookup('controller:blog')
    .get('model.length')                              ◁─┐获取博客文章数量
Blog.__container__.lookup('controller:blogPost')
    .get('postTitle')                           ◁─┐获取所选博客文章的 postTitle 属性内容
Blog.__container__.lookup('controller:blogPost')
    .set('model.markdown', 'Test')   ◁─┐设置 markdown 属性，测试所选博客文章
```

针对何时能够与 Ember 容器注册对象交互，这里只是浅尝辄止，但仍演示了如何获取和操作已加载对象。来吧！加载博客应用程序，试试我们的样例程序，你马上就能感受到 Ember.js

提供给 Web 开发者们的强大能力，同时，这个例子还能够帮助你理解 Ember.js 应用内部的连接机制。

3.7 小结

本章阐述了 Ember.js 应用程序的核心部分。Ember 路由器实现是 Ember.js 用来融合应用结构的方式，同时它还负责管理应用程序可以在什么路由上，以及用户如何在这些路由间导航。路由器还定义了控制器间的依存方式，以及控制器间、甚至视图间的数据流转方式。

将用户特定的业务逻辑移到客户端所带来的好处是什么？从总体架构和用户体验角度来看，就是“清晰”二字。让客户端和服务器端各司其职，将有助于使用类原生应用的特性来创建高度可扩展的 Web 应用，并用最强大的发布渠道——Web 来封装应用。

通过博客应用程序样例的练习，我展示了如何合理组织应用路由，以及如何将各部分功能融合成一个完整应用。在进入本书第二部分之前，我们还有一个重要概念尚未涉及，因此，为了避免后续麻烦，下一章将讨论 Ember.js 的首选模板引擎——Handlebars.js。

第4章 通过Handlebars.js自动更新模板

本章涵盖的内容

- 为什么需要模板
- Handlebars.js 表达式
- 使用简单和复杂的表达式
- 理解 Ember.js 与 Handlebars.js 间的关系
- 创建自定义表达式

Ember.js 并未包括默认的模板库，你可以自由地使用自己喜好的 JavaScript 库。但由于Ember.js与Handlebars.js模板库的开发者是同一批人，因此，Handlebars.js特别适用于Ember.js应用程序。Handlebars.js还具备可靠模板库的所有特性。Handlebars.js基于Mustache，Mustache是一个无逻辑模板库，并应用于许多编程语言，比如 JavaScript、Python、Java、Ruby 或是你喜爱的语言。

本章首先让你对模板有个清晰的理解，并说明使用模板的意义。之后我们会进入Handlebars.js 特性。在本章的下半部分将了解 Ember.js 如何扩展标准 Handlebars.js 特性，为应用程序提供自动更新模板功能。通过本章的学习，你将全面了解 Handlebars.js 与 Ember.js 中的模板特性。

4.1 模板是什么

Handlebars.js 模板是常规的静态 HTML 标记，其间点缀着称为表达式的动态元素。无论底层数据何时发生了改变，模板库在运行时将替代这些表达式，带给你一个实时更新的动态 Web 应用。

注意 Ember.js 顶层的模板称为 *application*。默认地，这个模板只包含了一个 Handlebars.js 表达式：`{{outlet}}`。如果你需要在顶层模板包含其他特定内容，就需要覆写 application 模板。不过，请记住，application 模板的某处需要一个`{{outlet}}`，否则其他模板将无法渲染。

软件开发领域有各种各样的模板库。传统上，模板库属于服务器端，服务器端开发者结合使用模型与模板，以生成视图，如图 4-1 所示。

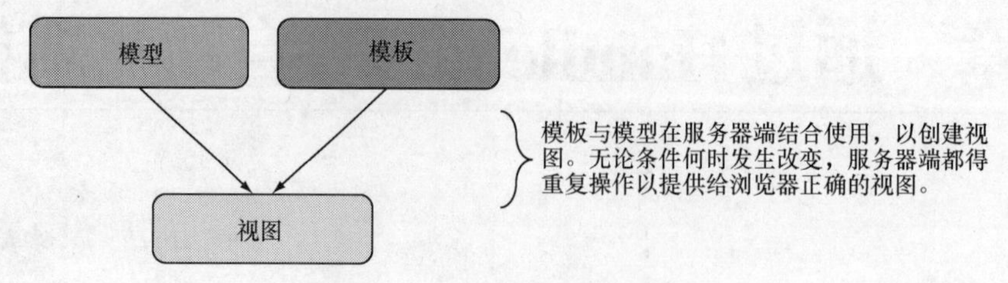

图 4-1　传统的服务器端模板模型

由于 Handlebars.js 应用于客户端，且 Ember.js 拥有一个富 MVC 架构模式，因此，Ember.js 有能力通过更加强大的动态模式来替代旧有模板编译方式，如图 4-2 所示。

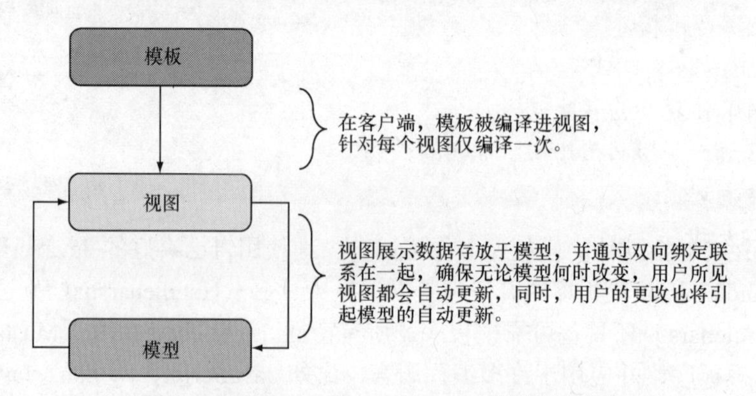

图 4-2　Ember.js + Handlebars.js 模板解决方案

与大多数其他模板库一样，Handlebars.js 通过闭合的双重花括号来标识表达式。表达式既可以是代表动态值的简单表达式，也可以是只包含逻辑的块表达式。首先感受一下简单表达式及其工作方式。

4.1.1　简单表达式

本章将使用一个简单的书籍编目系统，来记录家庭图书馆的书籍。对于每本书，你希望看到一些基本信息：书名、作者以及关于书籍的简短描述。

简单表达式是标识符，其通知 Handlebars.js 在运行时通过变量值来替代模板内容。分析代码清单 4-1 里的代码。

代码清单 4-1　一个简单表达式的例子

```
<h1>{{title}}</h1>        <—| 在运行时替代{{title}}表达式
```

当该模板被渲染时，Handlebars.js 会在当前上下文中查找 title 变量值，并用查找到的相应值替换{{title}}表达式。

你也可以在 Handlebars.js 表达式中使用点号分隔的路径。假设拥有一个模型对象 Book，其有三个属性——title、author 以及 text——通过 Handlebars.js 模板，就可以采取代码清单 4-2 所示的方式显示书籍信息。

代码清单 4-2 在表达式中使用点号分隔的路径

```
<h1>{{book.title}}</h1>                  <— 显示书名
<p>By: {{book.author}}<br />             <— 显示书籍作者
    {{book.text}}</p>                    <— 显示书籍描述
```

可以通过点号分隔路径在 Handlebars.js 中访问对象属性。你可以链式调用这些属性，对象引用有多深，链式调用就可以有多深，但如果发现一个表达式中的链式调用需要超过三层，你最好将模板划分为更小且更具体的模板。同样的，如果表达式中的链式调用超过了三层，就该重新审视应用结构，看看是否缺失了某个路由或控制器。

你将在本章稍后了解如何通过 Ember.js 和 Handlebars.js 将模板划分为更小的模板，但首先我们来看看其他类型的 Handlebars.js 模板：块表达式。

4.1.2 块表达式

块表达式不仅仅是一个值，同时还是可以包含简单标记、简单表达式甚至是块表达式的内容体。Handlebars.js 通过前置井号或散列符（#）来标识一个块表达式的开始，在最后使用前置反斜杠（/）来结束块辅助器。任何开始及结束标签之间的内容都是块表达式的一部分，并构成块表达式的内容体。一个 each 块辅助器结构的简单示例如图 4-3 所示。

图 4-3 {{each}}块表达式

块表达式还可以拥有一个不同于其包含模板的上下文。我们继续以书籍编目举例，并假设你使用的上下文如代码清单 4-3 所示。

代码清单 4-3 书籍编目上下文

```
{
    "title": "Books",
    "books": [
      { "title": "Ember.js in Action",
        "author": "Joachim Haagen Skeie",
        "text": "A thorough overview of the Ember.js Framework"
      },
      { "title": "Secret of the JavaScript Ninja",
        "author": "John Resig and Bear Bibeault",
        "text": "A book about mastering modern JavaScript development"
      }
    ]
}
```

现在可以创建一个 Handlebars.js 模板来列出 `books` 数组中每本书籍的具体信息，如代码清单 4-4 所示。

代码清单 4-4 通过块表达式列出每本书籍的具体信息

```
<h1>{{title}}</h1>                      ← 显示页标题
{{#each books}}                         ← 迭代 books 数组
    <div class="book">
        <h1>{{this.title}}</h1>         ← 显示书名
        <p>By: {{this.author}}<br />    ← 显示书籍作者
        {{this.text}}</p>               ← 显示书籍描述
    </div>
{{/each}}                               ← 关闭 each 块表达式
```

观察代码清单 4-4，其中有几个值得注意的地方。首先，通过内置的 `each` 块辅助器迭代 `books` 数组。请注意在块表达式内部是如何通过关键字 `this` 来识别当前迭代位置的某本书籍的。模板的剩余部分跟先前代码一样，除此之外要确保在模板结束位置关闭了 `{{each}}`块。

当用代码清单 4-3 的上下文渲染模板，将产生代码清单 4-5 所示的标记。

代码清单 4-5 `{{each}}`块表达式生成的结果

```
<h1>Books</h1>                                          ← 页面主标题
<div class="book">                                      ← 第一本书的内容
    <h1>Ember.js in Action</h1>
    <p>By: Joachim Haagen Skeie<br/>
    A thorough overview of the Ember.js Framework</p>
</div>
<div class="book">                                      ← 第二本书的内容
    <h1> Secret of the JavaScript Ninja </h1>
    <p>By: John Resig and Bear Bibeault<br/>
    A book about mastering modern JavaScript development</p>
</div>
```

前面说到块表达式可以拥有一个不同于其包含块或包含模板的上下文。通过`{{each}}`

表达式，你可以引入一个上下文变量，Handlebars.js 用它来识别 books 数组中的每个对象。修改代码如代码清单 4-6 所示。

代码清单 4-6 修改过的{{each}}块表达式

```
<h1>{{title}}</h1>
{{#each book in books}}                          <-- 创建指定上下文的变量
    <div class="book">
        <h1>{{book.title}}</h1>                  <-- 显示书名
        <p>By: {{book.author}}<br />             <-- 显示书籍作者
        {{book.text}}</p>                        <-- 显示书籍描述
    </div>
{{/each}}
```

通过使用{{#each book in books}}表达式，你可以在声明{{each}}块表达式的同时，创建一个名为 book 的新变量。之后就可以在块语句中通过引用 book 变量，来取代使用 this 的方式。

Handlebars.js 有几个内置块表达式。下一节将对它们进行介绍，并演示如何使用它们。

4.2 内置块表达式

Handlebars.js 同样实现了其他语言中常用的块表达式，如以下列表：

- {{each}}
- {{if}}
- {{if-else}}
- {{unless}}
- {{with}}
- {{comments}}

前面你已经接触了{{each}}块表达式，并用它来遍历一个数组项，生成包含每个数组项的模板，因此，我们在这里就不再解释{{each}}块辅助器，直接进入{{if}}块表达式内容。

4.2.1 if 及 if-else 块表达式

一旦你的模板中包含了一个控制选项，以控制模板某部分渲染与否，你就很可能使用{{if}}块来表述此逻辑。例如，如果打算在一本书包含了作者才显示它，可以如代码清单 4-7 所示的方式使用模板。

代码清单 4-7 {{if}}块表达式

```
{{#if book.author}                               <-- 有条件地呈现书籍信息
    <h1>{{book.title}}</h1>
    <p>By: {{book.title}}<br />{{book.text}}</p>
{{/if}}
```

{{if}}块表达式有一个参数，我们通过评估参数值以判断是否渲染表达式内容体。在这里，如果 book.author 为 null、undefined、0、false 或其他假值，则不呈现书籍信息。

但如果在书籍作者未定义情况下，希望在模板中包含一条简单出错信息该怎么做呢？Handlebars.js 也提供了{{else}}块。代码清单 4-8 演示了{{if-else}}块表达式的定义。

代码清单 4-8　{{if-else}}块表达式

```
{{#if book.author}}
    <h1>{{book.title}}</h1>
    <p>By: {{book.title}}<br />{{book.text}}</p>
{{else}}
    <p>{{book.title}} does not have an assigned author</p>
{{/if}}
```

{{if-else}}表达式

在这里，如果 book.author 返回假值，则通过{{else}}指定添加到渲染模板中的内容。请注意，{{else}}并未以散列符#开头，因为{{else}}是{{if}}表达式的一部分。

4.2.2　{{unless}}块表达式

有时我们希望在条件判断为假值时才渲染某块内容。如果你想说："好吧，如果这是真的，我想……" 你可以使用{{if}}块表达式。对应的相反场景是，只要你想说："如果这为假，我想……" 你就可以使用{{unless}}块表达式。

不用为{{if-else}}块表达式指定一个空的 if 块内容，Handlebars.js 提供内置的{{unless}}块表达式来满足开发者的要求，如代码清单 4-9 所示。

代码清单 4-9　使用{{unless}}块表达式

```
{{#unless book.bookIsReleased}}
<p>{{book.title}} is not released yet.</p>
{{/unless}}
```

相当于只指定{{if-else}}块表达式的 else 部分

4.2.3　{{with}}块表达式

尽管 Handlebars.js 支持在表达式中使用路径，但有时{{with}}块表达式还是很便利的，可以通过{{with}}切换到模板各部分上下文，以缩短长路径表示（例如 book.author.address.postcode）。观察代码清单 4-10，其是代码清单 4-6 的修改版本。

代码清单 4-10　使用{{with}}切换到 book 内部上下文

```
<h1>{{title}}</h1>
{{#each book in books}}
    {{#with book}}
        <div class="book">
            <h1>{{title}}</h1>
```

切换到 book 内部上下文

```
            <p>By: {{author}}<br />
            {{text}}</p>
        </div>
    {{/with}}
{{/each}}
```

以上代码使用{{with}}块表达式来缩短{{with}}块内容体中各个表达式的路径表示。如果需要在表达式中使用复杂长路径，这种方式就显得非常方便。

4.2.4 Handlbars.js 的注释

由于添加到模板中的任何逻辑都是 Handlebars.js 表达式的一部分，而我们难免需要为代码逻辑添加一些代码注释。Handlebars.js 通过{{! }}注解来表示注释。但很重要的一点是，该注释并不会出现在生成的 HTML 标记中。如果你希望在生成的 HTML 中包含这些注释，就应当用标准的 HTML 注释来取代{{! }}。代码清单 4-11 演示了如何使用注释。

代码清单 4-11 使用 Handlebars.js 注释

```
<div class="comments">
    {{! A Handlebars comment that won't be part of the rendered markup}}
    <!-- An HTML comment that will be part of the rendered markup -->
</div>
```

到目前为止，你学习了 Handlebars.js 的简单表达式和复杂表达式，并了解内置表达式是 Handlebars.js 库的一部分。你同时还明白了每个表达式都有其对应的上下文，Handlebars.js 利用这些上下文生成每个模板输出。但你尚不清楚 Handlebars.js 是如何适用于 Ember.js 的，Ember.js 如何控制每个模板的上下文？又是如何将复杂模板划分为更小、更易于管理的模板？下一章节将深入这些问题。

4.3 结合使用 Handlebars.js 与 Ember.js

Ember.js 通过开发者期待的 Ember.js 应用强大特性，扩展并丰富了 Handlebars.js。在通知 Ember.js 渲染一个 Handlebars.js 模板之后，不管应用模型何时变化，你都大可放心地让 Ember.js 自己维护视图的实时更新，一点都不需要你专门实现相关逻辑来处理这些更新。

为了搞清楚应用模型改变时，DOM 树的哪些部分将更新，Ember.js 在每个表达式内容前后都注入了 Metamorph 标签。你会在本章后面了解到 Metamorph。

你将看到 Ember.js 如何扩展 Handlebars.js、添加哪些新的表达式，以及 Ember.js 视图如何被绑定到 Handlebars.js。但首先来关注一下如何在一个 Ember.js 应用程序中定义模板。你会真正喜欢上这种应用程序编写方式。

4.3.1 在 index.html 中定义模板

Handlebars.js 支持在 index.html 中定义模板，这可以作为一种便利而容易实现的选择。但请记住，在一个文件中放置所有的模板，将很快让你体会不到便利。

然而，如果非得在 index.html 文件中定义你的所有模板，则这些模板应该通过类型为 text/x-handlebars 的 script 标签封装起来。可以在 body 标签中通过创建一个匿名 script 标签来定义应用程序的 application 模板，如代码清单 4-12 所示。

代码清单 4-12 创建应用程序的 application 模板

```
<html>
    <head><title>My Book Catalog Page</title></head>
    <body>
        <script type="text/x-handlebars">
            Welcome, {{user.fullName}}!
        </script>
    </body>
</html>
```

在 body 标签中创建 application 模板

应用程序模板通过路由器显示在页面上。关于 Ember 路由器的更多信息可以回顾第 3 章内容。

显然，只有一个模板并不会为你带来任何好处。另行添加的其他模板需要在<head>元素内定义，且通过 data-template-name 或 id 属性给它分配唯一的名称，如代码清单 4-13 所示。

代码清单 4-13 创建 books 模板

```
<html>
    <head>
        <title>My Book Catalog Page</title>

        <script type="text/x-handlebars" id="books">
            <div class="books">Book Catalog</div>
        </script>
    </head>
    <body>
        <script type="text/x-handlebars">
            Welcome, {{user.fullName}}!
        </script>
    </body>
</html>
```

在<head>元素内定义命名模板

开发者或多或少会使用一些构建工具来管理应用资源，包括预编译 Handlebars.js 模板以使其能够应用于 Ember.js 应用程序。构建工具会在第 11 章详细展开。

由于上述这种方式很快就会变得不切实际[①]，因此，本书将在单独的*.hbs 文件里定义各模

① 在一个文件中放置所有的模板并不是个好主意。——译者注。

板，同时，你可以通过构建工具或 AJAX 调用将它们植入应用程序中。此外，你还有第三种选择，就是直接在 Ember.TEMPLATES 散列中定义模板。

4.3.2　直接在 Ember.TEMPLATES 散列中定义模板

当一个 Ember.js 应用程序初始化时，它将通读 index.html 文件，并放置在 Ember.TEMPLATES 散列中找到的所有模板。你可以直接将模板编译到这个散列中。这种方式在开发期间是没问题的，但由于你需要频繁管理字符串连接，因此该方式就显得很笨拙。代码清单 4-14 演示了如何命名和编译代码清单 4-13 里的模板，并将其放入到 Ember.TEMPLATES 散列。

代码清单 4-14　将模板编译进 Ember.TEMPLATES 散列

```
Ember.TEMPLATES['application'] = Ember.Handlebars.compile('' +
    'Welcome, {{user.fullName}}!'
);                                                  <-- 定义 application 模板

Ember.TEMPLATES['books'] = Ember.Handlebars.compile('' +
    '<div class="books">' +
        'Book Catalog' +
    '</div>'                              定义 books 模板
);                                   <--
```

这种方式有两个优点：更容易将模板划分为多个文件，并将模板与 index.html 文件分离开来。如果不使用任何构建工具，你就不得不频繁应付单引号和双引号。若是还想保持模板清晰美观，那么，还得在模板中通过字符串连接操作来合并代码行。

注意　使用这种方式的弊端是显而易见的。从长远来看，在 index.html 文件或单独的*.hbs 文件中定义模板，并辅以构建工具进行编译，这样会让你更舒适。这种方式将在第 11 章介绍。

定义完模板，就可以创建视图，用这些模板定义视图渲染的内容，下一章节我们将介绍这方面内容。

4.3.3　创建 Handlebars.js 模板支持的 Ember.js 视图

Ember.js 视图可以通过扩展或实例化类型为 Ember.View 的类来创建。在这里，我们要创建一个新视图，其使用代码清单 4-14 中的 books 模板。先来创建该视图，如代码清单 4-15 所示。

代码清单 4-15　创建模板支持的视图

```
App.BookView = Ember.View.extend({                  <-- 创建新视图，扩展自
    templateName: 'books'      <-- 定义视图的模板       Ember.View
});
```

首先创建新视图 App.BookView，其通过 extend 关键字扩展自 Ember.View。之后，指定该视图使用的模板，模板名称在 templateName 属性中定义。

到目前为止一切顺利，但 Ember.js 也支持直接在视图中以内联方式定义模板，不用通过名称引用外部模板。

只要视图需要在应用程序的多个地方使用，就自然会想到创建可复用的自定义视图。无论何时需要创建可复用视图，尤其是需要跨应用复用的话，我通常会采用内联模板的方式。代码清单 4-16 演示了通过 template 属性，用内联模板的方式重写 App.BookView。

代码清单 4-16 使用内联模板创建视图

```
App.BoookView = Ember.View.Extend({
    template: Ember.Handlebars.compile('' +        <-- 创建内联模板
        '<div class="books">' +
            'Book Catalog' +
        '</div>')
})
```

请注意，这里需要调用 Ember.Handlebars.compile 将 Handlebars.js 模板编译进视图 template 属性。当创建自定义的可复用视图，而且模板比较简单、比较小的时候，我通常采取内联模板的方式。如果模板有较多的代码行及块表达式，我会将模板从视图中分离出来，并通过视图 templateName 属性来引用这些模板。

前面提到 Ember.js 提供了额外的 Handlebars.js 表达式，因此，接下来我们就来认识它们。

4.4 Ember.js 提供的 Handlebars.js 表达式

Ember.js 扩展了 Handlebars.js，提供额外的你可能会在应用开发中经常用到的表达式。Ember.js 提供的额外表达式如下：

- {{view}}
- {{bind-attr}}
- {{action}}
- {{outlet}}
- {{unbound}}
- {{partial}}
- {{link-to}}
- {{render}}
- {{control}}
- {{input}}
- {{textarea}}
- {{yield}}

本节中，你将学习 Ember.js 提供的这些额外表达式，并了解如何使用它们。

4.4.1 {{view}}表达式

通过名称你可能猜到了，{{view}}表达式用来添加一个视图到 Handlebars.js 模板中，其经常用来注入自包含视图到模板中。你将为书籍编目样例程序创建一个名为 App.BookDetailsView 的视图，并将该视图注入到代码清单 4-14 的 application 模板中。合并结果如代码清单 4-17 所示。

代码清单 4-17 通过{{view}}表达式注入一个视图

```
Ember.TEMPLATES['bookDetails'] = Ember.Handlebars.compile('' +
    '<div class="book">' +
        '<h1>{{title}}</h1>' +
        '<p>By: {{author}}<br />' +
        '{{text}}</p>' +
    '</div>'
);

Ember.TEMPLATES['books'] = Ember.Handlebars.compile('' +
    '{{#each book in books}} ' +
        '{{view App.BookDetailsView valueBinding="book"}}' +
    '{{/each}}'
);

        App.BookDetailsView = Ember.View.extend({
            templateName: 'bookDetails'
        });

        Ember.TEMPLATES['application'] = Ember.Handlebars.compile('' +
            '<h1>Welcome, {{user.fullName}}!</h1>' +
            '{{view Ember.View templateName="books"}}'
        );
```

将 bookDetails 模板添加到 Ember.TEMPLATES 散列中

将 books 模板添加到 Ember.TEMPLATES 散列中

创建 App.BookDetailsView 视图，使用 bookDetails 模板

将 application 模板添加到 Ember.TEMPLATES 散列

注入匿名视图到 application 模板

请注意，这里为了演示工作原理，直接将模板编译进了 Ember.TEMPLATES 散列中。我们创建了两个新模板：books 和 bookDetails。它们分别代表书籍列表以及每本书的具体信息。还创建了一个新视图 App.BookDetailsView，其使用 bookDetails 模板。最后，通过在 application 模板中使用一个匿名视图来渲染 books 模板。

尽管以这种方式创建匿名视图是可行的，我的经验是只有视图比较小且简单的情况下才创建匿名视图。对于比这更复杂的视图而言，创建一个合适的 Ember.View 实例会更明智，如 App.BookDetailsView 创建方式。但有时候只需要通过简单视图来渲染一个模板，这种情况下使用匿名视图也是可以达成目标的。总之，将来重构匿名视图的工作还是非常容易的。另一种无需为模板定义视图的模板渲染方式是使用{{partial}}表达式，稍后会讨论该表达式。

4.4.2 {{bind-attr}}表达式

无论 Ember.js 何时渲染某个表达式，Ember.js 都会将 Metamorph script 标签注入进代码中，以便在底层模型发生改变时，Ember.js 能够重新渲染每个表达式。Metamorph 的作用在 HTML 代码中几乎无处不在，除非你将模型绑定到 HTML 元素的属性上，这时候 Metamorph 就会失效。为了解决这个问题，Ember.js 提供了{{bind-attr}}表达式来使用绑定功能，以便也能更新 HTML 元素的属性。我们来分析代码清单 4-18 所示的 HTML 代码，其指定了 HTML <img>标签的 src、height 以及 width 属性。

代码清单 4-18 绑定 HTML 标签属性到对应的支持模型

```
<script type="text/x-handlebars" id="image-template">
    <img {{bind-attr src=imageUrl}}
        {{bind-attr height=imageHeight}}
        {bind-attr width=imageWidth}} />
</script>
```

绑定 src 属性

绑定 height 属性

绑定 width 属性

只要你打算把模型对象绑定到一个 HTML 标签属性上，就得使用{{bind-attr}}表达式，其始终是一个简单表达式。{{bind-attr}}表达式有一个参数，指定待渲染 HTML 标签的属性（attribute）。参数值指定了当前上下文中绑定哪个模型对象属性（property）。

你也可以在{{bind-attr}}中使用布尔值。布尔型返回值指定标签属性是否包含在已渲染的标签中。如代码清单 4-19 所示。

代码清单 4-19 在{{bind-attr}}表达式中使用布尔值

```
<script type="text/x-handlebars" id="image-template">
    <input type="checkbox" {{bind-attr disabled=canEdit}} />
</script>
```

切换显示 disabled 标签属性

如果 canEdit 计算结果为 true，Ember.js 渲染的模板中就会包含 disabled 属性：<input type="checkbox" disabled />。但如果 canEdit 计算结果为 false，Ember.js 就会忽略 disabled 属性：<input type="checkbox" />。

> **Metamorph**
>
> 当应用程序模型发生改变时，为了让 Ember.js 知道哪些 DOM 元素应该做相应更新，Ember.js 会注入特殊的 script 标签到 DOM 中 Handlebars.js 表达式的前后位置。这些标签定义了一个 text/x-placeholder 类型，以表明 Ember.js 将替换该区域的内容。
>
> 对于模板中的每一个表达式，Ember.js 都会用 script 标签包围生成的相应 HTML 标记，如以下所示：

```
<script id="metamorph-30-start" type="text/x-placeholder"></script>
```

```
<!—convMarkdown 表达式内容 -->
<script id="metamorph-30-end" type="text/x-placeholder"></script>
```

Ember.js 会进行所有必要的统计，以掌握在模型发生改变时，哪个 Metamorph `script` 将用来更新视图。大多数时间里，你无需关注 Ember.js 怎么注入这些 Metamorph 标签，但你仍需要知晓它们的存在，因为它们添加了元素到 DOM 树中，并会影响 CSS 样式。

4.4.3 `{{action}}`表达式

顾名思义，`{{action}}`表达式用于触发 HTML 元素的 DOM 动作。动作转发到模板的 `target`，该 `target` 最有可能是当前路由的控制器。`{{action}}`表达式有三个参数：名称、上下文以及一系列选项。所有通过`{{action}}`表达式触发的事件都将调用 `preventDefault()`。

代码清单 4-20 创建了一个带有合适动作的链接。

代码清单 4-20　使用`{{action}}`表达式

```
<script type="text/x-handlebars" id="bookDetails">
    <div class="book">
        <h1>{{title}}</h1>
        <p>
                    By: {{author}}<br />
                    {{text}}<br />
                    <button {{action "editBookDetail" this}}>Edit Book</button>
            </p>
    </div>
</script>
```

当点击按钮时触发动作

模板为每本书籍渲染了一个标准的 HTML 按钮标签。当用户点击按钮会触发 `editBookDetail` 动作。`{{action}}`表达式第一个参数是动作名称。Ember.js 通过动作名称触发模板 `target` 上的动作，模板 `target` 上的动作函数（事件处理函数）名称与`{{action}}`表达式动作名称一致。如果没有提供 `target`，Ember.js 就会假定你希望将事件发送给当前路由的控制器。

第二个参数是上下文（数据），供调用函数使用——这里就是当前书籍（`book`）。

你还可以提供一系列选项给`{{action}}`表达式：

- ❑ DOM 事件类型；
- ❑ 一个目标（target）；
- ❑ 一个上下文。

1. 指定 DOM 事件类型

`{{action}}`表达式默认使用的 DOM 事件类型是 `click`（点击）事件。可以通过在

on 选项中指定合法事件名称来覆写该默认实现。Ember.View 指定了 28 个合法事件名称，可分为五大类，如表 4-1 所示。

表 4-1　与 Ember 视图相关的 DOM 事件类型

鼠 标 事 件	键 盘 事 件	触 屏 事 件	表 单 事 件	HTML5 拖放事件
click	keyDown	touchStart	submit	dragStart
doubleClick	keyUp	touchMove	change	drag
focusIn	keyPress	touchEnd	focusIn	dragEnter
focusOut		touchCancel	focusOut	dragLeave
mouseEnter			input	drop
mouseLeave				dragEnd
mouseUp				
mouseDown				
mouseMove				
contextMenu				

如果想指定编辑书籍按钮触发鼠标双击动作，可以给{{action}}表达式指定 on="doubleClick"选项参数。如代码清单 4-21 所示。

代码清单 4-21　指定 DOM 事件类型

```
<script type="text/x-handlebars" id="bookDetails">
    <div class="book">
        <h1>{{title}}</h1>
        <p>
            By: {{author}}<br />
            {{text}}<br />
            <button {{action editBookDetail this on="doubleClick"}}>Edit
  Book</button>
        </p>
    </div>
</script>
```

指定 DOM 事件类型

2. 指定目标（target）

如果你在应用程序中使用了 Ember 路由器（可回顾一下第 3 章相关内容），{{action}}表达式的默认目标将总是当前路由的控制器。如果在控制器中尚未定义动作，那么动作就会冒泡到当前路由，并会顺着路由层级不断向上冒，直到找到对应动作。

如果希望动作被转发到其他地方，就必须手动覆写 target 选项，如代码清单 4-22 所示。

代码清单 4-22　覆写{{action}}表达式 target 选项

```
<script type="text/x-handlebars" id="bookDetails">
    <div class="book">
        <h1>{{title}}</h1>
```

```
        <p>
            By: {{author}}<br />
            {{text}}<br />
            <button {{action "editBookDetail" this
                target="App.editBookController"}}>
                Edit Book
            </button>                              ◁┐ 覆写默认 target
        </p>
    </div>
</script>
```

当点击链接，Ember.js 将尝试调用 `App.editBookController` 实例的 `editBookDetail` 函数。

也可以通过 `target="view"`的方式指定相对当前视图的路径。

3. 指定上下文

如果你指定了一个上下文作为`{{action}}`表达式的第二个参数，就可以传递数据给调用动作方法。回顾一下代码清单 4-20 到 4.22 中的`{{action}}`表达式，`editBookDetail` 方法包含了一个以 `book` 对象为上下文的参数。

代码清单 4-23 演示了如何获取`{{action}}`表达式传入的上下文。

代码清单 4-23 获取动作传入的上下文

```
App.EditBookController = Ember.Route.extend({
    actions: {                                        指定带有上下文参数的
        editBookDetails: function(book) {          ◁┘ 动作方法
            console.log(book.get('name'));   ◁┐ 获取某本书籍的信息并
        }                                       打印书名
    }
});
```

4.4.4 `{{outlet}}`表达式

`{{outlet}}`表达式在模板中是个简单的占位符，控制器在其中注入视图。无论控制器的 `view` 属性何时发生改变，Ember.js 都会确保用新视图替换该占位符的内容（outlet）。通过 Ember 路由器，使用 `renderTemplate` 方法修改控制器的 `view` 属性。代码清单 4-24 演示了如何通过 `renderTemplate` 来更新 outlet。

代码清单 4-24 使用 `renderTemplate` 方法更新 outlet

```
        Ember.TEMPLATES['application'] = Ember.Handlebars.compile('' +
            '{{outlet books}}' +                       ◁┐ 为书籍列表添
为所选书籍 ┌▷  '{{outlet selectedBook}}'                   加 outlet
添加 outlet │ );
```

```
App.BooksRoute = Ember.Route.extend({
    renderTemplate: function() {
        this.render('books', { outlet: 'books'});          ◁ 将书籍列表渲染进 books 的 outlet

        var selectedBookController = this.controllerFor('selectedBook');

        this.render('selectedBook', {                       ◁ 将所选书籍渲染进 selectedBook 的 outlet
            outlet: 'selectedBook',
            controller: selectedBookController
        });
    }
});
```

这段代码中，首先在应用程序模板中定义了两个 outlet：一个用于包含所有书籍的左侧菜单，另一个用于所选书籍。之后，在 App.BooksRoute 路由中，使用 renderTemplate 函数通过 this.render()将视图渲染进对应 outlet。

本例显得有点儿做作。通常情况下，你会通过 Ember 路由器创建 books 和 books.book 两个路——以这种方式来处理。这样，你就可以在模板中使用不需要传入参数的{{outlet}}表达式来通知 Ember.js 在何处渲染 books.book 模板。

4.4.5　{{unbound}}表达式

{{unbound}}表达式允许你在不借助 Ember.js 的绑定功能的情况下，输出一个变量到模板。请注意，当模型对象发生改变时，表达式内容不会自动更新。代码清单 4-25 演示了{{unbound}}表达式用法。

代码清单 4-25　使用{{unbound}}表达式

```
<script type="text/x-handlebars" id="book">
    '<div>{{unbound book.name}}</div>'          ◁ 指定一次性处理的变量
</script>
```

4.4.6　{{partial}}表达式

{{partial}}表达式允许你在当前模板中渲染其他模板，这样就可以轻松达到复用模板的目的。如代码清单 4-26 所示。

代码清单 4-26　使用{{partial}}表达式

```
<script type="text/x-handlebars" id="books">
    {{#each book in books}}
        {{partial "book"}}                      ◁ 注入另一个模板
    {{/each}}
</script>

<script type="text/x-handlebars" id="book">      ◁ 标识待注入的 book 模板
    Title: {{title}}<br />
    Author: {{author}}<br />
</script>
```

通过{{partial}}表达式，就可以方便地在当前模板中嵌入别的模板。但我发现创建代表其他模板的路由，这种方式会更便利也更清晰。

4.4.7 {{link-to}}表达式

当你希望创建从一个路由转到另一个路由的 HTML 链接，可以使用{{link-to}}表达式[①]。如从第 3 章中抽取的程序片段代码清单 4-27 所示。

代码清单 4-27 博客路由器

```
Blog.Router.map(function() {
    this.resource('index', {path: '/'}, function() {
        this.resource('blog', {path: '/blogs'}, function() {
            this.resource('posts', {path: '/posts'}, function() {
                this.route('index', {path: '/'};
                this.route('post', {path: '/:blog_post_id'});
            })
        })
    });
    this.route('about');
});
```

链接源路由 posts.index

链接目标路由 posts.post

只要你身处 blog.index 路由，且需要提供一个通达每个博客文章的链接，以获取所选文章内容并将用户转换到 blog.post 路由，就可以考虑使用{{link-to}}来实现，如代码清单 4-28 所示。

代码清单 4-28 使用{{link-to}}表达式

```
<script type="text/x-handlebars" id="blogIndex">
    {{#each blog in blogs}}
        {{#link-to "posts.post" blog}}View Post{{/link-to}}
    {{/each}}
</script>
```

添加到 posts.post 路由的链接

如你所见，{{link-to}}表达式带有两个参数。第一个参数是当用户点击链接时，转换到的目标路由名称；第二个参数是上下文，你可以将其传递给路由的 setupController 函数。

到目前为止，你已经接触了 Handlebars.js 内置表达式以及 Ember.js 提供的额外表达式的用法。你可能还想创建自己的表达式，下一节有关 Handlebars.js 辅助器的内容将满足你的愿望。

4.4.8 {{render}}表达式

{{partial}}表达式使用当前上下文来渲染模板，而{{render}}表达式则是依靠模

---

① 如果你使用 1.0.0 以上版本的 Ember.js，则使用{{link-to}}；如果使用 1.0.0 或更低版本 Ember.js，请用{{#linkTo}}替代。——译者注。

板自己对应的单例控制器和视图来渲染模板。因此，如果你渲染一个名为 header 的模板，那么你同时也实例化了一个新的单例控制器 HeaderController 和一个视图 HeaderView。这很重要，如果你的模板并未直接绑定到当前控制器上下文的话[1]。但请注意，{{render}}表达式将渲染属于当前路由的模板，这意味着模板中的动作将在当前路由的层级中冒泡。

代码清单 4-29 演示了{{render}}表达式用法。

代码清单 4-29　使用{{render}}表达式

```
<script type="text/x-handlebars" id="books">
    {{render "header"}}
    <ul>
        {{#each book in books}}

            <li> {{partial "bookDetails"}} </li>
        {{/each}}
    </ul>
</script>
```

依靠单例控制器 HeaderController 和视图 HeaderView 来渲染 header 模板

通过{{partial}}表达式渲染 bookDetails 模板

使用{{render}}表达式能够让你在应用程序的多个地方渲染相同的模板。由于渲染模板对应的控制器和视图是单例模式，因此，如果你渲染多个 header 模板，每个模板都将共享同样的控制器，进一步可以共享同样的数据。

但有时候你并不希望模板分享其控制器和视图，这时候就该{{control}}表达式登场了。

4.4.9　{{control}}表达式

不像{{render}}表达式，{{control}}表达式依靠非单例模式的控制器和视图，如代码清单 4-30 所示。

代码清单 4-30　使用{{control}}表达式

```
<script type="text/x-handlebars" id="books">
    {{render header}}
    <ul>
        {{#each book in books}}
            {{control "bookDetails" book}}
        {{/each}}
    </ul>
</script>
```

依靠单例控制器 HeaderController 和视图 HeaderView 来渲染 header 模板

通过{{control}}表达式渲染 bookDetails 模板

这段代码与代码清单 4-29 类似。但有一个显著的差异，这里使用{{control}}表达式取代{{partial}}表达式来渲染 bookDetails 模板。因此，每个你所渲染的 bookDetails 模板都将有其自己的 BookDetailsController 和 BookDetailsView。另外，你可以注入当前的书籍到{{control}}表达式，该书籍就作为每个模板的上下文。{{control}}表达

① 这里指宿主模板对应的控制器。——译者注。

式已经被 Ember 组件替代了，具体在第 7 章阐述。

4.4.10 {{input}}和{{textarea}}表达式

我们将{{input}}和{{textarea}}表达式放在一起介绍，因为它们的用途差不多一样。{{input}}表达式简单地渲染一个<input>标签到 DOM 中，而{{textarea}}表达式则渲染<textarea>标签到 DOM 里。

不带有 type 属性或 type="text"的{{input}}表达式被当作标准的 HTML 文本字段。{{input}}表达式有以下属性：

- type
- value
- size
- name
- pattern
- placeholder
- disabled
- maxlength
- tabindex

{{textarea}}表达式有以下属性：

- value
- name
- rows
- cols
- placeholder
- disabled
- maxlength
- tabindex

当{{input}}或{{textarea}}表达式上的属性值以引号括起来时，属性值将作为字符串直接插入到 DOM 中。如果属性值未用引号括起来，那它们就会被绑定到当前上下文。代码清单 4-31 演示了这两种情况。

代码清单 4-31 使用{{input}}和{{textarea}}表达式

```
App.AwesomeController = Ember.Controller.extend({
    userCanEdit: true,
    placeholder: "Enter a value",
    fieldLength: 20,
```

```
        defaultValue: "Food"
    });
    <script type="text/x-handlebars" id="awesome">
        {{input type="text" value="Groceries" size="25"}} <br/>
        {{input type="text" value=defaultValue size=fieldLength}} <br/>
        {{textarea value="My text area text"}} <br/>
        {{textarea value=defaultValue}}
    </script>
```

渲染文本字段，属性绑定到控制器

渲染文本字段，直接以字符串输出属性值

渲染文本区域字段，直接以字符串输出属性值

渲染文本区域字段，属性绑定到控制器

绑定与不绑定的区别你应该很清楚了。这两个表达式的不同设置方式让你能够完全控制表达式如何在页面上渲染，以及属性是否要绑定到上下文。

4.4.11　{{yield}}表达式

{{yield}}表达式在 Ember.js 中应该有条件使用，其适用于有一个附属布局的视图，或者用于 Ember.js 组件。如果视图使用了布局，可通过{{yield}}表达式通知视图布局在何处渲染视图模板。这种情况下，{{yield}}表达式的作用就像{{outlet}}表达式为路由所做的那样。代码清单 4-32 演示了在拥有布局的视图中使用{{yield}}表达式的方法。

代码清单 4-32　使用{{yield}}表达式

```
App.MyLayoutView = Ember.View.extend({
    layout: Ember.Handlebars.compile('' +
        '<div class="layoutClass">{{yield}}</div>'),
    templateName: 'viewsTemplate'
});
```

创建视图使用的布局

在布局内部定义在何处渲染视图模板

App.MyLayoutView 从本质上看有两个模板。一个模板控制布局（我们称之为布局模板），并通过{{yield}}表达式告知布局在何处将另一个模板绘制进布局模板。

尽管 Ember.js 包装了大量可用于应用程序的表达式，但有时候这些内置表达式并不能满足你的需求。很幸运，Ember.js 同时还允许你创建自己的表达式。

4.5　创建自己的表达式

在内部，Handlebars.js 会调用表达式辅助器。你通过 registerHelper 方法来注册自己的自定义辅助器，之后在 Handlebars.js 模板中可以调用这些自定义辅助器。在代码清单 4-33 中，将创建并注册一个新的辅助器 convMarkdown，其使用 Showdown 库来将 Markdown 格式的文本转换成 HTML 格式。

代码清单 4-33 创建辅助器，将 Markdown 格式的文本转换成 HTML 格式

```
Ember.Handlebars.registerHelper('convMarkdown',
        function(value, options) {

    var converter = new Showdown.converter();

    return new Handlebars.SafeString(converter.makeHtml(value));

});
```

注册新的表达式 convMarkdown

创建新的 Showdown 转换器

通过 Handlebars.SafeString 返回转换后的标记

我们首先通过 Handlebars.registerHelper 方法注册一个新的辅助器，传入新创建表达式的名称。回调函数中，传入 Markdown 格式的文本内容，之后将该内容的 Markdown 标记转换为 HTML 标记。但由于 Handlebars.js 将转义返回值中的所有 HTML 标记，因此，为了返回实际的 HTML 标记，取而代之需返回一个新的 Handlebars.SafeString 对象。现在可以在应用程序的 Handlebars.js 模板的任何地方使用新建的表达式了，如代码清单 4-34 所示。

代码清单 4-34 应用自定义表达式

```
{{convMarkdown markdownProperty}}
```

使用新创建的 convMarkdown 表达式

4.6 小结

本章可以当作是 Handlebars.js 模板库的一个总结。尽管你可以自由使用自己喜好的模板库，但 Handlebars.js 将最可能具备 Ember.js Web 应用程序开发所需要的强大功能特性。如果你需要额外的逻辑功能，Handlebars.js 能够让你轻松创建自定义表达式，提供应用程序所需的特定逻辑功能。

我们了解了 Handlebars.js 内置表达式功能，并逐一进行了演示。由于 Ember.js 扩展了 Handlebars.js 核心特性，我们也介绍了如何在应用程序中使用 Ember.js 提供的额外表达式，以及如何创建属于自己的自定义表达式。

随着本章的结束，本书的第一部分内容也告一段落。接下来我们将进入本书的第二部分，你将接触到一个真实的开源 Ember.js 应用程序——Montric。Montric 将贯穿本书剩余章节，我们将用它来解释如何与服务器端交互、创建复杂的自定义组件、装配和测试 Ember.js 应用程序的更多细节。

第二部分

创建雄心勃勃的真实 Web 应用

第一部分通过阐述 Ember.js 相关特性及功能引导读者入门，帮助读者熟悉 Ember.js 应用程序中无处不在的使用惯例。第二部分将调整阐述重点，探索 Ember.js 实战之道。

第二部分对本书大部分示例基础——Montric 进行案例研究。Montric 是一款开源的应用性能监控工具。其前端使用 Ember.js 开发，后端技术基于 Java，运行于水平可扩展数据库 Riak 之上。

本部分首先介绍如何通过 Ember 路由器与服务端通信，第 5 章会先讲解使用 Ember Data Beta 2 版进行通信的方式，在第 6 章将脱离 Ember Data 并尝试使用自己的模型层来实现通信方式。

介绍完与服务器端通信的内容之后，我们将涉及 Ember.js 的另一个重要核心概念：自定义组件。尽管独立组件是在 Ember.js 1.0.0 的开发后期才被添加的，但该特性非常强大而且非常急需。第 7 章里将讨论 Ember.js 的独立组件实现方式，首先会介绍一些简单的组件，之后尝试将这些简单组件整合进新的、更复杂的组件中去。

第二部分的最后将深入 Ember.js 应用程序的测试环节。第 8 章演示了如何使用 QUnit 与 Phantom.js 来构建完整的测试策略。

第 5 章　获取数据：使用 Ember Data 与服务器端交互

本章涵盖的内容

- Ember Data 及其核心概念介绍
- 使用 Ember Data 模型及模型关联
- 使用内置的 RESTAdapter 与服务器端交互
- 定制 RESTAdapter

总结为一句话，Ember Data 是用于 Web 的 ORM（对象关系映射，Object Relational Mapping）框架。Ember Data 让你可以以一种直接且直观的方式与服务器端交互，同时保持最少量的必需代码。如果你也能够对服务器端所提供数据的格式进行定制的话，那么客户端只需极少量代码。

但是，并非每个人都能够做到让后台应用程序适应 Ember Data 所需的、基于标准 REST 的 API。基于这种现实情况，Ember Data 提供了可插式的适配器及序列化 API，以便 Ember.js 应用程序可以理解特定的服务器端数据 API。

在深入研究如何使用内置的 RESTAdapter 和 RESTSerializer 传输 Ember.js 应用程序数据之前，本章首先讲解 Ember Data 的基础构件及模式，其组成了 Ember Data 的核心。本章还介绍了如何实现自定义适配器和序列化器，以让 Ember Data 可以跟已有的服务器端 API 协同工作。

图 5-1 展示了 Ember.js 生态系统中本章所涉及的各部分内容：ember-application、ember-views、ember-states、ember-routing 以及 container。

注意　本书写作时，Ember Data 最新版本是 1.0.0-beta.2，因此，本书覆盖 Ember Data beta 2。

现在，让我们卷起袖子动手吧！

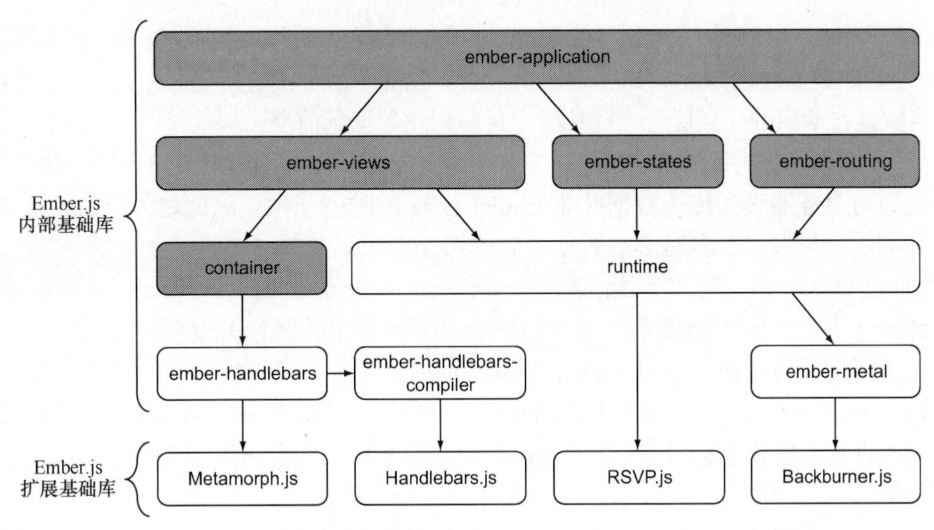

图 5-1 本章涉及的 Ember.js 知识点

5.1 将 Ember Data 用作应用缓存

Ember Data 在 Web 应用中有效充当着缓存层的角色。无论何时从服务器端加载数据到客户端，你都将往这个缓存中填充数据。为了管理一个严格的缓存结构，你需要为模型定义模型对象。在进入 Ember Data 如何工作的内容之前，先来快速浏览一下 Ember 模型对象是什么。

5.1.1 定义 Ember Data 模型

Ember Data 的模型对象作为数据的类定义，负责告知 Ember Data 每个模型对象拥有什么属性，以及每个属性又有什么类型。

代码清单 5-1 演示了 Montric 项目中的 MainMenu 对象。

代码清单 5-1 MainMenu 对象

```
Montric.MainMenu = DS.Model.extend({
    name: DS.attr('string'),
    nodeType: DS.attr('string'),
    parent: DS.belongsTo("mainMenu"),
    children: DS.hasMany("mainMenu"),
    chart: DS.belongsTo("chart"),

    isSelected: false,
    isExpanded: false,
});
```

- 扩展自 DS.Model 对象
- 指定 name 属性为字符串类型
- 假定模型对象有父对象，父对象类型为 Montric.MainMenu
- 模型对象可以拥有 0 个、1 个或多个 Montric.MainMenu 类型的孩子
- 模型对象可以有 1 个与 Montric.Chart 类型对象相关联的图表
- isSelected 与 isExpanded 都是 Ember Data 属性

请注意这里的模型并未指定一个 id 属性，因为 id 属性对于 DS.Model 来讲是隐式的。Ember Data 会自动添加一个 id 属性，而且如果试图显式指定它就会触发错误。Ember Data

通过 id 属性来跟踪所有加载的对象。在这里，创建了两个属性：name 和 nodeType，都为 string 类型，我们通过 DS.attr()来指定类型。Ember Data 通过特定的序列化器，使用这些信息来将数据自动序列化到后台，或从后台反序列化数据到前端。DS.attr 支持 string、number 以及 date 等类型的属性，但如你本章后面会看到的，还可以指定自己的属性。

在应用与服务器端间传输数据并非 Ember Data 的唯一强项，除此之外，Ember Data 还支持一对一、一对多以及多对多的数据关联关系。在代码清单 5-1 中，parent 与 chart 属性都通过 DS.belongsTo 指定了一个一对一关联，而 children 属性则通过 DS.hasMany 指定了一对多关联。本章后面会进一步介绍关联相关内容。

这里还指定了另外两个 Ember Data 不支持的属性：isSelected 和 isExpanded，在 Montric. MainMenu 的类定义中它们并不是必须的，但这样做使得应用程序其余部分能够更清晰地查找及使用它们。这种表述方式非常符合人们的阅读习惯，其中没有属于 Ember.js 的特定含义。

DS.Model 对象的一个重要特性是：它同时也是一个 Ember.Object 对象。因此可以将 Ember.js 本身的核心特性与模型对象相结合，包括绑定、观察者以及计算属性。

通常情况下，我们还希望知道 Montric.MainMenu 是否有孩子或其是否是叶子节点。代码清单 5-2 演示了如何以清晰可见的方式，添加计算属性来实现该功能。

代码清单 5-2　在 MainMenu 中添加计算属性

```
Montric.MainMenu = DS.Model.extend({
    name: DS.attr('string'),
    nodeType: DS.attr('string'),
    parent: DS.belongsTo('mainMenu'),
    children: DS.hasMany('mainMenu'),
    chart: DS.belongsTo('chart'),
    isSelected: false,
    isExpanded: false,

    hasChildren: function() {                                      <— 如果孩子数量大于 0，则返回 true
        return this.get('children').get('length') > 0;
    }.property('children').cacheable(),

    isLeaf: function() {                                           <— 如果孩子数量为 0，则返回 true
        return this.get('children').get('length') == 0;
    }.property('children').cacheable()
});
```

这种通过计算属性来增强模型对象的方式，其优势是显而易见的。实际上，你还可以通过计算属性的链式调用来创建复杂属性，并在模板中绑定这些计算属性。

5.1.2　标识映射的 Ember Data

基于 JavaScript 的 Web 应用程序通过 JSON 或基于 REST 接口获取数据，这种方式的一个通病是，其通常将数据存放在页面自身的 DOM 树中。虽然这样可以非常快速地更新 Web 应用程序的视图，但也容易出错，因为开发者需要小心确保在 Web 页面中不再残留旧有数据了。

Ember Data 通过将数据存储实现为标识映射来解决这个矛盾。Ember Data 会进行必要的统计，以在缓存中保持一份且仅有一份的数据副本。该副本是应用程序其余部分需要引用的主要数据，Ember Data 会确保你接收到的对象实例就是每次你请求同一类型和 id 的模型的对象实例。这样的情况下，不管是通过模型的 id 直接查询数据，还是通过迭代模型列表来访问数据，都不会有什么麻烦。每次你使用同一 id 的模型对象，都能够保证使用的是该对象的同一实例。

图 5-2 展示了 Ember Data 如何管理数据，以及一个标识映射的实现是如何工作的。

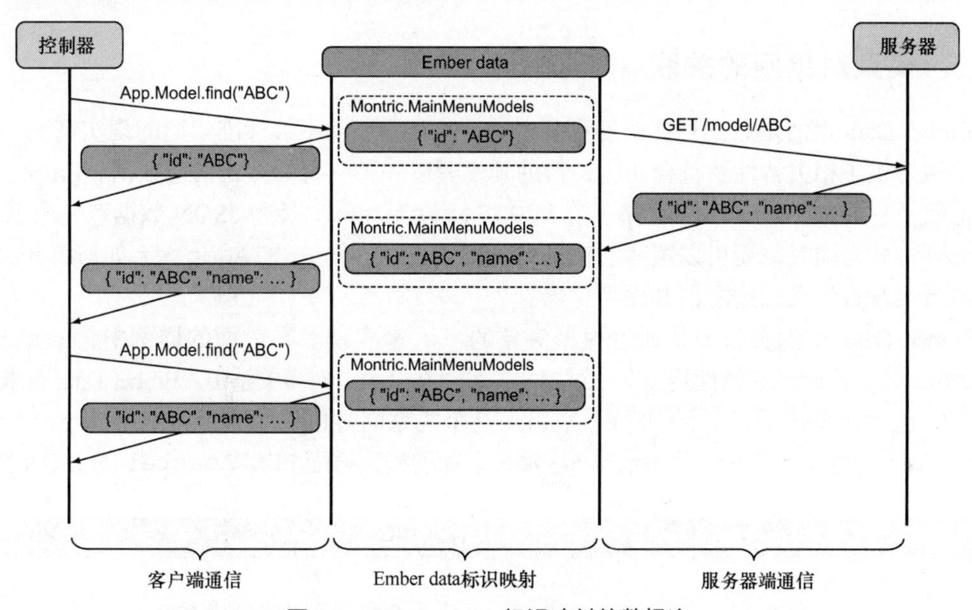

图 5-2 Ember Data 标识映射的数据流

图 5-2 中，我们以一个空的缓存作为开始。之后请求一个类型为 Model、id 为“ABC”的模型。由于 Ember Data 没有 id 为“ABC”的模型对象，因此就会创建一个该对象。此时针对模型，Ember Data 唯一掌握的信息就是 id，这也意味着 Ember Data 创建了一个类型为 Model 的新对象，并给 id 属性分配“ABC”属性值。接下来，Ember Data 同步返回模型对象给控制器，同时，也异步访问服务器获取其余的模型。

当等待服务器端返回数据时，异步特性赋予了应用程序建立视图的能力，这些视图对于显示模型对象往往是必须的，这通常让应用显得更具现代感。当异步响应从服务器端返回，Ember Data 在通知应用程序其余部分已完成模型加载之前，将确保在标识映射中更新对象。

由于标识映射中的模型与控制器中的属性间存在一个绑定，同时在模型的属性与视图的模板之间也存在绑定，因此，模型上的任何改变都会自动传播到控制器乃至模板。

接下来，当你发出一个新的请求给 Ember Data，并同样请求一个类型为 Model、id 为“ABC”的模型时，Ember Data 在其标识映射中已经缓存了该模型。标识映射的一个很重要的概念是你将收到同一个对象实例。这个概念对于在整个应用程序中保证数据更新及同步而言非常重要。

实际上，数据存储即标识映射的概念是建立在 Ember Data 整个实现上的。Ember Data 还能够足够聪明地洞悉何时需要对后台数据运行一个查询并以异步方式返回结果，以及何时可以直接通过标识映射以同步方式满足请求。

但是，有时候数据被加载到缓存中之后，你需要刷新它们。幸运的是，Ember Data 也针对这种情况实现了内置支持。

5.1.3　模型对象间的关联

Ember Data 很清楚数据存在的凌乱复杂、千丝万缕以及不够标准规范的现实情况，因此它很好地提供了相关特性及整合功能，帮助开发者以一种明智的方式构造数据。Ember Data 预先加载了一个 RESTAdapter 和一个 RESTSerializer，使得 JSON 数据有一个默认约定的处理方式。同时你还可以覆写它们的默认实现，如告知 RESTAdapter 如何解释 JSON 键，或者实现自定义的适配器和序列化器。

Ember Data 中的关联关系通过模型对象的 id 来实现。在前面的样例中，Montric.MainMenu. children 属性是一个一对多的关系。在这个一对多关系中，Ember Data 要求后台返回一个包含各个孩子 id 的 JSON 数组。这个关系同时也使用到了其引用的 Montric.MainMenu 对象的 id 属性。代码清单 5-3 演示了如何构造适配 RESTAdapter 的 JSON 数据。

代码清单 5-3　用于 Montric.MainMenu 的 JSON 数据

```
{
    "mainMenus": [                                  ← 返回 JSON 数据数组
        {
每个返回的模型对象针对其数据类型，都有唯一的 id 属性 →
            "id": "JSFlotJAgent",
            "name": "JSFlotJAgent",
            "children": [                           ← 孩子列表，每个元素都引用孩子模型的 id 属性
                "JSFlotJAgent:Agent Statistics",
                "JSFlotJAgent:CPU",
                "JSFlotJAgent:Custom",
                "JSFlotJAgent:Frontend",
                "JSFlotJAgent:Memory",
                "JSFlotJAgent:Threads"
            ],
            "nodeType": "chart",
            "chart": "JSFlotJAgent",
            "parent": null                          ← 顶层的菜单项，其没有隶属父菜单项
        },
        {
```

```
            "id": "JSFlotJAgent:Agent Statistics",          <-- 子菜单项
            "name": "Agent Statistics",
            "children": [
                "JSFlotJAgent:Agent Statistics:API Call Count"
            ],
            "nodeType": "chart",
            "chart": "JSFlotJAgent:Agent Statistics",
            "parent": "JSFlotJAgent"                          <-- 子菜单项，通过parent
        }                                                         属性参照父菜单项的
    ]                                                             id
}
```

除非你具体指定，RESTAdapter 将要求服务器端发送一个对象列表，并要求列表名称来自列表数据映射的模型对象。默认的 RESTAdapter 与 RESTSerializer 要求以驼峰命名法命名键，这意味着键名以一个小写字母打头，之后的每个单词以一个大写字母开始。无论何时返回数据项列表，键名后缀都是一个"s"字母，表明键名是复数形式。

通过仔细观察 JSON 数据，可以发现数组提供的 children 键是一个字符串列表，而非真正的对象。该字符串列表代表 Montric.MainMenu.children 属性关联的每个对象的 id。在这里，Montric.MainMenu.children 引用具有 0 个或多个 Montric.MainMenu 对象的一个列表。

chart 的关联关系也同样如此。尽管其是一个一对一的关系，但服务器端返回的 MainMenu 模型的 JSON 数据也代表 Montric.MainMenu.chart 属性关联的对象的 id。你可能猜到了，Ember Data 使用这些 id 将模型正确地联系在一起。

然而，Ember Data 并不会提前实现关联关系。也就是说，Ember Data 在代码发出数据请求之前，并不会尝试在关联里连接和加载数据。当你调用 MainMenu.get('chart')的时候，Ember Data 到标识映射中查找对应 id，如果找到相同 id 且类型正确的模型，就同步返回结果。如果模型对象尚未加载，则同步返回一条仅带有该 id 的空记录。在访问非 id 属性之前，Ember Data 并不会尝试从服务器端获取 chart 对象。大多数情况下，Ember Data 可以自动处理好各种事情。如果你没有访问任何 Ember Data 未存储到其缓存中的数据，你当然可以确信，只要用户不请求它们，应用程序就不会向服务器端要这些数据。

当等待服务器端返回响应时，虽然可以创建视图，但在需要渲染的模型确定已经安全送达 Ember Data 之前，开发者一般希望推迟渲染视图的相应内容。先来了解一下 Ember Data 具有的各种状态将有助于我们加深理解。

5.1.4 模型状态和事件

由于大多数通过 Ember Data 传给应用程序的数据都以异步方式加载，因此，每个 Ember Data 模型都有一个内置的状态管理器，以跟踪模型对象在任何给定时间点上所处的状态。Ember Data 在内部使用该状态信息来确定如何提供服务器端响应数据给应用程序，而当我们构建应用程序时，也能够利用这些信息。例如，在实现加载指示器时，或者需要确保 GUI

在一定数量（或全部）数据正确加载之前不会更新的场景下，这些信息将派上用场。

注意　Ember.js 1.2.0 版本包含了特定的加载及错误子路由，以处理何时加载数据以及何时从后台服务器接收错误的场景。

为了提供状态信息给应用程序，每个扩展自 `DS.Model` 的模型对象都内置了便利函数，你可以在控制器和模板中使用它们。每个模型对象拥有的 state 属性如图 5-3 所示。

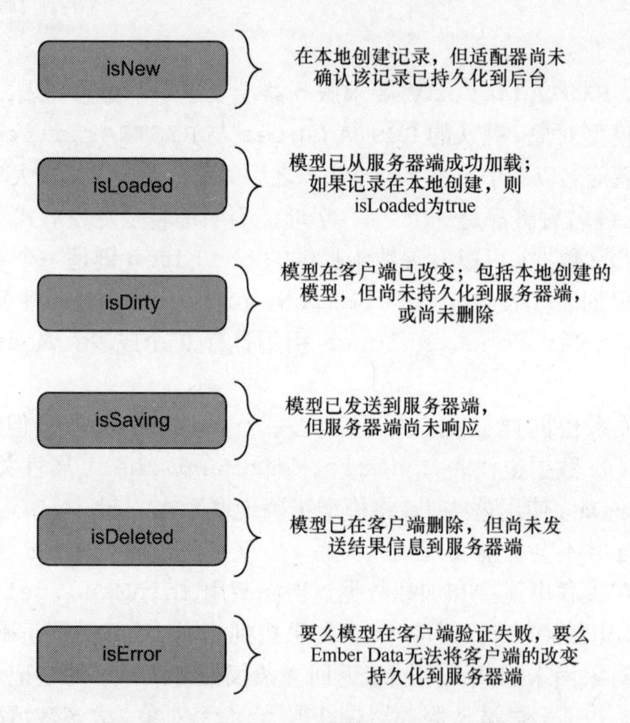

图 5-3　Ember Data 模型对象可以拥有的状态

请注意这些状态属性并不是相互排斥的。一个模型的 `isDirty` 和 `isDeleted` 可以同时返回 `true`，意味着模型在本地被删除，但尚未持久化。或者 `isDirty` 和 `isSaving` 同时返回 `true`，意味着模型在本地已被修改并发送到服务器端，但服务器端尚未响应状态更新。

有时候，无论模型何时发生改变，或者当其进入到一个特定状态时，需要控制器获取到相应的通知。每个 Ember Data 模型都允许控制器订阅事件。有效的事件如图 5-4 所示。

可以在代码中订阅所有的这些事件。如果打算在模型被加载时执行一个动作，可以在模型对象上使用 `on` 函数，这样，在模型完成加载时我们将获取到通知。

```
model.on('didLoad', function() {
  console.log("Loaded!");
});
```

使用 `on` 函数订阅 `didLoad` 事件

你可能已猜到，Ember Data 模型遵循一个生命周期，在其中模型可以从一种状态转换到另一种状态。实际上，模型是具有层级结构的。在图 5-5 中展示了一个模型最常见的状态。本图并不完整，但它确实包含了数据最有可能的状态。

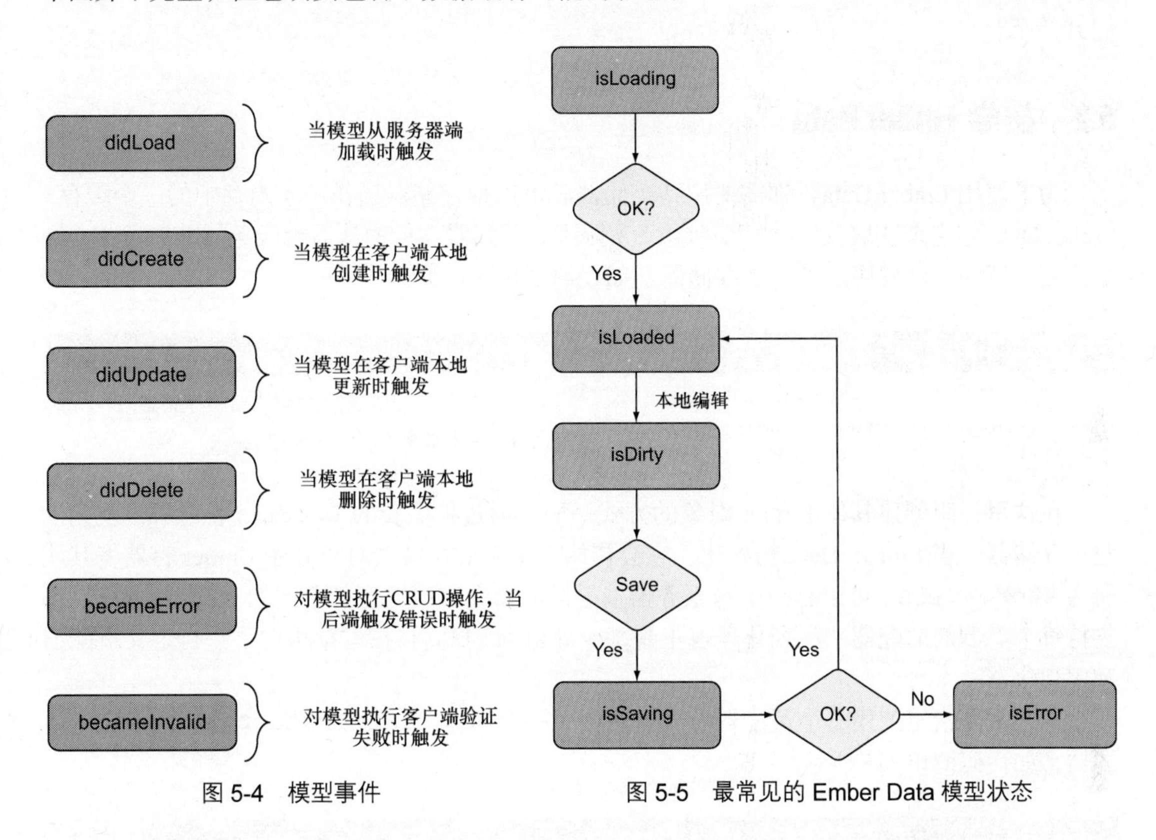

图 5-4　模型事件

图 5-5　最常见的 Ember Data 模型状态

一个模型通常开始于 `isLoading` 状态。在后台返回模型之后，其转换到 `isLoaded` 状态。如果模型在本地被修改了，不管是通过用户动作还是另一个客户端程序（如定时器）进行的修改，模型都会转换到 `isDirty` 状态，这种状态将一直保持到模型被保存为止。当在模型上调用 `save()`，模型就转换到了 `isSaving` 状态。如果后台返回成功响应（例如 HTTP 200，也可能返回一个更新过的模型），模型就被带回到 `isLoaded` 状态。如果 Ember Data 在持久化模型到服务器端时操作失败，或者如果服务器端返回非 200 的 HTTP 状态码，模型就会转换到 `isError` 状态。

5.1.5　与后台通信

默认的 `RESTAdapter` 使用 XML HTTP Request 对象（XHR）跟服务器端交互，但可以提供自己的适配器实现。比如你可能希望使用不同的交互类型，或者可能需要让 Ember Data

与已有的 API 协同工作。在 Ember Data 中，也能够为 LocalStorage 或 WebSocket 添加支持。如第 1 章和第 2 章所述，我们使用了第三方的 LocalStorage 适配器。

或许你已迫不及待想了解如何在自己的应用程序当中集成 Ember Data 了，那就让我们开始吧！

5.2　初尝 Ember Data

为了使用 Ember Data，你需要用到存储器。可以把存储器当作位于内存中的一个缓存，Ember Data 用它来获取及保存模型对象。实际上，存储器也负责从后台服务器获取数据。开始之前，请为应用程序定义一个存储器，如代码清单 5-4 所示。

代码清单 5-4　创建一个存储器

```
Montric.Store = DS.Store.extend({        <-- 为应用程序定义新的存储器
    adapter:  "Montric.Adapter"    <-- 定义与服务器端交互时使用的适配器
});
```

在这里，跟创建其他 Ember 对象的方式一样，通过扩展新的 `DS.Store` 对象，我们创建了存储器。当 Ember Data 初始化，它会初始一个新的存储器对象并用 Ember 容器将其注册为 `store:main`。可以有一个与服务器端返回的每个数据类型都不同的 API。Ember Data 支持每个类型的适配器和序列化器也正是基于此目的。我们将在本章稍后了解自定义适配器和序列化器。

你还需要指定使用哪个适配器。这里使用了一个叫作 `Montric.Adapter` 的自定义适配器，如代码清单 5-5 所示。

代码清单 5-5　Montric.Adapter

```
Montric.Adapter = DS.RESTAdapter.extend({        <-- 扩展自默认的 DS.RESTAdapter
   defaultSerializer: "Montric/application"     <-- 使用默认的序列化器 Montric.ApplicationSerializer
});
```

在这里创建了一个新的 `Montric.Adapter`，其扩展自标准的 `DS.RESTAdapter`。现在，我们使用继承自该适配器的标准功能。代码中只覆写了默认的适配器，通知 `Montric.Adapter` 使用名为 `Montric.ApplicationSerializer` 的适配器。该序列化器的代码如代码清单 5-6 所示。

代码清单 5-6　Montric.ApplicationSerializer

```
Montric.ApplicationSerializer = DS.RESTSerializer.extend({});   <-- 扩展默认的 DS.RESTSerializer
```

你并没有覆写这两个类的任何功能。你可能想知道为什么要自寻烦恼地创建 RESTAdapter 及 RESTSerializer 的个性化实现呢？这有两层意思。首先，我希望早点告诉你如何自定义应用程序的适配器和序列化器；其次，本章后面你会用到它。

现在，你初始化了 Ember Data，是时候从服务器端获取些数据了。

5.2.1 从模型中获取数据

你可以从 Ember Data（转而从后台）加载数据。既可以通过调用 store.find('model') 加载特定类型的所有模型，也可以传入一个 id 加载某个特定模型对象。

考虑代码清单 5-7 所示的代码。

代码清单 5-7 从模型中获取数据

```
Montric.MainChartsRoute = Ember.Route.extend({
    model: function() {
        return this.store.find('mainMenu');
    }
});
```

通过 model 函数指定该路由加载哪个模型对象

返回所有 Montric.MainMenu 实例

如你在第 3 章所了解，model 函数指定哪个模型对象将被填入路由对应的控制器。如果使用 Ember 路由器的话，这将是从 Ember Data 中加载模型到控制器的最常见方式。this.store.find ('mainMenu') 通知 Ember Data 获取 Montric.MainMenu 类型的所有对象。之后，Ember Data 查询其内部缓存，并返回缓存中所有对象。如果缓存中没有该类型的模型，Ember Data 就会到后台服务器端获取这些数据。Ember Data 通过发布一个 HTTP GET XHR 到 URL 地址/mainMenus，该网址会自动从模型类名中推导出。

同样地，如果你调用 this.store.find('main Menu', 'JSFlotJAgent')，Ember Data 将在其缓存中查询 id 为 JSFlotJAgent 的一个 Montric.MainMenu 类型对象。当服务器端返回数据之后，就会在缓存中填充更新的数据。Ember.js 观察者及绑定始终负责将这些数据移到 DOM（图 5-2 展示了这个过程的原理）。

5.2.2 在模型中指定关联关系

现在我们从服务器端加载了所有的 Montric.MainMenu 对象到 Ember Data 标识映射中。但在讨论关联关系之前，先来看看图 5-6 使用的数据，图 5-6 展示了 Montric 应用程序的模型类型。

每一个 Montric.MainMenu 模型对象代表左边树结构中的一个元素。称之为顶层元素 rootNodes。树中的每个节点可以有 0 个或多个 children 子节点，children 子节点也是 Montric.MainMenu 模型类型。如果一个节点有 children 子节点，在节点名称的左边就会出现一个小三角图标。当用户点击小三角展开它，就会显示 children 子节点。

用户可以层层展开节点，直到没有子节点。子节点也称作叶子节点。叶子节点是可选的。通过点击叶子节点左边的复选框，用户可以选择用于图表显示的节点。至少选择一个需显示图表的节点之后，树形菜单的右边区域就会显示所选项对应的图表。每一个 Montric.MainMenu 节点都有一个 chart 属性，Montric 根据该属性为相应的所选节点加载图表。

我们已经了解了 MainMenu 模型，在介绍关联关系之前，再讨论下 Montric.Chart 模型，如代码清单 5-8 所示。

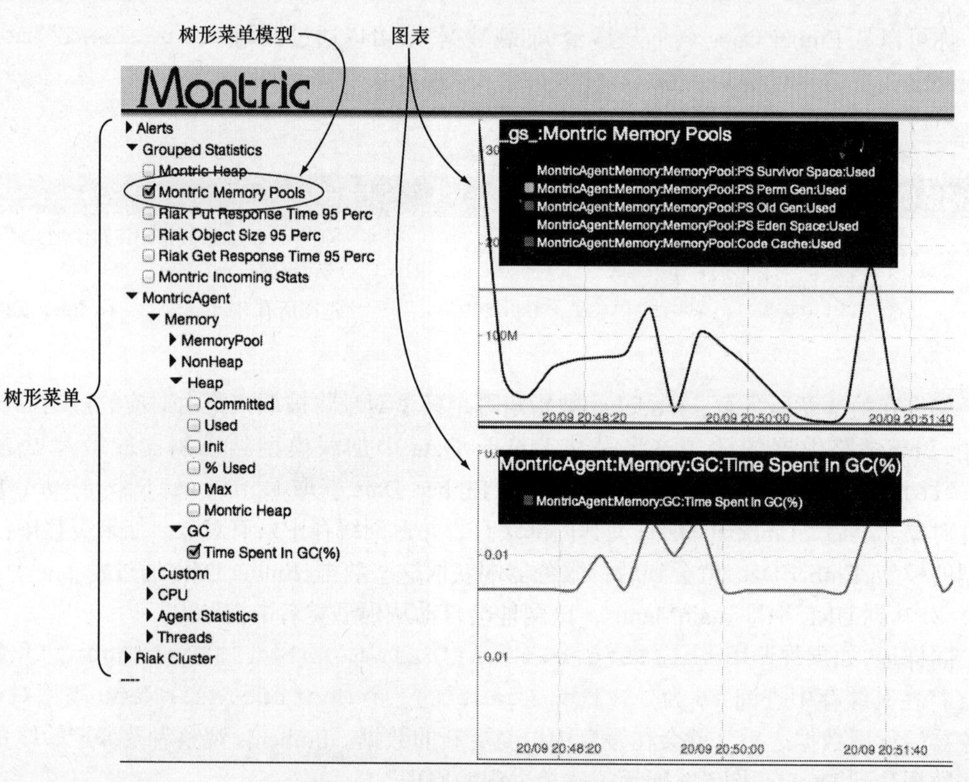

图 5-6　已定义模型的使用案例

代码清单 5-8　Montric.Chart 模型

```
Montric.Chart = DS.Model.extend({
    name: DS.attr('string'),
    series: DS.attr('raw')
});
```

扩展自 DS.Model

string 类型的 name 属性

自定义“raw”类型的 series 属性

Chart 模型相当简单。其只有两个属性：name 和 series 属性。name 属性是一个字符串，series 属性的类型为 raw。raw 属性类型并非 Ember Data 直接支持的类型，而是 Montric 应用程序特定的自定义转换类型。在本章后面我们将回到自定义转换相关内容，但现在你可以将

series 看作持有一个普通 JavaScript 数组的属性，且不是 Ember.Object 的扩展。

在解释 Ember Data 提供的各种关联类型之前，先回顾下 Montric.MainMenu 和 Montric.Chart 模型中设置的关联关系。如图 5-7 所示。

MainMenu 模型通过 parent 属性与另一个 MainMenu 模型相关联，而其通过 children 属性与 0 或多个 MainMenu 模型关联。每个菜单项都有一个父项，当然它也可以有多个子项。另外，MainMenu 模型通过 chart 属性与一个 Chart 模型相关联。基于这个出发点，我们来解释 Ember Data 支持的各种不同的关联类型。

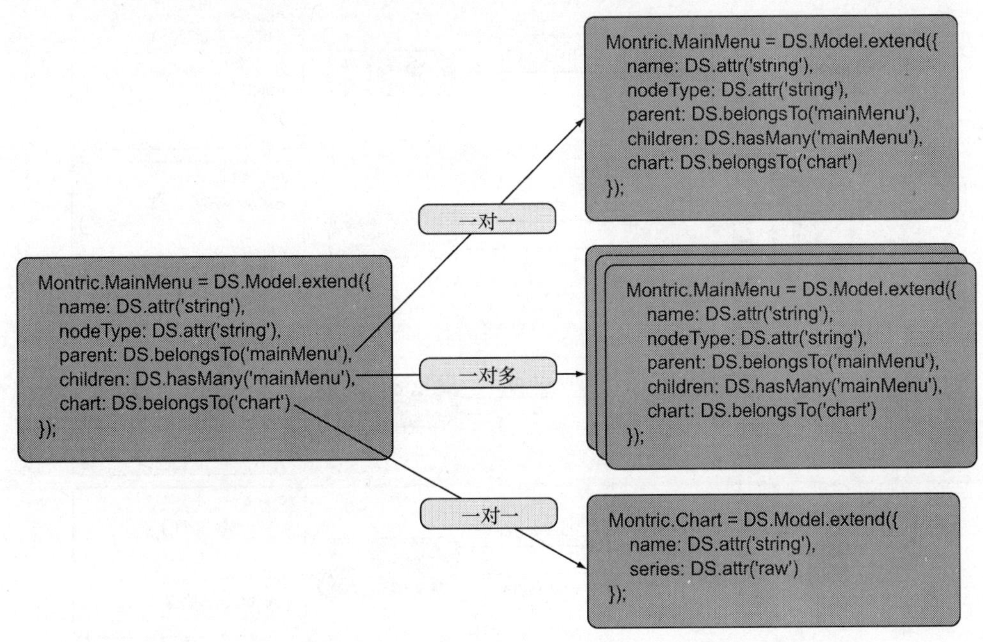

图 5-7 Montric.MainMenu 和 Montric.Chart 模型间的关联关系

5.3 Ember Data 模型的关联

Ember Data 支持多种不同的关联类型，每种关联类型针对服务器端如何返回数据，都有其自己的默认设定。Ember Data 允许你覆写这些默认设定。先来掌握有哪些可用关联及其默认行为、服务器端 API 支持是有益的。

5.3.1 了解 Ember Data 模型的关联关系

在 Ember Data 中，模型间有五种关联类型，其中三种可以被认为是真正的类型，而剩下的两种关联类型可以认为是派生物或者特殊情况。有效的 Ember Data 模型的关联关系如图 5-8 所示。

关联关系的命名类似于关系型数据库系统中的关联关系命名，除了 Ember Data 关联模型不区分`*-to-none`、`*-to-many`关系。Ember Data 模型中，可以通过`belongsTo()`函数或者`hasMany()`函数定义关联关系。这些函数告知 Ember Data 如何将数据联系在一起，以及如何请求服务器端数据且数据以何种格式返回。图 5-9 展示了 Ember Data 和默认的`RESTAdapter`希望数据如何从服务器端返回。

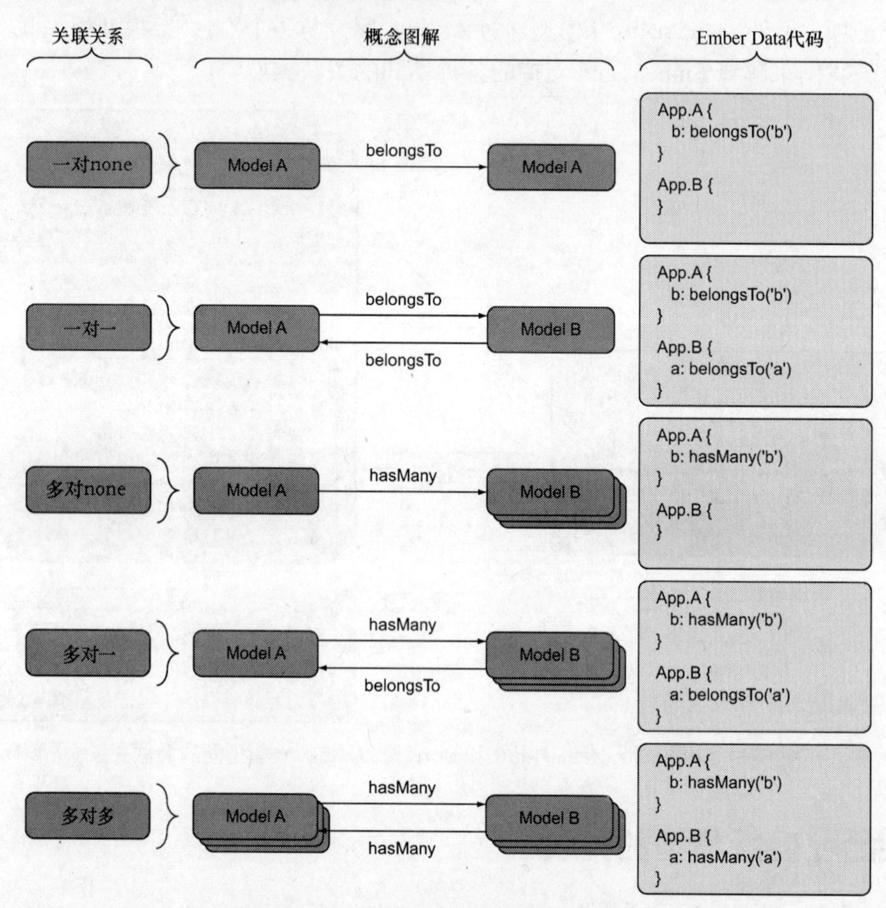

图 5-8　Ember Data 模型间的关联关系

请记住一个重要的命名约定。无论是通过`belongsTo()`还是`hasMany()`创建一个关联关系，传入的字符串值都必须是待关联模型的类名称。这个字符串值使用惯用的标准 Ember.js 驼峰命名方式。此外，属性名称直接映射到服务器端 JSON 散列格式中对应的键。

我说过 Ember Data 采用的是一个延迟加载数据的结构。对于 Montric 应用程序，在应用程序请求访问`Montric.Chart`模型的`name`或`series`属性之前，图表的数据是不会加载的。在我们的例子中，这种方式正合适，因为当用户在树形菜单选择一个菜单项时，你只是一次加载一个图表。

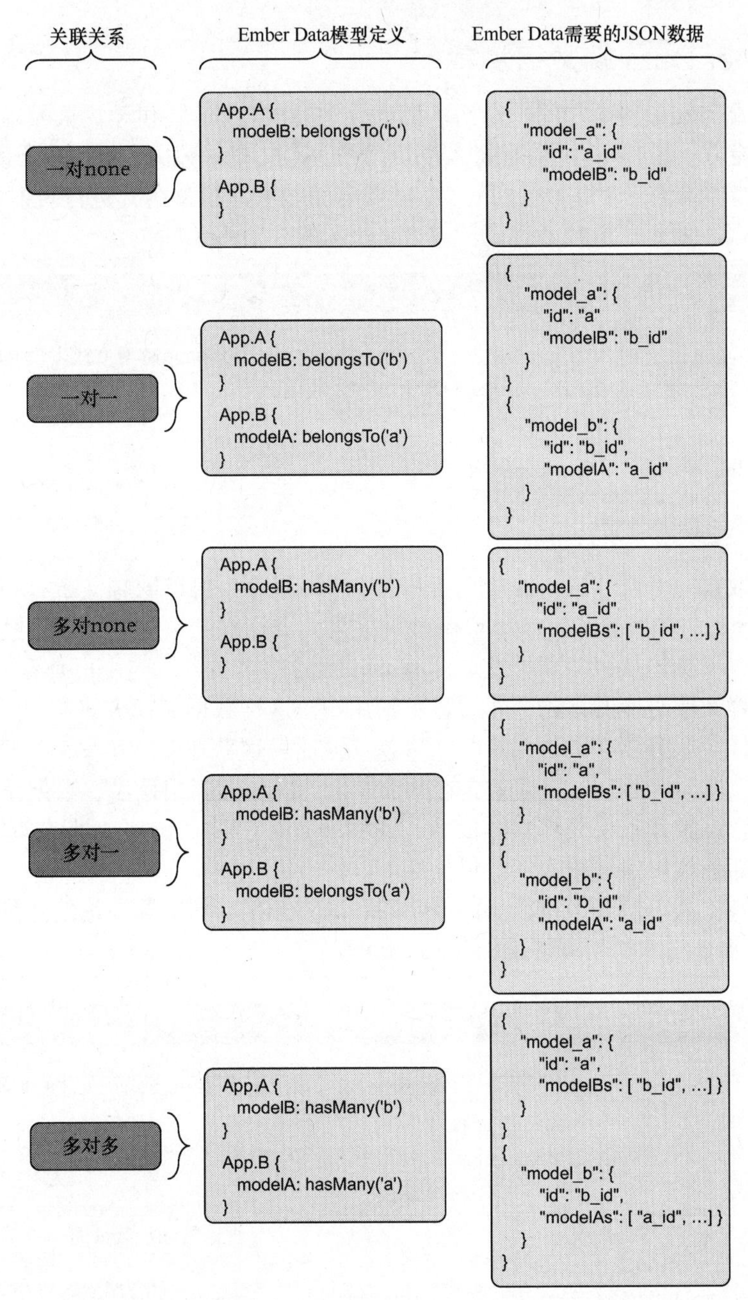

图 5-9 默认情况下，合法的 Ember Data JSON 映射方式

但对于其他数据类型，这可能导致在客户端和服务器端之间产生大量的 AJAX 调用。要解决这个问题，Ember Data 支持嵌入和端加载（sideloading）数据到服务器端返回的 JSON 散列中。嵌入方式跟标准的关联关系稍微不太一样，因此，我们先来了解下嵌入记录。

5.3.2　Ember Data 端数据加载

对于客户端与服务器端之间少量请求的优化，Ember Data 提供了内嵌及端加载记录到服务器端响应的能力。端加载通过在服务器端返回的 JSON 格式数据中添加多个顶级散列的方式来实现。要让端加载生效，每个散列的 id 需要与驼峰法的模型名称进行映射。由于 Montric 没有端加载数据，因此，请思考代码清单 5-9 所示的一对多关联关系。

代码清单 5-9　一对多关系

```
Blog.Post = DS.Model.extend({
    name: DS.attr('string'),
    comments: DS.hasMany('comment')
});

Blog.Comment = DS.Model.extend({
    text: DS.attr('string'),
    post: DS.belongsTo('post')
});
```

每个 Blog.Post 有 0 或多个 Blog.Comments

每个 Blog.Comment 参照一个 Blog.Post

这段代码取自一个普通的博客应用程序，该应用程序中每篇博客文章有一系列的相关评论。Blog.Post 与 Blog.Comment 模型对象是一个标准的一对多关联关系。如果遵循通常做法，你就很可能先从服务器端获取所有或一批的博客文章。当用户查看一篇博客文章，你再获取该博客文章对应的评论，然后显示给用户。这种数据交换方式类似于图 5-10 所示。

Ember Data 至服务器端的通信产生了多次请求，一次获取 Blog.Post 模型列表，之后再发一次请求获取 id 为 1 的博客文章的每条评论。视你的应用程序、数据及请求情况，如果数据足够多，这种方式就变得效率极低。我们来看看在对应/post 地址的 XHR GET 请求发出时，采用端加载评论信息的方式的可能性。

由于评论属于某篇博客文章，一种可能的解决方案是，端加载评论信息到同一响应。代码清单 5-10 展示了用于端加载评论信息的 JSON。

代码清单 5-10　端加载 Blog.Comment 记录所用的 JSON

```
{
  "posts: [
    {"id": 1, "comments": [1, 2, 3]},
    {"id": 2, "comments": [4, 5, 6]}
  ],
  "comments"; [

  {"id": 1, "text": "Comment 1", "post": 1},
  {"id": 2, "text": "Comment 2", "post": 1},
  {"id": 3, "text": "Comment 3", "post": 1},
  {"id": 4, "text": "Comment 4", "post": 2},
  {"id": 5, "text": "Comment 5", "post": 2},
  {"id": 6, "text": "Comment 6", "post": 2},
 ]
}
```

如原先方式，包含了博客文章的散列

id 为 1 的博客文章与 id 为 1、2、3 的评论关联

id 为 2 的博客文章与 id 为 4、5、6 的评论关联

评论被端加载进同一响应

id 为 1、2、3 的评论与 id 为 1 的博客文章关联

id 为 4、5、6 的评论与 id 为 2 的博客文章关联

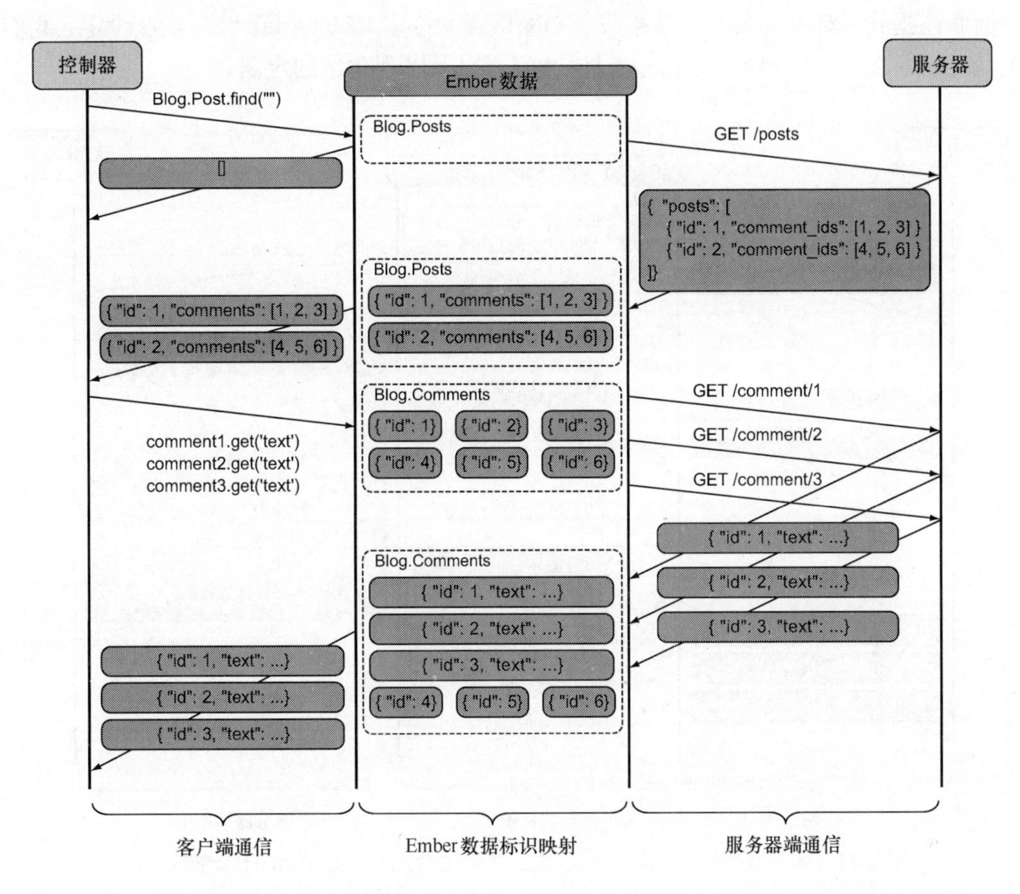

图 5-10 通过关联，使用标准的 Ember Data 控制流加载博客文章和评论的数据流示意图

在这里，当加载 `Blog.Post` 模型，不像先前服务器端只返回 `Post` 模型对象数据，你还附加了一个带有 `comments` 键的数组，数组包含了两篇博客文章对应的评论信息。通过包含一个带有正确 `id` 的 JSON 散列，Ember Data 一下子就加载了两篇博客文章以及六条评论进它的标识映射中。另外，Ember Data 也不一定非得接收端加载对象。

图 5-11 展示了采用端加载数据的方式后，新的数据流情况。端加载方式的优点很明显，其显著减少了 XHR 请求的次数，从七次请求降低到了一次，同时还减少了服务器端响应的字节数，尽管你不太计较节省了七次 XHR 连接交互所需的时间以及六次 HTTP 头部信息传输的额外字节数。

在底层，服务器端需要发送数据给客户端，有些数据可能永远不会显示给用户（例如，假设用户从未访问 `id` 为 2 的博客文章）。所以在应用程序中实现端加载方式之前，你应当充分考虑端加载数据的影响。

前面还提到，对于从服务器端接收 JSON 格式的许多 RESTAdapter 默认设定，我们可以覆写它们。在本章的最后，我们来讨论适配器以及序列化器的定制。

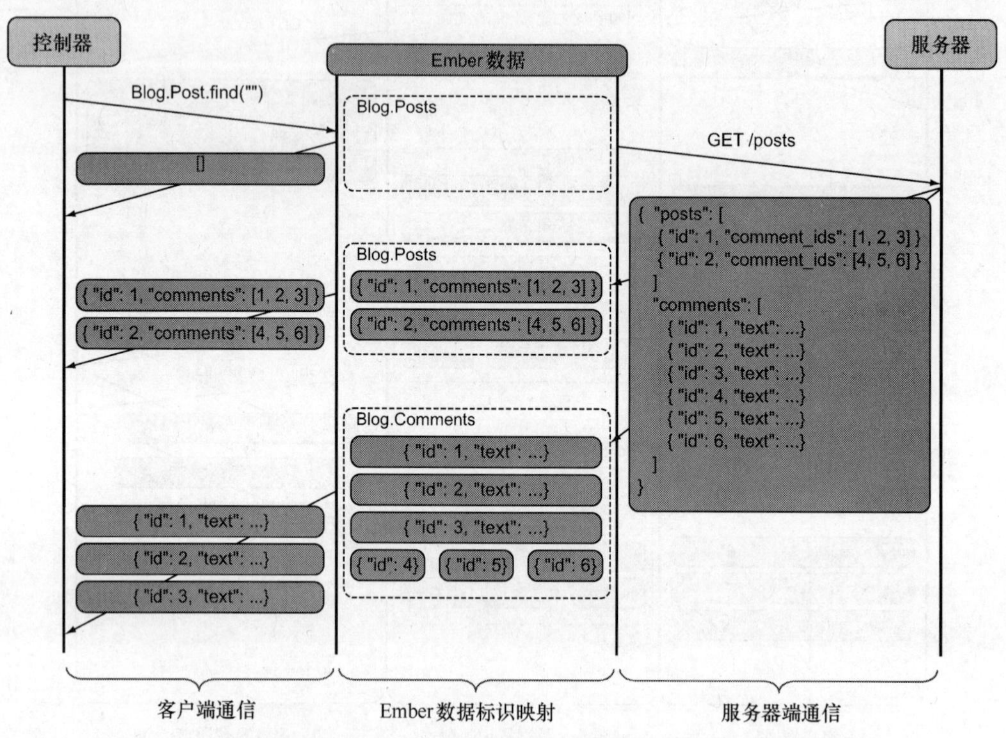

图 5-11　当加载博客文章时，通过端加载评论的方式，减少 XHR 请求的次数

5.4　自定义适配器和序列化器

由于 Ember Data 支持默认的及每个类型的适配器和序列化器，因此，我们就可以支持以下任何场景。

- 编写独立的适配器和序列化器，以调用那些没有通用数据类型支持标准的服务器端 API。
- 编写独立的适配器和序列化器，以支持不同于服务器端特定 API 的数据类型。
- URL 模式或顶层 JSON 键的指定类型有别于服务器端特定 API，针对此类场景编写独立的适配器，但保留默认的序列化器。

我们首先来看一个具体的 Montric 样例，其阐述了上述第三种场景：为 Chart 模型创建一个自定义适配器，以定制 Ember Data 用于调用服务器端的 URL。

5.4.1 编写自定义适配器，但保留默认的序列化器

在 Montric 里，当用户通过主菜单选择查看一个图表，Ember Data 就会通过 Montric.MainMenu 节点的 chart 属性查找应该加载哪个图表。然后，Ember Data 会注意到其是一个一对一的关联关系。由于 Montric 最初并未将该图表加载进它的缓存，因此 Ember Data 就会通过适配器的 find() 方法到服务器端查找。

但由于用户可以在应用程序的其他地方选择图表依照的时间段，因此，你还需要告知服务器端查看图表的时间间隔。假设用户做出了选择：时间间隔设置为 10 分钟。用户选择图表时间间隔的界面如图 5-12 所示。

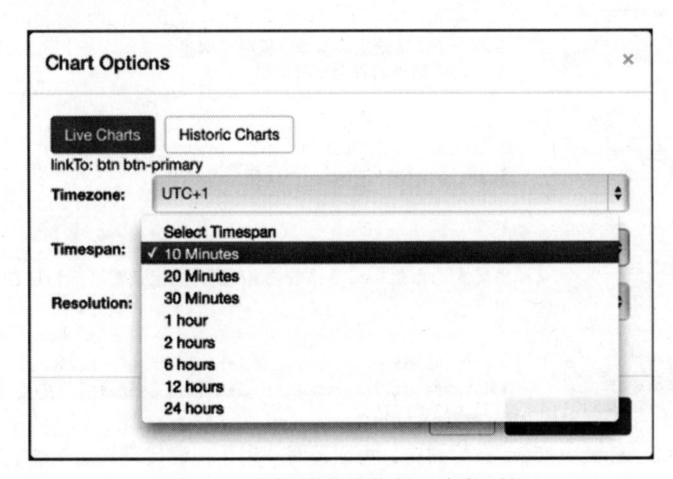

图 5-12 选择的图表要显示多长时间

接下来需要为 Chart 模型添加一个新的自定义适配器。可以实现一个新的 Montric.ChartAdapter 类来处理这件事情：

```
Montric.ChartAdapter = DS.RESTAdapter.extend({
    //此时先略过内容
});
```

在这里，创建了一个新类，其扩展自默认的 RESTAdapter。该适配器名称告诉 Ember.js 在获取或保存 Chart 模型时使用它。所遵从的命名约定在使用 Ember.js 的过程中想必你已经很熟悉了，这些约定对自定义适配器也适用。

当创建一个自定义适配器时，可以覆写默认 RESTAdapter 的一些内容，以定制其行为。图 5-13 展示了可以覆写的方法及其职责。

在我们的例子中，只需要覆写一个 find() 函数，在获取单个 Montric.Chart 模型时将查询字符串附加到 URL 上。

现在我们明确了要覆写的函数，请修改 ChartAdapter，如代码清单 5-11 所示。

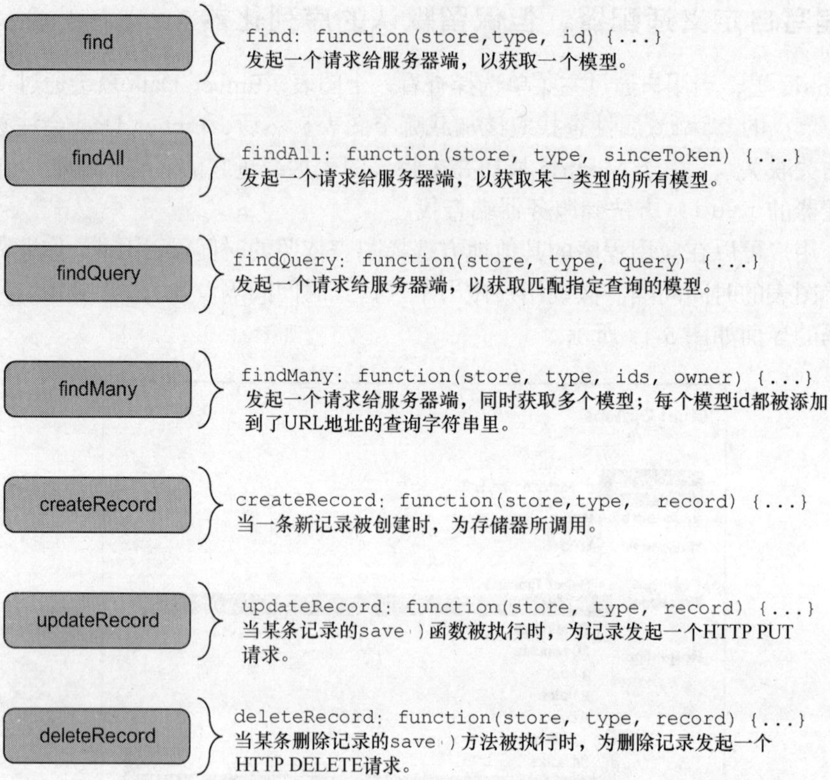

find
find: function(store,type, id) {...}
发起一个请求给服务器端，以获取一个模型。

findAll
findAll: function(store, type, sinceToken) {...}
发起一个请求给服务器端，以获取某一类型的所有模型。

findQuery
findQuery: function(store, type, query) {...}
发起一个请求给服务器端，以获取匹配指定查询的模型。

findMany
findMany: function(store, type, ids, owner) {...}
发起一个请求给服务器端，同时获取多个模型；每个模型id都被添加到了URL地址的查询字符串里。

createRecord
createRecord: function(store,type, record) {...}
当一条新记录被创建时，为存储器所调用。

updateRecord
updateRecord: function(store, type, record) {...}
当某条记录的save()函数被执行时，为记录发起一个HTTP PUT请求。

deleteRecord
deleteRecord: function(store, type, record) {...}
当某条删除记录的save()方法被执行时，为删除记录发起一个HTTP DELETE请求。

图 5-13　Ember Data 适配器中，可以覆写并用于创建自定义适配器的方法

代码清单 5-11　修改后的 Montric.ChartAdapter

```
Montric.ChartAdapter = DS.RESTAdapter.extend({
    find: function(store, type, id) {
        return this.ajax(this.buildURL(type.typeKey, id), 'GET');
    },

    buildURL: function(type, id) {
        var host = Ember.get(this, 'host'),
            namespace = Ember.get(this, 'namespace'),
            url = [];

        if (host) { url.push(host); }
        if (namespace) { url.push(namespace); }

        url.push(Ember.String.pluralize(type));
        if (id) { url.push(id); }

        url = url.join('/');
        if (!host) { url = '/' + url; }
```

DS.RESTAdapter 中默认代码的副本

覆写 DS.RESTAdapter 的 buildURL 函数，附加上查询字符串

```
    var queryString = this.buildQueryString();      ← 创建 query String

    return url + queryString;                        ← 返回URL与queryString，并作为服务器端使用的URL地址
},

buildQueryString: function() {                       ← 自定义函数，创建查询字符串
    var queryString = "?tz=" + Montric.get('selectedTimezone');
    if (Montric.get('showLiveCharts')) {
        queryString += "&ts=" + Montric.get('selectedChartTimespan');
    } else {
        queryString += "&chartFrom=" +
  Montric.get('selectedChartFromMs');
        queryString += "&chartTo=" + Montric.get('selectedChartToMs');
    }
    queryString += "&rs=" + Montric.get('selectedChartResolution');

    return queryString;
}
});
```

不一定非得理解代码清单中的所有代码。大部分代码都是直接从 `DS.RESTAdapter` 源代码中截取的。你添加的内容只有一个函数，其用来创建查询字符串，该查询字符串将附加到 URL 上。此前，从服务器端获取 `Chart` 模型的 URL 看起来如下所示：

```
/charts/_gs_:Montric%20Heap
```

现在，URL 看起来像这样：

```
/charts/_gs_:Montric%20Heap?tz=2&ts=10&rs=15
```

现在，你已经了解了如何实现一个自定义适配器，用非标准的 URL 来查询服务器端。接下来看看如何添加一个序列化器来解析未遵循 `RESTAdapter` 约定的 JSON 格式。

5.4.2 编写自定义适配器和序列化器代码

当用户登录进 Montric，应用程序将发出一个 `find()` 给当前登录用户。非标准（相对 `RESTSerializer` 而言）JSON 散列数据的示例如代码清单 5-12 所示。

代码清单 5-12 `Montric.User` 模型的非标准 JSON 散列数据

```
{
    "user_model": {                                    ← 非标准 JSON 键
        "id": joachim@haagen-software.no,
        "user_name": "joachim@haagen-software.no",     ←
        "account_name": "Haagen Software",             ←
        "user_role": "root",                           ←
        "firstname": "Joachim Haagen",
        "lastname": "Skeie",
        "company": "Haagen Software AS",
        "country": "Norway"
    }
}
```

user_name、account_name 以及 user_role 这三个键对于 RESTSerializer 来说都是非标准的。此外，对于该用户模型对象的键——user_model，也没有遵从 RESTSerializer 标准。你可以通过创建新类 Montric.UserSerializer 来梳理清楚这些问题。当编写一个自定义序列化器的时候，可以覆写一些函数来自定义序列化器处理 JSON 数据的方式（如图 5-14 所示）。

转换传入的JSON格式（从服务器端到Ember.js）

extractSingle
extractsingle:function(store,primaryType,payload,recordld,
requestType){...}
当服务器端返回单条记录时调用（find和save)。
extractArray
extractArray:function(store,primaryType,payload){...}
当服务器端返回单条记录时调用（findAll、findQuery、findMany)。
normalize
normalize:function(type,hash,prop){...}
供服务器端返回的各个模型调用，用于主记录和端加载记录。在这里，
你负责处理非标准属性名称。
typeForRoot
typeForRoot:function(root){...}
对传入的JSON散列里的顶层键执行一个指定的转换，如果服务器端
serializeIntoHash
根键使用下划线而非驼峰法隔开，这将很有用。
和createReccord()上调用。

转换传出的SON格式从Ember.js 到服务器端

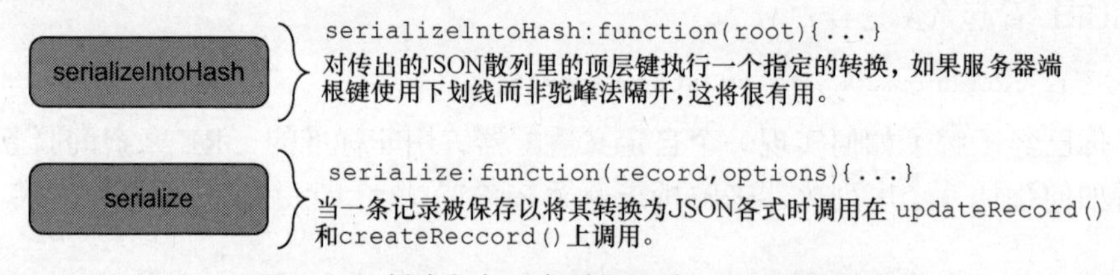

图 5-14　创建自定义序列化器时，可以覆写的方法

要处理返回的 JSON 数据中的每个顶层键，需要覆写两个函数：一个用来指定顶层键的格式，另一个用来负责处理非标准属性名称。在这个例子中，需要覆写 typeForRoot 以告知适配器使用 user_model 作为顶层键。同时还需要实现 normalize 为三个分别名为 user_name、account_name 和 user_role 的属性提供支持。Montric.UserSerializer 代码如代码清单 5-13 所示。

代码清单 5-13　Montric.UserSerializer

```
Montric.UserSerializer = DS.RESTSerializer.extend({
    typeForRoot: function(root) {
        return root.slice(root.length-6, root.length);      <-- 剔除顶层键的最后6个字符
    },

    normalize: function(type, hash, property) {      <-- 创建新对象，构建正确的属性键
        var json = {};
```

```
迭代原始散列      ┌──▷ for (var prop : hash) {
中的每个属性      │        json[prop.camelize()] = hash[prop];   ◁──  添加新的驼峰法命名属性，
                  │      }                                             并赋以原始散列中的对应
                                                                       属性值

                         return this._super(type, json, property);  ◁──┐ 调用超类中的
                     }                                                  │ normalize 函数
                 });
```

这段代码专门针对我们这个例子。我们剔除了每个顶层键的最后 6 个字符，这只适用于这个例子，而 typeForRoot 函数更适合处理更复杂的功能。

而 normalize 函数更具健壮性。其在迭代当前散列中的每个属性之前，会创建一个新对象（json）。对于原始散列中的每个属性，其将对应添加一个新的属性到 json 对象中，该属性的键以驼峰法命名。该函数最后调用超类 DS.RESTSerializer 的 normalize 函数，这很重要，这样才能使得剩下的序列化工作正常进行。

现在，我们了解了如何创建自定义的适配器和序列化器，接下来继续了解当通过 URL 与服务器端通信时，如何自定义应用程序的 URL。

5.4.3 自定义 URL

默认地，Ember Data 通过应用程序所在域的根路径的 URL 来获取数据。所有的 URL 都以一个/打头，随后是取消驼峰命名和下划线的模型名称。

一些后端系统因为各种各样的原因，有其特殊要求，使得命名约定的处理变得很麻烦甚至不可能。这时候，你有两种选择：一是指定一个命名空间以预先考虑一个到达后端响应地址的特定路径，二是指定一个新的 URL。两种方式如下所示：

```
Montric.Adapter = DS.RESTAdapter.extend({
    defaultSerializer: "Montric/application",

            namespace: 'json/v1',                      ◁──┐ 修改 namespace 属性，
修改 host 属  ┌──▷ host: 'http://api.myapp.com'            │ 预先准备/json 给 URL
性，预先准备  │  });
好 URL        │
```

通常情况下，当调用 this.store.find('mainMenu')时，会发出一个 XHR GET 给 URL/ mainMenus。在这个例子中，你添加了一个 namespace 和一个 host 属性给应用程序的默认适配器。调用 this.store.find('mainMenu') 时将发出一个 XHR GET 请求到 URL 地址 http://api.myapp.com/json/v1/ mainMenus。

5.5 小结

本章介绍了 Ember Data 及内置的 RESTAdapter。首先学习了通过扩展 Ember Data 模型对象定义模型的方式，模型代表了应用程序使用的数据。之后我们继续讨论了 Ember Data

的标识映射结构，通过确保 Ember Data 中的数据只有一份副本来维护应用的一致性。

Ember Data 中的模型遵循严格的生命周期要求，我们讨论了模型在数据处理及应用开发过程中的方式和作用。

Ember Data 为模型类型之间提供了强大的内置关联关系。我们介绍了使用这些关联关系来构建数据间复杂结构的方式。此外，还看到了关联关系的延迟加载对性能造成的负面影响，而我们可以采用端加载方式，通过减少从服务器端获取数据所需的 XHR 请求次数来解决这些问题。

最后，本章解释了如何定制 `RESTAdapter`，并介绍如何创建自定义的适配器与序列化器。

到目前为止，我们介绍了 Ember Data beta 2 提供的绝大部分特性。但是有的时候，应用程序并非一定要使用 Ember Data。下一章将介绍脱离 Ember Data 的情况下，如何使用 Ember.js。

第 6 章 绕过 Ember Data 与服务器端交互

本章涵盖的内容

- 了解应用 Ember.js 时数据层的处理
- 定义通用的模型对象，其担当应用程序的模型层
- 通过 jQuery Ajax 调用，获取、保存以及删除数据
- 通过 Ember Fest 开发者大会应用程序，将模型层与 Ember 路由器结合起来

Ember Data 必将成为卓越的产品；但在我写作本书之时，它尚未做足用于生产的准备。尽管你可以像使用 jQuery 那样使用它来跟服务器端交互，但如果要在 Ember.js 应用程序与服务器端之间实现正常的数据存取策略，Ember.js 仍需要采取一些额外的方式。

有时候，Ember Data 可能并不适合个别使用场景。例如，如果处理一个简单的数据结构，你会倾向于使用比 Ember Data 更加简单的方式来获取服务器端数据。Ember 路由器可以帮助我们更容易地编写自己的整合层。话虽这么说，但应用程序规模不断扩大时，你很可能要独自面对大量问题，而这些问题在 Ember Data 中已经有了现成的解决方案。无论如何，掌握如何通过 Ember 路由器与已有或正在创建的服务器端高效通信，在与非标准 API 交互，或者打算快速处理部分（或所有）模型对象时，将为你带来便利。

本章将研究客户端到服务器端策略构想，并在一个实际应用程序中实现策略。

图 6-1 展示了本章涉及的 Ember.js 模块结构。

在将你的数据层整合进应用程序之前，先来快速浏览一下我们将开发的部分应用程序。

6.1 Ember Fest 介绍

本章我们将为欧洲 Ember.js 开发者大会的 Ember Fest Web 应用程序开发数据模型层。该应用功能有限且相当直接。图 6-2 展示了 Ember Fest 应用程序中的三个路由的图形界面。

注意 2013 版的 Ember Fest 站点以本章所授概念为基础创建，而 2014 版的 Ember Fest 站点以 Conticious CMS 为基础创建，并使用 Ember Data。本章用到的代码包含在 https://github.com/joachimhs/ EmberFestWebsite/ tree/Ember.js-in-Action-branch 上的项目分支中。

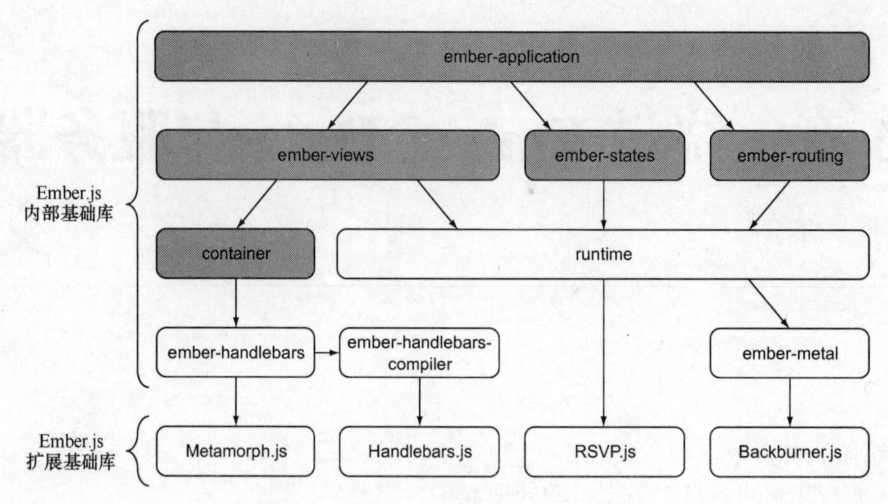

图 6-1　本章涉及的 Ember.js 知识点

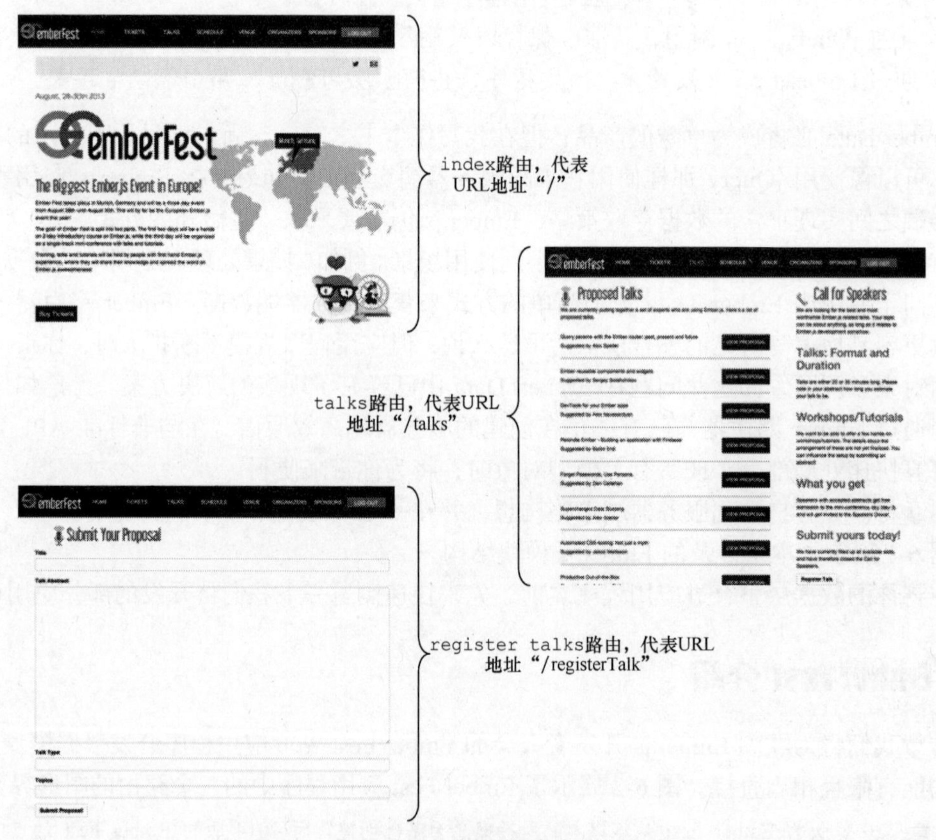

图 6-2　Ember Fest 应用程序中的三个路由

该应用程序是一系列页面，每个页面代表应用程序中的一个路由。当用户在应用中导航时，应用程序会高亮显示导航栏中的当前路由。在顶部，用户可以登录或创建账号，该功能通过在应用程序中使用 Mozilla Persona 来实现。关于认证的更详细内容将在第 9 章阐述。

你将了解到如何使用 Ember 路由器作为集成点并集成到模型层，接下来会了解通过每个路由的 model() 钩子函数来获取数据并将其填入到 Ember Fest 控制器的方式。

6.1.1 了解应用程序的路由器

路由器是融合 Ember.js 应用程序各结构的黏合剂，因此，对于路由器在数据层中扮演重要角色也没什么好惊讶的。

应用程序路由器如代码清单 6-1 所示。

代码清单 6-1 Ember Fest 路由器

```
Emberfest.Router = Ember.Router.extend({
    location: 'history'
});
Emberfest.Router.map(function() {

    this.route('tickets');
    this.resource('talks', function() {
        this.route('talk', {path: "/talk/:talk_id"});
    });
    this.route('schedule');
    this.route('venue');
    this.route('organizers');
    this.route('sponsors');
    this.route("registerTalk");
});
```

talks 路由显示所有提交的演讲

talks.talk 子路由显示当前选择的演讲

如代码所示，每个应用程序的路由都定义在文本结构中，并体现出少许层次关系。由于每个路由都实际替代应用程序内容（不包括顶栏和页脚），因此，这是个恰当而简单的路由器定义。但请注意，talks.talk 定义为 talks 路由的子路由。

本章将专注于这三个路由。你在具体了解 talks 及 talks.talk 路由的同时也会了解到 registerTalk 路由，registerTalk 路由用于响应登录用户注册新的演讲。

我们还将使用 talks 及 talks.talk 路由的 model() 钩子函数，通知应用程序数据层从服务器端获取数据。

在进入数据层实现内容之前先来看看这些路由。

6.1.2 使用 model() 钩子函数获取数据

我们将获取 Ember Fest 应用程序的所有演讲数据，并存储到 TalksController 控制器中。有许多方式可以完成这项任务；但是，其中的一些方式会导致数据重复、缺失，甚至遗漏更新。

Ember.js 用于处理复杂关系下的复杂数据，并能够帮助你最终构建出高效的数据层实现。Ember 路由器，从后端加载数据到 Ember.js 应用程序，Ember 路由器的关键处理方式是每个路由定义中都有的 model() 函数。

代码清单 6-2 演示了如何通过 model() 函数获取应用程序的演讲数据，并将其加载进 Emberfest.TalksController。

代码清单 6-2 TalksRoute

```
Emberfest.TalksRoute = Ember.Route.extend({
    model: function() {
        return EmberFest.Talk.findAll();
    }
});
```

数据层钩子函数

从服务器端获取所有演讲数据并返回结果

代码看起来很简单？就该这样！你在 model() 中获取了服务器端演讲数据并返回这些数据。Ember 路由器将这些数据注入到关联控制器的 content 属性里，在这里，控制器是 TalksController。

当 talks 路由被创建，Ember.js 就调用 model() 函数。这将阻止对 findAll() 函数的额外调用，并减少客户端与服务器端间的通信传输。

为了确保最终不会出现重复数据，我们需在模型层实现一个标识映射。但先来看看 TalksTalkRoute，如代码清单 6-3 所示。

代码清单 6-3 TalksTalkRoute

```
Emberfest.TalksTalkRoute = Ember.Route.extend({
    model: function(id) {
        return Emberfest.Talk.find(id.talk_id);
    }
});
```

返回单条演讲数据

TalksTalkRoute 跟 TalksRoute 差不多，但请注意你传入了 id 参数给 model() 函数，以从数据层获取单条 Emberfest.Talk 对象。

当我们直接通过 URL 进入 TalksTalkRoute 时，你可能会记起第 3 章讨论路由器的相关内容，Ember.js 在设置 TalksTalkRoute 之前要先设置 TalksRoute。Emberfest.Talk.findAll() 与 Emberfest.Talk.find(id) 会一个接一个地被调用。考虑到两个方法都被频繁调用的情况，我们设计的数据层将足够智能，避免重复查询服务器，因为客户端与服务器端间的通信正是瓶颈所在，足以拖慢系统至少一个数量级。

6.1.3 实现标识映射

好些方式都能够避免重复的服务器查询。本应用程序中，我们选择类似标识映射的方式来实现（标识映射概念请参考第 5 章）。过程中会实现浏览器缓存，以确保每个类型和 id 的对象只有一个。在数据加载进标识映射之后，每个演讲的对象只保留一个。

这将确保无论何时调用 Emberfest.Talk.find(id)，都将获取该对象的同一实例，且缓存中不包含重复数据。图 6-3 展示了标识映射在本应用配置中的角色作用。

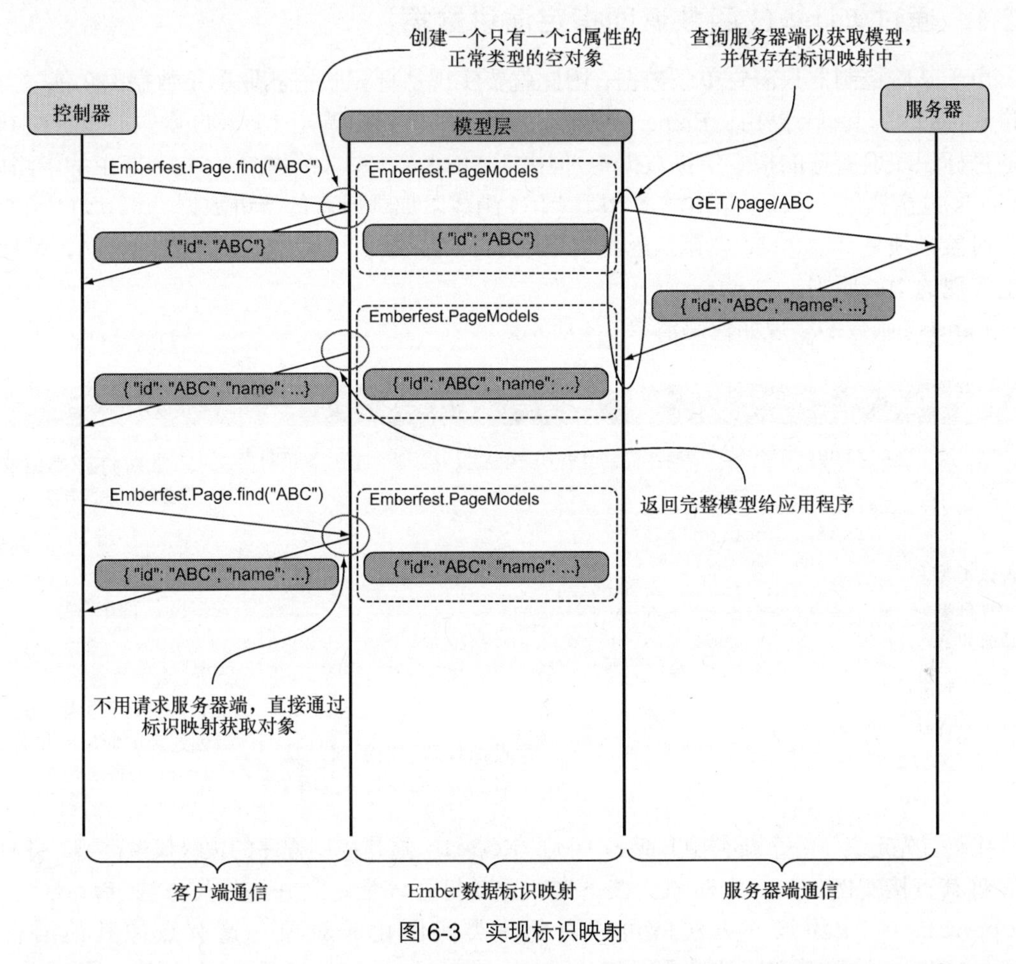

图 6-3　实现标识映射

现在，你已经了解了 Ember Fest 的结构，并且对标识映射的工作原理有所了解，接下来就来动手实现之。

6.2　获取数据

对于 Ember Fest 应用程序，因为只需为每个单独数据类型保持极少量的数据，因此，总是从服务器端获取所有演讲内容是完全可以的。例如，只有少量的提交的演讲提议会在 Ember Fest 应用程序中使用。我们只需要在 findAll() 函数内部实现 Ajax 调用。首先来实现 find() 函数，接着再实现在 findAll() 函数中获取数据的功能。了解完如何从本地标识映射和服务器端获取数据之后，将讨论一个共享模型类的抽象实现，以提升代码复用度。

首先讨论 find() 函数。

6.2.1 通过 find() 函数返回指定演讲数据

由于某些控制器只需要单条数据，因此就要实现从标识映射获取单条数据的功能。当用户进入 talks.talk 路由，Ember.js 为 talks.talk 路由调用 find() 函数，以定位到用户通过标识映射所选的指定演讲数据上。但由于 talks.talk 路由是 talks 路由的子路由，Ember.js 也会调用 talks 路由的 findAll() 函数以加载所有的演讲数据。find() 函数返回的对象必须是 findAll() 函数返回对象列表中的一员。这是个非常重要的概念，是标识映射实现的中心原则。

find() 函数的实现如代码清单 6-4 所示。

代码清单 6-4 find() 函数

```
Emberfest.Model = Ember.Object.extend();     <-- 定义新的类

Emberfest.Model.reopenClass({                <-- 重新打开类定义以添加类方法
    find: function(id, type) {               <-- 实现 find 函数，带有 id 和 type 两个参数
        var foundItem = this.contentArrayContains(id, type);   <-- 检查该类型和 id 的对象是否已被加载

        if (!foundItem) {
            foundItem = type.create({ id: id, isLoaded: false});   <-- 如果对象未加载，就创建新的对象并设置 id 和 isLoaded
            Ember.get(type, 'collection').pushObject(foundItem);   <-- 将新对象放进该类型的标识映射中
        }

        return foundItem;                    <-- 返回找到的数据项，或者只带有 id 的数据项
    }
});
```

代码首先定义了一个新类型 Emberfest.Model。这是应用程序的顶级模型类型，并且不打算将其直接实例化为一个对象。接下来，重新打开该类定义并添加类方法 find()。在 reopenClass 中添加该方法就可以避免将类实例化成对象。这有点像其他语言如 Java、.NET 中的静态方法的概念。

find() 函数有两个参数：id 和 type。该函数会调用 contentArrayContains() 函数来检查某类型或 id 的对象是否已存在标识映射中。如果存在，就直接返回相关数据项；如果不存在，就创建相关类型的新对象。在这里，我们创建了传入函数的具体类型的新实例。现在，对于该对象你只需记住 id，因为你将其传进了 find() 函数。除了设置新创建对象的 id 之外，还设置了该对象的 isLoaded 属性为 false，使得应用程序其他模块能够判断该对象是完全加载还是本地创建的。最后，通过 pushObject 将新创建的对象添加给 collection 属性。

下一步，我们将实现 findAll() 函数，从服务器端获取数据。

6.2.2 通过 findAll()函数获取所有演讲数据

findAll()函数调用服务器端以获取数据并加载进客户端缓存。要获取数据，需传给该函数三个参数：

- ❑ URL
- ❑ 返回数据中，预期获取数据的类型
- ❑ 散列键，标识从服务器端获取的数据

如你稍后所见，我们将通知 Emberfest.Talk.findAll()函数通过 URL 地址/abstracts 获取数据，并将得到一个 Emberfest.Talk 对象组成的返回集合。代码清单 6-5 演示了 findAll()函数的实现。

代码清单 6-5 findAll()函数

```
findAll: function(url, type, key) {          ← 传入 URL、type 和 key 以获取数据
    var collection = this;                    ← 创建回调函数内部使用的对象引用
    $.getJSON(url, function(data) {           ← 通过传进的 URL 获取数据
        $.each(data[key], function(i, row) {  ← 迭代服务器端返回的结果
            var item = collection.contentArrayContains(row.id, type);  ← 检查当前对象是否存在
            if (!item) {
                item =  type.create();
                Ember.get(type, 'collection').pushObject(item);  ← 如果不存在，就创建新对象并放入集合 collection
            }
            item.setProperties(row);          ← 更新页面对象属性
            item.set('isLoaded', true);       ← 标识数据项为已加载
        });
    });

    return Ember.get(type, 'collection');     ← 返回集合 collection
}
```

findAll()函数通过提供的 URL 调用服务器端。在这里，通过 jQuery 的$.getJSON 来调用，传入 URL 以及一个回调函数，该函数在服务器端响应时将被执行。

一旦 JSON 格式数据被成功从服务器端取回，就通过 key 获取 data 数组并迭代数组内容。进入迭代后，判断对象是否已经加载进散列中。如果尚未加载，就创建一个新实例并将对象放进 collection 属性。

接下来，将当前行传进 item 的 setProperties()函数。这样将更新 item 对象并设置从服务器端获取的属性，之后设置 isLoaded 属性为 true，告知应用程序其他部分模型对象已经完成相应的加载。最后，返回整个 collection 集合给调用函数。现在，我们实现了从服务器端获取数据的基本方案，接下来讨论 Emberfest.Talk 类。

6.2.3 实现 Emberfest.Talk 模型类

Ember Fest 应用程序中的每个演讲内容都共享了一系列的通用属性。这些属性标识 id、

标题、内容（talkText）、关联主题、类型、对演讲提出提议的人，以及一些元数据以通知 Ember Fest 应用程序登录用户是否对该演讲提出了提议。

代码清单 6-6 展示了从服务器端返回的演讲数据。

代码清单 6-6　从服务器端取回的 JSON 格式数据

```
{"abstracts": [                    <-- 返回的 abstracts 数组
        {                                      <-- 定义键值
  在应用程序中 -->  "id": "05D5D5122DBA0C9E",
  唯一标识某个      "talkTitle": "Query params …",
  演讲              "talkText": "An introduction to Ember Query…",
                    "talkTopics": "querystring, router, pushState",   标识简单字符
                    "talkType": "20 or 35 minute talk",               串值
                    "talkByLoggedInUser": false,
                    "talkSuggestedBy": "Alex Speller"
        }
    ]
}
```

如我们所期望的那样，客户端与服务器端之间的数据格式是标准的 JSON 格式，指定了一个名为 abstracts 的数组，该数组包含了演讲数据列表。

由于模型层并不实现任何特殊内容，当 Emberfest.Talk 模型被 findAll() 函数实例化时，Ember Fest 应用程序从服务器端获取的属性就成为了真实属性。由服务器端约定哪些属性可以为 Ember Fest 应用程序所用。

服务器端返回的数据被加载进单独的 Emberfest.Talk 模型中，如代码清单 6-7 所示。由于我们在通用的 Emberfest.Model 类中处理大部分工作，Emberfest.Talk 模型的实现就变得很简单。

代码清单 6-7　Emberfest.Talk 模型

```
Emberfest.Talk = Emberfest.Model.extend();       <-- 创建模型类

Emberfest.Talk.reopenClass({                      <-- 重新打开类定义以添加
  collection: Ember.A(),   <-- 初始化页面的 collection 集合    find 和 findAll 函数

  find: function(id) {                  <-- 从缓存中获取演讲数据
      return Emberfest.Model.find(id, Emberfest.Talk);   <-- 委托调用 Emberfest.find，
  },                                                         包含待返回的模型类型

  findAll: function() {
      return Emberfest.Model.findAll('/abstracts,
          Emberfest.Talk, 'abstract');      <-- 委托调用 Emberfest.
  }                                             Model，带入 URL、模
});                                             型类型以及散列名称
```

这里定义了一个新类 Emberfest.Talk，其扩展自前面定义的 Emberfest.Model 类（参见代码清单 6-4）。为了将 find() 和 findAll() 添加为类方法，通过 reopenClass()

构造器重新打开 Emberfest.Talk 类。为了获得一个能够唯一代表每个数据类型的集合，我们初始化了一个 collection 变量。这里简单起见，通过 Ember.A()指定 collection 属性为一个 Ember.js 数组。

find()函数带有一个参数，其是待查找的模型的 id 元素。我们委托给 Emberfest.下班 Model.find()函数，但得告知 Emberfest.Model.find()函数我们希望它返回的对象类型。

findAll()函数也类似，只是在这里要指定 URL“/abstracts”,Emberfest.Model.findAll()通过它获取数据，同时还要指定期待返回的类型（Emberfest.Talk）以及数组名称，我们期望通过该数组为“abstracts”页面获取数据。

通过以上方式，很容易针对不同的模型对象复用 Emberfest.Model 类。代码清单 6-8 演示了 Emberfest.User 模型的实现。

代码清单 6-8　Emberfest.User 模型

```
Emberfest.User.reopenClass({
    collection: Ember.A(),

    find: function(id) {
        return Emberfest.Model.find(id, Emberfest.User);    // 返回Emberfest.User对象
    },

    findAll: function() {
        return Emberfest.Model.findAll('/user, Emberfest.User, 'users');    // 返回基于指定URL、散列键以及对象类型的数据
    }
});
```

talk 跟 user 模型对象非常相似，因此很容易扩展该方式以支持应用程序可能需要的其他模型对象，只需为应用程序需要支持的每个模型对象创建一个新的 EMBERFEST.YourModel 类。

由于模型对象的实现是如此简单，因此，你还可以进一步思考此方式并规范 URL 和散列键。图 6-4 展示了从服务器端加载所有演讲数据的结果。

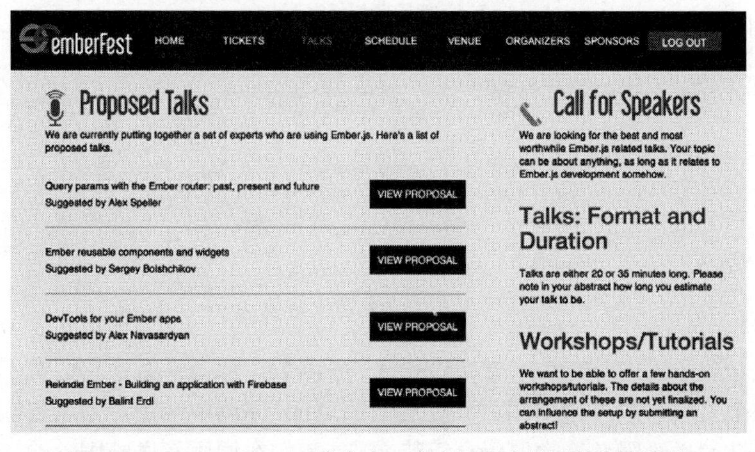

图 6-4　talks.index 路由中，在应用程序注册的所有演讲

现在已经了解了如何实现获取数据的方案，接下来看看如何通过 create 和 update 实现数据持久化。

6.3 数据持久化

为了允许用户向 Ember Fest 应用程序提交新的演讲提议，需要实现数据的持久化。通过在设置中添加一些额外特性来扩展我们已经实现的方案。

由于在 Ember.js 中关键字 create 被留作创建新对象，我们通过 createRecord() 和 updateRecord() 这两个方法来实现数据的持久化。

6.3.1 通过 createRecord() 函数提交新的演讲

为了在客户端（而非服务器端）创建一个新的 Emberfest.Talk 对象，我们要使用 createRecord() 函数。该函数实例化一个新的给定类型的模型对象并序列化模型为 JSON 格式数据，之后通过 Ajax 调用发送该数据到服务器端。代码清单 6-9 展示了 Emberfest. Model. createRecord() 的内容。

代码清单 6-9　实现 createRecord() 函数

```
Emberfest.Model.reopenClass({
    createRecord: function(url, type, model) {
        var collection = this;
        model.set('isSaving', true);
        $.ajax({
            type: "POST",
            url: url,
            data: JSON.stringify(model),
            success: function(res, status, xhr) {
                if (res.submitted) {
                    Ember.get(type, 'collection').pushObject(model);
                    model.set('isSaving', false);
                } else {
                    model.set('isError', true);
                }
            },
            error: function(xhr, status, err) {
                model.set('isError', true);
            }
        });
    },
});
```

持久化 URL、type 和 model

创建 Ajax 回调中引用的本地变量

标识对象已被保存

持久化新的模型对象

发送模型字符串表示的数据给服务器端

添加新的演讲数据到 collection 数组中并重新设置 isSaving 为 false

如果发生错误，isError 设置为 true

如果比较 createRecord() 与 findAll() 函数，你会注意到它们有不少相似之处。该函数定义一个 this 的本地引用，并在后面的 Ajax 回调中使用。为了告知用户他们当前观察的模型已被发送给服务器端但仍在等待响应，我们在调用发送给服务器端之前设置了模型的 isSaving 属性为 true。接着创建了一个新的对象，以便通过 HTTP POST 方法调用服务器端。如果服务器端成功响应，就将新创建的模型放进 collection 数组并重新设置 isSaving 属性为 false。如果 Ajax 调用失败或服务器端响应不成功，就设置模型的 isError 属性为 false。

在 Emberfest.Model 类上实现好这个抽象函数之后，我们将添加一个 createRecord() 函数给 Emberfest.Talk 类，该类供 Ember Fest 应用程序使用，这个 createRecord() 函数类似于前面添加的 find() 和 findAll() 函数。代码清单 6-10 演示了将此函数添加给 Emberfest.Talk 类。createRecord 方法传入一个模型对象作为其唯一输入参数并委托给 Emberfest.Model，并传入要持久化的 URL 以及对象类型给 Emberfest.Model.createRecord()。

代码清单 6-10　添加 createRecord() 函数给 Emberfest.Talk

```
Emberfest.Talk.reopenClass({
    collection: Ember.A(),

    find: function(id) {
        return Emberfest.Model.find(id, Emberfest.Talk);
    },

    findAll: function() {
        return Emberfest.Model.findAll('/abstracts',
            Emberfest.Talk, 'abstracts');
    },

    createRecord: function(model) {                      <-- 添加 createRecord 函数
        Emberfest.Model.createRecord('/abstracts',
            Emberfest.Talk, model);
    }
});
```

我们委托调用给 Emberfest.Model 类。除了要持久化的模型，还传入了要持久化模型的类型，以及 Emberfest.Model.createRecord() 将调用的 URL。

当 Ember Fest 网站的用户提交一个演讲到系统，他们将导航到 registerTalk 路由，在那里他们会看到一个表单，用于输入演讲的详细信息，并可以提交给系统。演讲内容提交之后，用户被转向到 talks.talk 路由，可以查看到目前为止提交的所有演讲。图 6-5 展示了该流程。

这时候，我们已做好了创建一个新演讲并将其提交到服务器端的准备工作。代码清单 6-11 为 Emberfest.RegisterTalkController.submitAbstract() 函数的代码片段，演示了如何使用新创建的 createRecord() 函数。你希望用户输入验证为 true，对每个失败验证，修改 validated 为 false。

代码清单 6-11　使用 createRecord() 函数

```
submitAbstract: function() {
    var validated = true;

    //省略验证代码

    if (validated) {                                        如果用户输入通过验证，
                                                            就持久化演讲数据到服
                                                            务器端
        var talkId = Math.uuid(16, 16);
        var talk = Emberfest.Talk.create({
            id: talkId,
            talkTitle: this.get('content.proposalTitle'),
            talkText: this.get('content.proposalText'),
            talkType: this.get('content.proposalType'),
            talkTopics: this.get('content.proposalTopics')
        });

        Emberfest.Talk.createRecord(talk);          调用 Emberfest.Talk.createRecord()来发送模型给服务器端
        this.transitionToRoute('talks');            重定向用户到 talks 路由
    }
}
```

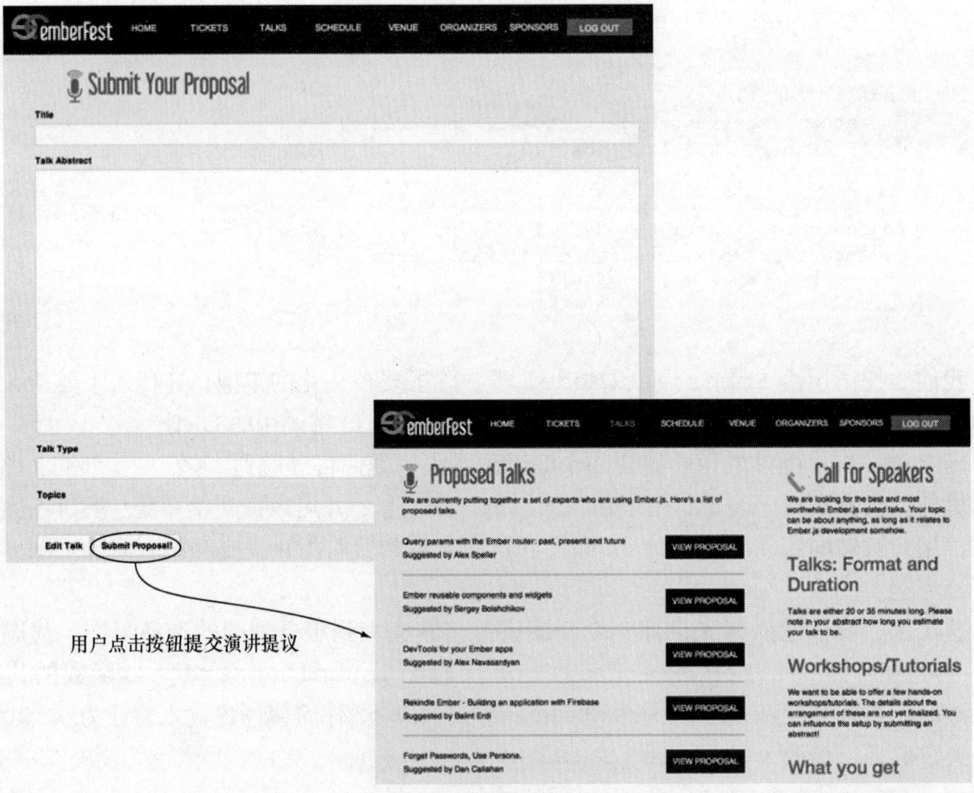

图 6-5　提交新演讲

用户输入通过验证之后，创建一个新的 Emberfest.Talk 模型对象并用用户输入数据初始化它。为了持久化演讲数据到服务器端，需要调用 Emberfest.Talk.createRecord(talk)。

注意 由于要处理用户输入，因此必须验证是否遵守为 talks/abstracts 定义的规则。代码清单里省略了验证过程，但 GitHub 上的项目源代码中是包含验证代码的。

被提议的演讲持久化之后，转换用户到 talks 路由，展示已提交到系统的完整演讲清单。通过 transitionToRoute 函数重定向用户到 talks 路由。接下来，我们来看看 updateRecord() 函数。

6.3.2 通过 updateRecord() 函数修改演讲数据

updateRecord() 函数跟 createRecord() 函数一样，都以一种简单的方式来实现。两者间的不同点在于 updateRecord() 函数里不用添加模型到 collection 数组中，因为在你发送更新的时候，模型已经存在其中了。代码清单 6-12 展示了 updateRecord() 函数的实现。

代码清单 6-12 在 Emberfest.Model 上实现 updateRecord() 函数

```
Emberfest.Model.reopenClass({
    updateRecord: function(url, type, model) {
        var collection = this;
        model.set('isSaving', true);
        console.log(JSON.stringify(model));
        $.ajax({
            type: "PUT",
            url: url,
            data: JSON.stringify(model),
            success: function(res, status, xhr) {
                if (res.id) {
                    model.set('isSaving', false);
                    model.setProperties(res);
                } else {
                    model.set('isError', true);
                }
            },
            error: function(xhr, status, err) {
                model.set('isError', true);
            }
        })
    }
});
```

- 创建在 Ajax 回调函数中使用的本地变量
- 设置模型的 isSaving 属性的值为 true
- 使用 HTTP PUT 方法修改新的模型对象
- 发送模型的字符串方式的数据给服务器端
- 如果 Ajax 调用成功，重置 isSaving 为 false
- 用服务器端响应内容修改模型对象
- 如果发生错误，修改 isError 为 true

updateRecord() 函数跟 createRecord() 函数有很多类似之处。updateRecord() 函数首先查找引用 this 的本地变量，该变量将在 Ajax 回调中使用。由于你打算告知用户你发送了请求到服务器端但还在等待响应，因此，在发送 Ajax 调用之前，设置模型的 isSaving

属性为 true。

执行修改的标准 HTTP 方法是 PUT，因此，确保给 Ajax 调用指定了该方法。如果服务器端响应成功并且包含了修改模型对象的数据，那么在通过 setProperties() 函数修改模型之前，将 isSaving 属性重置为 false。

如果 Ajax 调用失败或者服务器端没有返回修改的模型对象，则修改 isError 属性为 true，以通知应用程序其他部分当在服务器端修改模型时发生了某些错误。这将向用户产生告警：你无法持久化该演讲提议。

一旦在 Emberfest.Model 类中实现了该函数，接下来就按早期处理 createRecord() 函数的方式添加一个 updateRecord() 函数到 Emberfest.Talk 类中，如代码清单 6-13 所示。updateRecord() 方法传入一个模型对象作为其唯一的输入参数，并委托给 Emberfest.Model，同时添加要持久化的 URL 和对象类型。

代码清单 6-13 在 Emberfest.Talk 上添加 updateRecord() 函数

```
Emberfest.Talk.reopenClass({
    collection: Ember.A(),

    find: function(id) {
        return EMBERFEST.Model.find(id, EMBERFEST.Talk);
    },

    findAll: function() {
        return EMBERFEST.Model.findAll('/abstracts', Emberfest.Talk,
      'abstracts');
    },

    createRecord: function(model) {
        EMBERFEST.Model.createRecord('/abstracts', Emberfest.Talk, model);
    },

    updateRecord: function(model) {
        EMBERFEST.Model.updateRecord("/abstracts", Emberfest.Talk, model);
    }
});
```

在这里将调用委托给了 Emberfest.Model 类。传入要持久化的模型和模型类型，以及 Emberfest.Model.updateRecord()将调用的 URL。

用户可以编辑他们已提交的演讲数据。只要用户进入 talks.talk 路由，就可以点击编辑表单中的编辑按钮。当用户修改演讲内容时，会被转向到 talks 路由，并展示提交到应用程序的所有演讲。图 6-6 描述了该动作流。

图 6-6 展示了用户编辑演讲提议所发生的一系列过程。

这时候，用户修改演讲数据并将数据提交给服务器端的准备工作业已完成。代码清单 6-14 展示了 Emberfest.TalksTalkController 的 submitTalk() 函数的部分代码，描述了如何使用新创建的 updateRecord() 函数。

代码清单 6-14　使用 updateRecord() 函数

```
submitTalk: function() {
    var validated = true;

    //省略验证代码

    if (validated) {
        var talk = this.get('content');
        EMBERFEST.Talk.updateRecord(talk);
    this.transitionToRoute('talks');
    }
}
```

期望用户输入为 true

如果用户输入通过验证，则持久化演讲数据到服务器端

发送模型到服务器端

重定向用户到 talks 路由

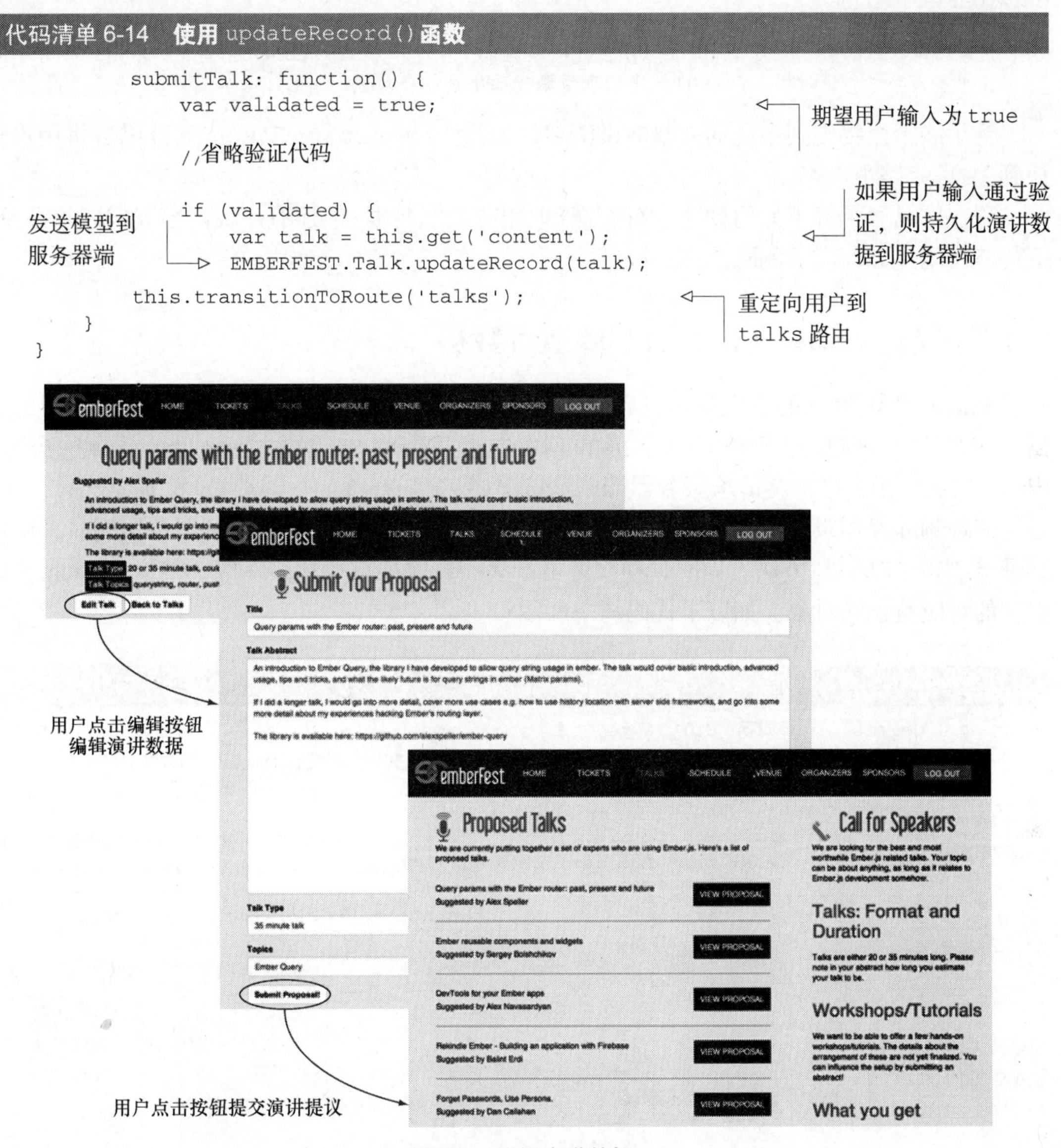

图 6-6　编辑演讲数据

我们期望用户输入的验证结果为 true。对于每个失败的验证结果，修改 validated 为 false。如果用户输入通过验证，就持久化演讲数据到服务器端。当新的 Emberfest.Talk 模型被实例化，则调用 Emberfest.Talk.updateRecord() 发送模型到服务器端。

当用户输入通过验证，就获取 Emberfest.TalksTalkController（其包含一个

Emberfest.Talk 实例）的 content 属性，并将其传递给 Emberfest.Talk.updateRecord()。

注意 再次地，由于要处理用户输入，因此必须验证是否遵守为 talks/abstracts 定义的规则。代码清单里省略了验证过程，但 GitHub 上的项目源代码中是包含验证代码的。

为了展示已提交到系统的完整演讲清单，通过 transitionToRoute()函数将用户转换到 talks 路由。

现在你已经了解了如何创建、修改与读取服务器端数据，但还有一块内容我们还未涉及。下一节将阐述如何实现删除操作。

6.3.3　通过 delete()函数删除演讲数据

Ember Fest 网站的管理员可以删除演讲提议数据。这些演讲数据可能是提交错误的数据，或者是垃圾内容。管理员可以在演讲列表的边上看到一个删除按钮。当点击删除按钮，Ember Fest 应用程序就会请求服务器端删除该演讲。

实现删除操作跟本章前面创建的各个函数类似。当发送 Ajax 调用到服务器端时，使用标准 HTTP DELETE 方法。同时，在服务器端表明删除项被成功删除后，移除 collection 数组中的对应待删除对象。如以下代码清单所示。

代码清单 6-15　在 Emberfest.Model 中实现 delete()函数

```
delete: function(url, type, id) {
    var collection = this;                    // 创建在 Ajax 回调函数中引用的本地变量
    $.ajax({
        type: 'DELETE',                       // 使用 HTTP DELETE 方法
        url: url + "/" + id,                  // 格式化 URL，添加待删除模型的 ID
        success: function(res, status, xhr) {
            if(res.deleted) {
                var item = collection.contentArrayContains(id, type);   // 从 collection 数组中获取对象
                if (item) {
                    Ember.get(type, 'collection').removeObject(item);   // 从 collection 数组中移除需删除项
                }
            }
        },
        error: function(xhr, status, err) {
            alert('Unable to delete: ' + status + " :: " + err);   // 如果发生错误，则显示告警信息
        }
    });
}
```

deleteRecord()函数与 updateRecord()函数有许多相似之处。该函数查找引用 this 的本地变量，该变量会在 Ajax 回调中用到。

执行删除的标准 HTTP 方法是 DELETE，因此，给 Ajax 调用指定该方法。如果服务器端响应成功，那么从 collection 数组获取删除项并移除它。如果 Ajax 调用失败，则显示

告警信息给用户。

在 Emberfest.Model 类实现了该函数之后,添加一个 delete() 函数给 Emberfest.Talk 类，跟处理 updateRecord() 函数时一样。代码清单 6-16 展示了如何添加 delete() 函数到 Emberfest.Talk 类。delete() 函数以一个模型 id 作为其唯一输入参数，并将调用委托给 Emberfest.Model，同时添加需持久化的 URL 和对象类型。

代码清单 6-16 在 Emberfest.Talk 上添加 delete() 函数

```
Emberfest.Talk.reopenClass({
    collection: Ember.A(),

    delete: function(id) {
        EMBERFEST.Model.delete('/abstracts', Emberfest.Talk, id);   <-- 委托 Emberfest.Model，添加 URL 和对象类型
    }
});
```

在这里将调用委托给 Emberfest.Model 类。除了待删除的模型 id，还传入了需持久化的模型类型，以及 Emberfest.Model.delete() 将调用的 URL。

这时候，管理员用户删除演讲数据并将删除请求提交给服务器端的准备工作就完成了。代码清单 6-17 展示了 Emberfest.TalksIndexController 的 deleteTalk() 函数的部分代码，描述了如何使用新创建的 delete() 函数。

代码清单 6-17 使用 delete() 函数

```
deleteTalk: function(a) {
    Emberfest.Talk.delete(a.get('id'));   <-- 删除模型
}
```

deleteTalk() 函数响应用户点击删除按钮的操作。该动作函数获取用户点击的模型对象并作为其唯一参数，同时传入该模型对象的 id 属性给 Emberfest.Talk.delete()。

这就是 Ember Fest 网站的服务器端通信实现。

6.4 小结

本章介绍了 Ember.js 应用程序中创建、读取、更新及删除（CRUD）等各项功能的实现。这些实现方式与其他富 Web 应用程序中的 CRUD 操作类似，但其属于针对 Ember.js 生命周期的专有实现。由于 Ember.js 可能在调用 findAll() 之前先调用 find() 方法，根据用户进入应用程序的路径方向，在应用程序内部实现一个标识映射是非常有帮助的，能够将发送请求到服务器端的 Ajax 调用次数降至最低。

我们还了解了如何在客户端创建和更新模型，以及如何发送 Ajax 调用到服务器端以持久化模型。如果你编写过 Web 应用的 Ajax 调用程序，这里描述的方式对你而言应该非常熟

悉。模型的删除操作也几乎如你所料。

本章实现了一种简单的数据持久化方式。当然还可以做更多改进工作以使其更健壮并更易于使用，但该方式确实适合小型应用程序的开发，而像 Ember Data 这样的大型框架在这种情况下将造成开销浪费。总体来说，本章阐述了 Ember.js 为数据层实现所提供的支持。此外，在实现了一个自己的模型层之后，我们对如 Ember Data、Ember Persistence Framework（EPF）以及 Ember Model 等数据层框架的出发点及其应用场景应该有了更清楚的认识。

在下一章中，你将看到如何为应用程序创建自定义组件。

第 7 章　编写自定义组件

本章涵盖的内容

- 编写自定义组件介绍
- 实现可选列表组件
- 实现树形视图组件
- 在 Ember.js 中集成 Bootstrap

支持自定义组件对于大多数 GUI 框架而言是个关键特性，因为该特性允许你创建应用及跨应用中的重用部分。大多数应用程序都有能够提供某个类似功能的组件。如结合了 Twitter 的可选列表、按钮等功能组件，以及在树形组件的一些场景样例中实现自定义组件也是有意义的。

Ember.js 使用 Handlebars.js 模板，很容易集成第三方的 JavaScript 库，同时 Ember.js 的强绑定结构使得它成为创建自定义组件的出色框架。本章将展示几个为 Montric 项目编写的自定义组件，并会讨论如何构造它们以满足应用程序的不同目标。当把其中某些组件组合在一起时，将形成复杂功能。我们将把组件实现为尽可能小块而具体的部分，这样就可以独立地复用它们，并能够以构建块的方式组合它们来创建更为复杂的组件。

图 7-1 展示了 Ember.js 生态系统本章所涉及的各部分内容：ember-application、ember-views、container、ember-handlebars、ember-handlebars-compiler 以及 Handlebars.js。

我们将先来创建一个 `selectable-list` 组件，其类似于第 1 章中为记事本应用实现的可选列表。但在这里，我们将分隔可选列表的功能为三个不同的自包含组件。接下来，将介绍如何创建具有层级关系的树形组件，其叶子节点（没有孩子节点的节点）通过一个复选框实现可选功能。

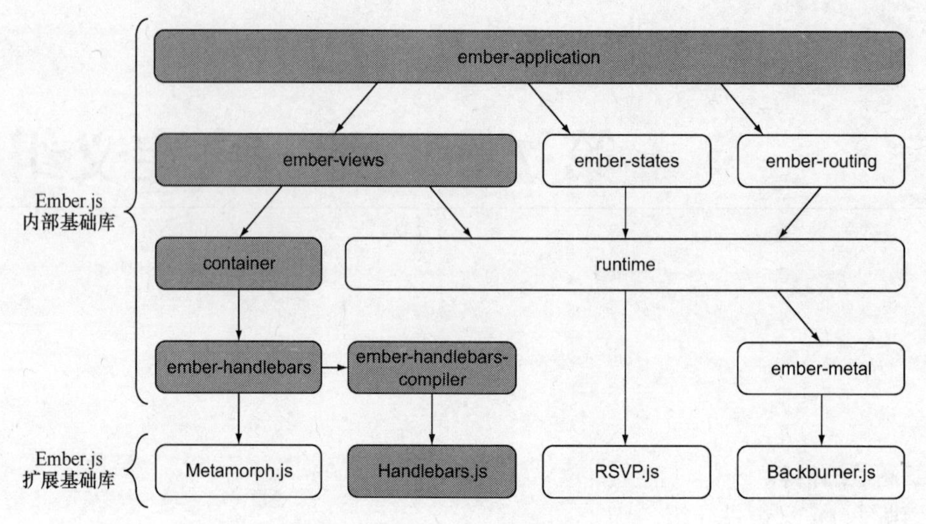

图 7-1　本章涉及的 Ember.js 知识点

7.1　关于 Ember 自定义组件

组件的技术描述是“一个更大规模程序中的可识别部分，其提供特定功能或一组关联功能”。你可以将其想象成应用程序的独立部分，可以不经修改地在应用的多个地方复用。如果创建的组件足够通用，那么其也可以在其他应用中使用。

当 Ember.js 后来发布的候选版中纳入了 Ember 组件特性，其合并了一组功能，否则这些功能需要在自定义视图、Handlebars 模板及自定义 Handlebars 表达式中实现。现在，组件通常由两项内容组成：一个 Handlebars 模板和一个组件类。实际上，对于最简单的组件而言，只有模板是必须的。

如果你习惯了大型服务器端框架如 JavaServer Faces 或者微软 ASP.NET MVC，你会对创建 Ember.js 自定义组件只需要相对来说很少量的代码和极少变化部分感到惊讶。这就是 Ember.js 提供给 Web 开发者的强大威力的真实体现！

接下来开始创建我们的第一个自定义组件——可选列表。

7.2　实现可选列表

`selectable-list` 组件像一个列表，用户通过它可以选择具体项。除了选择一个具体项，用户还可以通过边上的删除按钮删除具体项。

组件显示项目列表，每个具体项都显示在独立的一行中。图 7-2 展示了未选择具体项的组件。

当用户点击一行，我们希望能够高亮选择行。选择了一个具体项的组件情况如图 7-3 所示。

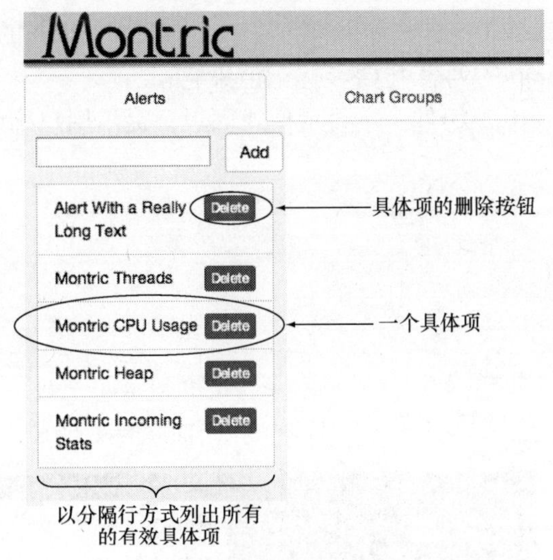

图 7-2 未选择具体项的可选列表组件

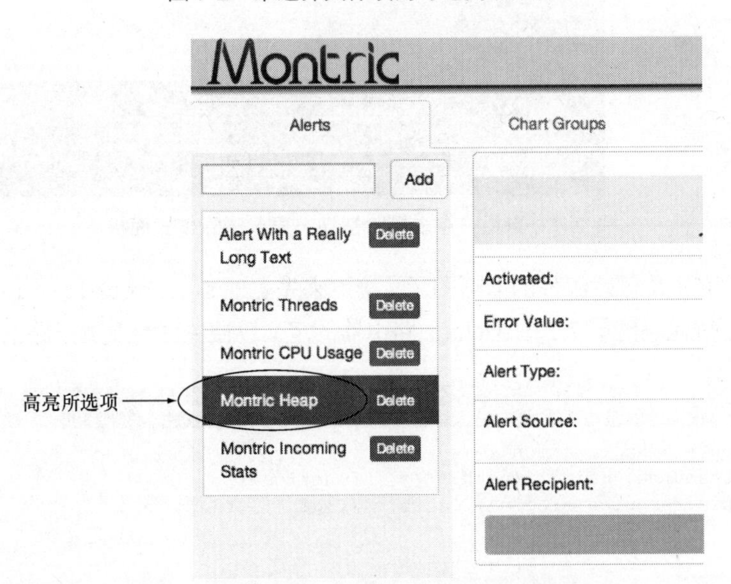

图 7-3 在可选列表中选择一行，并高亮所选项

组件还有一个功能。当用户点击删除按钮时，我们希望显示一个模式面板以提示用户确认删除操作。`delete-modal` 面板如图 7-4 所示。

如前面所述，尽量将组件创建为小而具体的部分。实际上，前面三张图中看到的功能总共包含了三个组件。

- 一个 `selectable-list` 组件——显示项目列表，用户通过它可以选择具体项，并用 Twitter Bootstrap 的列表组（List Group）CSS 标记渲染它；

- 一个 selectable-list-item 组件——显示列表中的每个独立具体项，并用 Twitter Bootstrap 的列表组 CSS 标记渲染它；
- 一个 delete-modal 组件——显示模式面板，提示用户确认删除所选项操作。

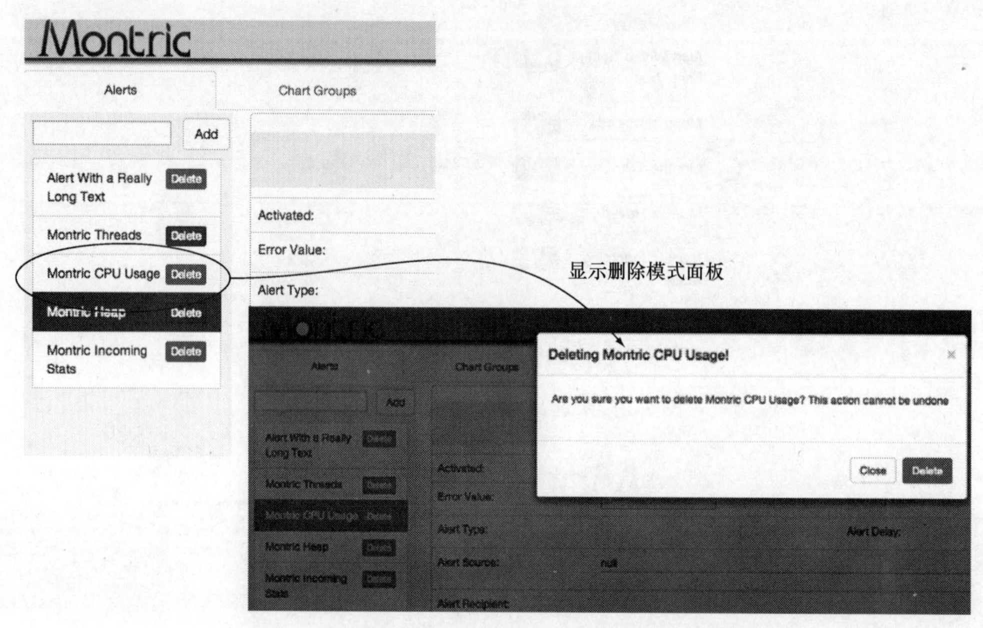

图 7-4　当用户点击删除按钮，显示删除模式面板

现在，我们有了待创建组件的清晰图示，接下来先实现 selectable-list 组件。但在继续之前，先来了解代码清单 7-1 中 Montric 路由器的定义以便关注涉及哪条路由是有帮助的。

代码清单 7-1　Montric 路由器定义

```
Montric.Router.map(function () {
    this.resource("main", {path: "/"}, function () {
        this.resource("login", {path: "/login"}, function () {
                });
                this.route('charts');
                this.resource("admin", {path: "/admin"}, function() {
                    this.resource('alerts', {path: "/alerts"}, function() {
                        this.route('alert', {path: "/:alert_id"});
                    });
                    this.route('chartGroups');
                    this.route('mainMenu');
                    this.route('accessTokens');
                    this.route('accounts');
                    this.route('alertRecipients');
                });
            });
        });
```

添加 selectablelist 的路由（指向 this.resource('alerts', ...)）

从 selectable-list 转换过去的路由（指向 this.route('alert', ...)）

我们要添加 `selectable-list` 组件到 `alerts` 路由，这意味着将其添加到 alerts.hbs 文件中。当用户从列表（提示信息列表）选择一个具体项，用户将转换到 `alerts.alert` 路由。URL 改变，允许用户定义书签并直接访问所选信息项。现在我们了解了组件将在应用程序中何处使用，接下来就开始实现它。

7.2.1 定义 selectable-list 组件

`selectable-list` 组件最初的实现如代码清单 7-2 所示。

代码清单 7-2 components/selectable-list 模板

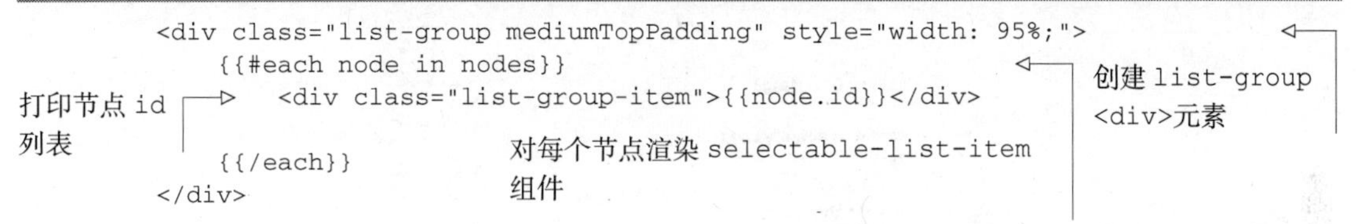

```
<div class="list-group mediumTopPadding" style="width: 95%;">
    {{#each node in nodes}}
        <div class="list-group-item">{{node.id}}</div>
    {{/each}}
</div>
```


代码清单 7-2 中首要关注的是模板的路径和名称。任何组件必须以 components/开始，此外，组件名称必须包含连字符（-）。

> **为什么需要这样奇怪的命名规则？**
>
> 连字符的使用有着合理的解释。为了防止与将来最终的 WebComponent 规范（TC39 批准）冲突，Ember.js 开发团队决定在 Ember.js 组件名称中包含连字符。

你可能已经注意到上述代码看起来很像一个标准的 Handlebars.js 模板，没错，你是对的。这是 Ember 组件的关键优势之一。但是，标准的 Handlebars.js 模板通过能够访问应用程序上下文（如控制器和路由）的 Ember.js 视图得以支持，组件可以认为是一种特殊视图，它无法在其存在之处访问上下文。Ember.js 不会注入当前控制器到组件中。这使得 Ember 组件的行为就像可重用功能的独立而完整部分。

当前，我们的组件只能迭代 `node` 属性中的每个元素及打印出每个节点的 `id` 属性。但还是先来解释一下如何在应用程序中使用这个崭新的组件。当应用程序初始化，Ember.js 在 `components/`指令中查找所有的组件，并为这些组件创建自定义 Handlebars.js 表达式。这样，组件就可以通过`{{selectable-list}}`表达式来访问，代码清单 7-3 展示了如何使用 alerts.hbs 文件中的组件。

代码清单 7-3 使用{{selectable-list}}组件

```
{{selectable-list nodes=controller.model}}
```

使用 alerts.hbs 文件中的组件

这种方式足够简单，通过{{selectable-list}} Handlebars.js 表达式使用 selectable-list 组件。但是由于组件不会访问当前上下文，你需要手动传入所需数据给表达式。在这个示例中，我们传入控制器的 model 属性给组件的 nodes 属性。创建一个组件的步骤就是这些了。

我们已经实现了整个组件的第一部分，现在我们可以列出每个节点了。图 7-5 演示了目前的进展情况。

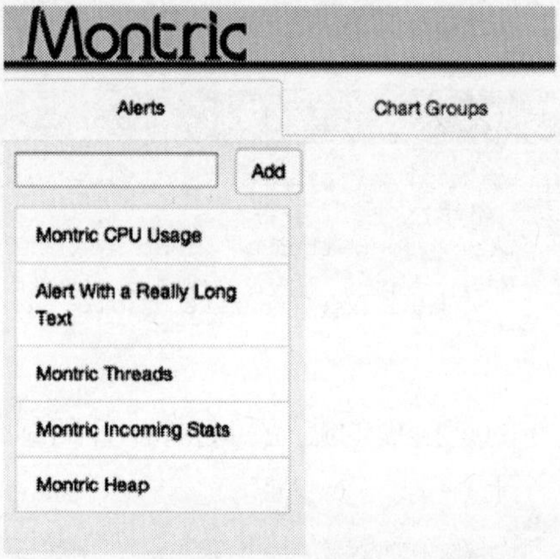

图 7-5　为注册用户列出每条有效提示信息

接下来我们要添加在列表中选择某个具体项的功能，并将从 alerts 路由转换到 alerts.alert 路由。

7.2.2　selectable-list-item 组件

为了分离可选列表与每个列表项之间的关注点，我们创建一个新组件，其唯一的职责就是渲染一个列表项。代码清单 7-4 展示了 selectable-list 组件模板的相应修改。

代码清单 7-4　选择一个节点，并转换到 alerts.alert 路由

```
<div class="list-group mediumTopPadding" style="width: 95%;">
  {{#each node in nodes}}
    {{#if linkTo}}
      {{#linkTo linkTo node tagName=div
        classNames="list-group-item"}}
          {{selectable-list-item node=node action="showDeleteModal"
          param=node textWidth=textWidth}}
      {{/linkTo}}
    {{/if}}
  {{/each}}
</div>
```

检查是否定义了 linkTo 属性

链接到 linkTo 指定的路由，并创建链接为一个<div>元素

通过 selectable-list-item 打印每个节点

selectable-list 组件模板中有了些新概念，首先，如果组件具有 linkTo 属性，则链接到该属性指定的路由上。我们使用了标准的{{#linkTo}} Handlebars.js 表达式来实现该功能。此外，还通过{{#linkTo}}表达式的 tagName 属性来指定我们希望链接渲染为一个<div>元素，并通过 classNames 属性来指定 Twitter Bootstrap 的 list-group-item CSS 属性。

最重要的一点就是我们将各个节点的渲染工作移到了第二个名为 selectable-list-item 的组件中。这么做的原因将很快揭晓，但先让我们继续并来看一下该组件模板的实现。代码清单 7-5 展示了 selectable-list-item 模板代码。

代码清单 7-5 components/selectable-list-item 组件

```
<div {{bind-attr width=textWidth}} {{bind-attr maxWidht=textWidth}}>
    {{node.id}}
</div>
```

打印 id

添加带有 width 和 maxWidth 属性的<div>元素

这里打印出一个带有 width 和 maxWidth 属性集的<div>元素，并打印出 node 元素的 id 属性。

为了让组件按计划工作，需要告知 selectable-list 组件包含在组件内部的文本的宽度，以及链接目标路由，如代码清单 7-6 所示。

代码清单 7-6 添加 linkTo 及 textWidth 属性到 selectable-list 组件

```
{{selectable-list nodes=controller.model textWidth=75
  linkTo="alerts.alert"}}
```

添加 linkTo 和 textWidth 属性

添加了这两个新的属性之后，我们就可以在列表中点击某个具体项来选择它。当选择了某个具体项，用户就被转换到 alerts.alert 路由，应用程序也将在可选列表的右边显示所选具体项提示信息。

图 7-6 显示了当前进展结果。

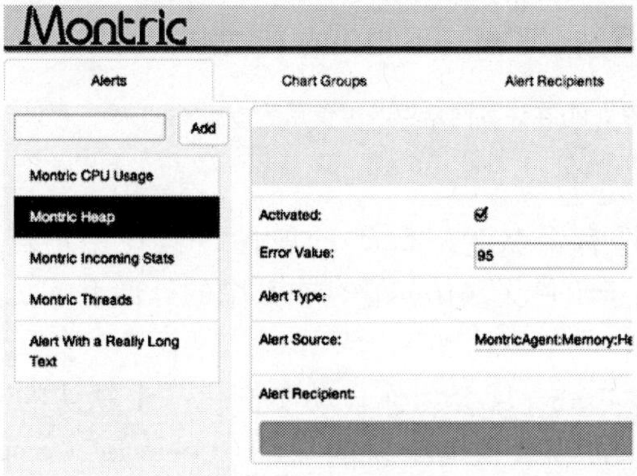

图 7-6 选择某个具体项，转换到 alerts.alert 路由

我们尚未为创建的组件添加任何动作。接下来将添加一个删除按钮到selectable-list- item组件，这样就可以删除具体项了。要实现该功能，需要创建一个新的delete-modal组件。

7.2.3 delete-modal 组件

delete-modal组件负责显示一个Twitter Bootstrap模式面板。该面板提示用户确认是否删除节点。如你所想，模式面板上有两个按钮：关闭按钮取消删除操作，确认按钮确认删除操作。

delete-modal组件模板的代码如代码清单7-7所示。

代码清单 7-7 delete-modal 组件模板

```
<div class="modal-dialog">
    <div class="modal-content">
        <div class="modal-header">
            <button type="button" class="close" data-dismiss="modal"
                aria-hidden="true">&times;</button>
            <h4 class="modal-title">Deleting {{item.id}}!</h4>
        </div>
        <div class="modal-body">
            <p>Are you sure you want to delete {{item.id}}?
                This action cannot be undone</p>
        </div>
        <div class="modal-footer">
            <button type="button" class="btn btn-default"
                data-dismiss="modal">Close</button>
            <button type="button" class="btn btn-danger"
                {{action "deleteItem"}}>Delete</button>
        </div>
    </div><!-- /.modal-content -->
</div><!-- /.modal-dialog -->
```

在模式面板的顶栏显示待删除具体项的id

在模式面板的内容窗体部分显示待删除具体项的id

添加关闭按钮，实现取消删除操作

添加确认按钮，实现确认删除操作

这里的大部分代码都是标准的Twitter Bootstrap代码。如果你不熟悉这些代码结构，可以到Twitter Bootstrap项目站点了解一下相关的HTML标记。

注意 Twitter Bootstrap是一个在许多网站中普遍使用的流行GUI库。可以到该项目站点http://getbootstrap.com进一步了解并下载它。

delete-modal 组件有个名为 item 的属性，其在用户点击删除按钮之时会触发deleteItem动作。但由于组件无法访问它存在其中的外部上下文，你可能会想要在哪儿捕捉该动作以执行删除操作？

对于每个组件模板，Ember.js会为你自动实例化一个默认的Component对象。要捕捉 deleteItem 动作，你需要覆写默认的 DeleteModalComponent 类。Montric.DeleteModalComponent的代码如代码清单7-8所示。

代码清单 7-8 Montric.DeleteModalComponent 类代码

```
Montric.DeleteModalComponent = Ember.Component.extend({
    classNames: ["modal", "fade"],

    actions: {
        deleteItem: function() {
            var item = this.get('item');
            if (item) {
                item.deleteRecord();
                item.save();
                $("#" + this.get('elementId')).modal('hide');
            }
        }
    }
});
```

- 创建新的 DeleteModalComponent，其扩展自 Ember.Component
- 添加 Twitter Bootstrap 模式面板和淡入淡出效果的 CSS 类名
- 实现动作定义以捕获 deleteItem 动作
- 当用户点击删除按钮时调用
- 通过 Ember Data 删除记录
- 如果定义了 item，则删除它
- 关闭模式面板

你熟悉的 Ember.js 命名规则也就是 Component 类要遵循的命名规则。类名与组件模板名称一样，但每个连字符被移除了，之后名称遵循驼峰法命名惯例，名称的最后添加“Component”字符串。还有一件很重要的事情是请注意任何组件都扩展自 Ember.Component 类，其确保组件不会从应用程序侵入（传递）到外部作用域。

创建组件类之后，就可以如在控制器或路由中的处理方式，通过动作定义（定义散列方式）捕捉组件动作。在这里，我们实现了一个名为 deleteItem 的函数，只要点击了删除按钮，其就会触发并执行 deleteItem 动作。在 deleteItem 函数内部，确保组件有一个 item 属性且其包含一个非空值，之后才能删除它。具体项删除之后，关闭模式面板。

在封装已完成的三个组件的功能前，还需要完成以下任务：

- ❑ 添加删除按钮到 selectable-list-item 组件模板；
- ❑ 告知 delete-modal 组件删除哪个具体项。

7.2.4 通过已完成的三个组件删除具体项

要能够从 Montric 删除一个提示信息项，还需要添加一个删除按钮到 selectable-list-item 组件模板。模板修改代码如代码清单 7-9 所示。

代码清单 7-9 添加删除按钮到 selectable-list-item 组件模板

```
<button class="…" {{action "showDeleteModal"}}>Delete</button>
<div {{bind-attr width=textWidth}} {{bind-attr maxWidht=textWidth}}>
    {{node.id}}
</div>
```

- 添加删除按钮

我们添加了一个动作到 selectable-list-item 组件模板。现在需要创建 Montric.SelectableListItemComponent，如代码清单 7-10 所示。

代码清单 7-10 Montric.SelectableListItemComponent

```
Montric.SelectableListItemComponent = Ember.Component.extend({
    actions: {
        showDeleteModal: function() {
            $('#deleteAlertModal').modal('show');
            this.sendAction('action', this.get(node));
        }
    }
});
```

实现动作定义以捕捉组件释放的任何动作

创建新的 SelectableListItemComponent，其扩展自 Ember.Component

实现 showDeleteModal 动作

显示模式面板

使用上下文发送动作

该组件代码与 delete-modal 组件代码类似，但添加了一个很重要的概念。请注意我们获取 node 属性并传递它到 this.sendAction()函数。sendAction()函数提供将动作发送出组件到外部作用域的功能。我们使用该函数以便 selectable-list-item 组件可以发送动作到外部作用域。由于 selectable-list-item 组件定义在 selectable-list 组件中，因此 selectable-list 组件作用域就是动作发送的目的地。但能够在 selectable-list 组件中捕获 showDeleteModal 动作之前，还需要稍稍修改一下 selectable-list 模板的实现代码。selectable-list 模板的修改如代码清单 7-11 所示。

代码清单 7-11 selectable-list 组件模板的修改

```
<div class="list-group mediumTopPadding" style="width: 95%;">
    {{#each node in nodes}}
        {{#if linkTo}}
            {{#linkTo linkTo node tagName=div
              classNames="list-group-item"}}
                {{selectable-list-item node=node action="showDeleteModal"
                  textWidth=textWidth}}
            {{/linkTo}}
        {{/if}}

    {{/each}}
</div>

{{delete-modal id="deleteAlertModal" item=nodeForDelete}}
```

添加动作到 selectable-list-item 表达式

添加 delete-modal 表达式到 selectable-list 组件

我们添加了两块新代码到 selectable-list 组件模板中：在 selectable-list-item 表达式中添加一个 action 属性，另外还添加了一个渲染 delete-modal 面板的 delete-modal 表达式。

在 action 属性中，参照了 selectable-list-item 组件触发的动作，也就是该组件中 sendAction('action')函数调用时发送的动作。

请注意在这里给 delete-modal 设置了 id 以及 item 属性。另外，我们尚未看到 nodeForDelete 属性，而在为 selectable-list 组件实现 showDeleteModal 动作时，我们将知道 nodeForDelete 属性是从哪里来的。代码清单 7-12 展示了新的 Montric.SelectableListComponent 代码。

代码清单 7-12 Montric.SelectableListComponent 代码

```
Montric.SelectableListComponent = Ember.Component.extend({    ← 扩展自 Ember.Component，创建 SelectableListComponent
    nodeForDelete: null,

    actions: {    ← 实现动作定义以捕捉组件触发的任何动作
        showDeleteModal: function(node) {    ← 用户选择后传入的具体项节点
            if (node) {
                this.set('nodeForDelete', node);    ← 分配节点给组件的 nodeForDelete 属性
            }
        }
    }
});
```

我们现在看到了 nodeForDelete 属性的由来。无论何时用户点击了某个节点上的删除按钮，selectable-list-item 组件的 showDeleteModal 动作都会被触发。这样会依次触发 selectable-list 组件的 showDeleteModal 动作，在 selectable-list 组件的 nodeForDelete 属性里设置用户希望删除的节点。由于 nodeForDelete 属性被传入并绑定到 delete-modal 组件的 item 属性，因此在点击删除按钮情况下，模式面板就可以显示给用户待删除项。delete-modal 组件的 deleteItem 动作删除具体项并关闭模式面板。

是时候来回顾一下前面我们所做的事情了。图 7-7 演示了上述三个组件中每个组件的调用关系及动作。

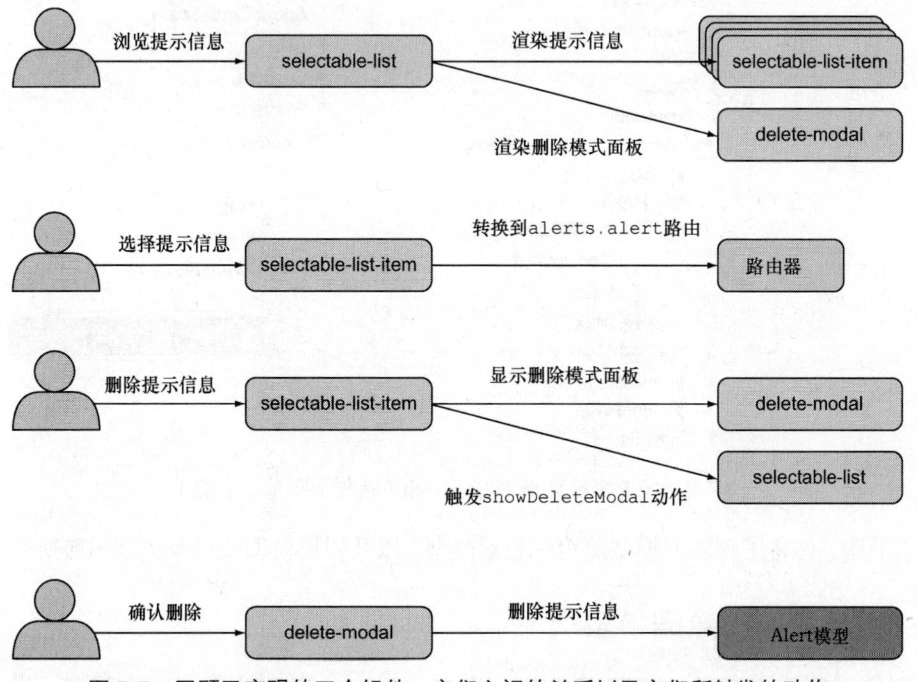

图 7-7 回顾已实现的三个组件、它们之间的关系以及它们所触发的动作

现在你了解了如何创建这三个组件以及如何将它们结合起来创建更复杂的功能，接下来我们看看如何实现具有层级关系的组件。

7.3 实现树形菜单

实现一个层级组件会比实现前面的可选列表组件稍微复杂些。在层级组件完成时，它将具备以下功能。

- 可以展开和折叠具有子节点的节点，这样就能够在层级结构中导航。
- 缩进每层以展示层级结构。
- 每个节点上都有一个提示三角形以展示节点是展开还是折叠。
- 支持菜单的单选或多选功能。
- 支持给叶子节点添加图标。

图 7-8 展示了树形结构的概貌。

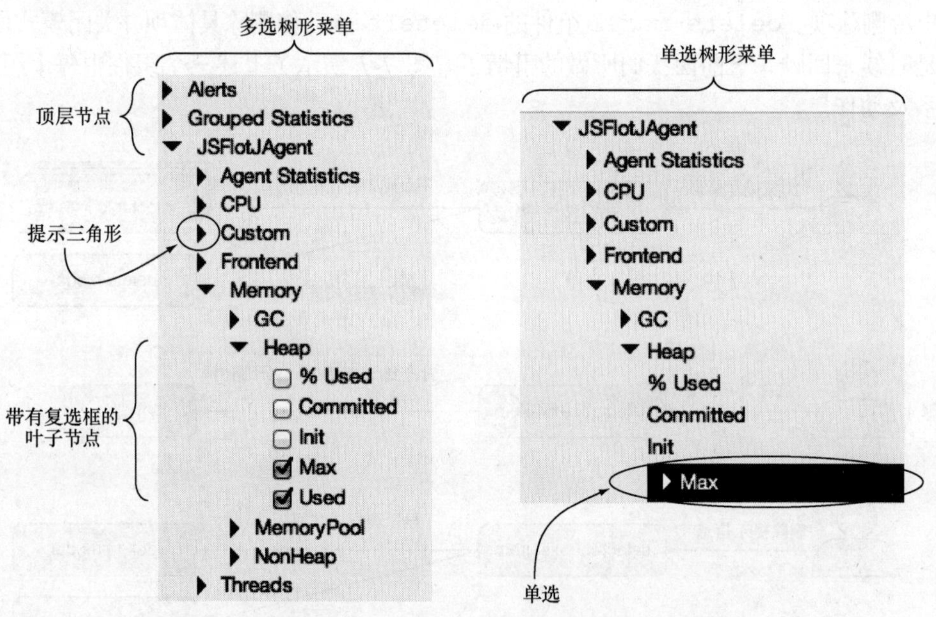

图 7-8　多选树形菜单（左边）和单选树形菜单（右边）

在本节中，你将了解树形模型使用的数据模型，以及树形模型渲染及正常运转所需的组件。

7.3.1　树形菜单的数据模型

在开始编写树形菜单构建代码之前，先来看看组件用到的底层数据模型，如代码清单 7-13 所示。

代码清单 7-13 树形菜单的数据模型

```
Montric.MainMenuModel = DS.Model.extend({          <-- 基于 Ember Data 的模型对象
    name: DS.attr('string'),
    nodeType: DS.attr('string'),
    parent: DS.belongsTo('mainMenu'),              <-- 一个父节点，一对一绑定
    children: DS.hasMany('mainMenu'),              <-- 0 或多个子节点，一对多绑定
    chart: DS.belongsTo('chart'),

    isSelected: false,                             树形菜单内部使用
    isExpanded: false,

    hasChildren: function() {                      <-- 给模板使用的辅助器属性
        return this.get('children').get('length') > 0;
    }.property('children'),

    isLeaf: function() {                           <--
        return this.get('children').get('length') == 0;
    }.property('children')
});
```

这里使用了一个 Ember Data 模型对象作为发送给 tree-menu 组件的数据模型。在这个模型中有几个重要内容。首先，服务器端通过 parent 和 children 属性在节点间设置链接。在数据从服务器端加载到客户端之后，Ember Data 确保该模型对象按预期被连接。此外，我们还定义了两个辅助器属性：hasChildren 与 isLeaf，将在组件内部使用它们以保持模板的简短风格。该组件将由两个子组件构成，一个是 tree-menu 组件，另一个是 tree-menu-item 组件。先来实现多选功能，稍后扩展多选功能以实现单选功能。

7.3.2 定义 tree-menu 组件

tree-menu 组件包括一个模板 components/tree-menu.hbs。该组件唯一的功能就是渲染每个顶层节点。tree-menu 组件模板代码如代码清单 7-14 所示。

代码清单 7-14 components/tree-menu.hbs 组件模板

```
{{#each node in rootNodes}}                        <-- 迭代每个根节点
    {{tree-menu-node node=node}}  <-- 渲染每个节点组件
{{/each}}
```

tree-menu 组件模板的实现很简单，不需要太多说明。我们并不需要为该组件实现组件类，因为到目前为止尚无动作被触发；Ember.js 提供的默认实现足够了。

完成该项工作后，我们接着来实现 tree-menu-item 组件。

7.3.3 定义 tree-menu-item 和 tree-menu-node 组件

tree-menu-item 组件会更复杂，因为它需要支持相应的提示三角形，并设置所呈现

节点的 isExpanded 与 isSelected 属性。tree-menu-item 组件模板的代码如代码清单 7-15 所示。

代码清单 7-15 components/tree-menu-item.hbs 组件模板

```
{{#if node.hasChildren}}
    {{#if node.isExpanded}}
        <span class="downarrow" {{action "toggleExpanded"}}></span>
    {{else}}
        <span class="rightarrow" {{action "toggleExpanded"}}></span>
    {{/if}}

    <span {{action "toggleExpanded"}}>{{node.name}}</span>
{{else}}
    {{view Ember.Checkbox checkedBinding="node.isSelected"}}

    <span {{action "toggleSelected"}}>{{node.name}}</span>
{{/if}}

{{#if node.isExpanded}}
    {{#each child in node.children}}
        <div style="margin-left: 22px;">
            {{tree-menu-node node=child}}
        </div>
    {{/each}}
{{/if}}
```

渲染右指三角（折叠）

渲染下指三角（展开）

触发 toggleExpanded

渲染所选节点复选框，绑定 checked 属性到 isSelected 属性，并触发动作 toggleSelected

渲染每个孩子节点为新的 tree-menu-item 组件，并添加了左边距

组件模板有不少内容，触发了两个动作：toggleExpanded 和 toggleSelected，因此我们得复写默认的 Montric.TreeMenuNodeComponent 来捕捉这些动作（参见代码清单 7-16）。

代码清单 7-16 Montric.TreeMenuNodeComponent 类

```
Montric.TreeMenuNodeComponent = Ember.Component.extend({
    classNames: ['pointer'],

    actions: {
        toggleExpanded: function() {
            this.toggleProperty('node.isExpanded');
        },

        toggleSelected: function() {
            this.toggleProperty('node.isSelected');
        }
    }
});
```

创建 SelectableListComponent，其扩展自 Ember.Component

实现动作定义以捕获组件触发的任何动作

实现 toggleExpanded 动作

实现 toggleSelected 动作

接下来，检查节点是否有孩子节点。如果有，那么就呈现一个提示三角形及该节点名称。提示三角形及节点名称都是可点击的，并会触发 toggleExpanded 动作。如果节点没有孩子节点，则该节点是叶子节点并可以被用户选择。这时候，我们呈现复选框及该节点名称。复

选框及该节点名称也都是可点击的，并会触发 toggleSelected 动作。

如果 isExpanded 属性为 true，节点就会被展开，这时候需要采取与前面相似的实现方式渲染该节点的孩子节点。迭代 children 属性中的每个节点并将它们渲染为新的 tree-menu-item 组件。这就是组件层级实现的机理。

来看看组件类的定义。代码清单 7-16 所示是 Montric.TreeMenuNodeComponent 类。

TreeMenuNodeComponent 的实现看起来很眼熟。与之前的实现类似，我们实现了一个动作定义的散列，其包含了待捕捉的每个动作的函数实现。toggleExpanded 函数的职责如其名称所示，并会在 true 和 false 之间切换节点的 isExpanded 属性。类似地，toggleSelected 会在 true 和 false 之间切换节点的 isSelected 属性。现在，我们实现了组件的多选功能，接下来构建单选功能。

7.3.4 单选功能支持

我们已经实现了多选树形组件所需的功能。图 7-9 演示了到目前为止的进展情况及组件结构。

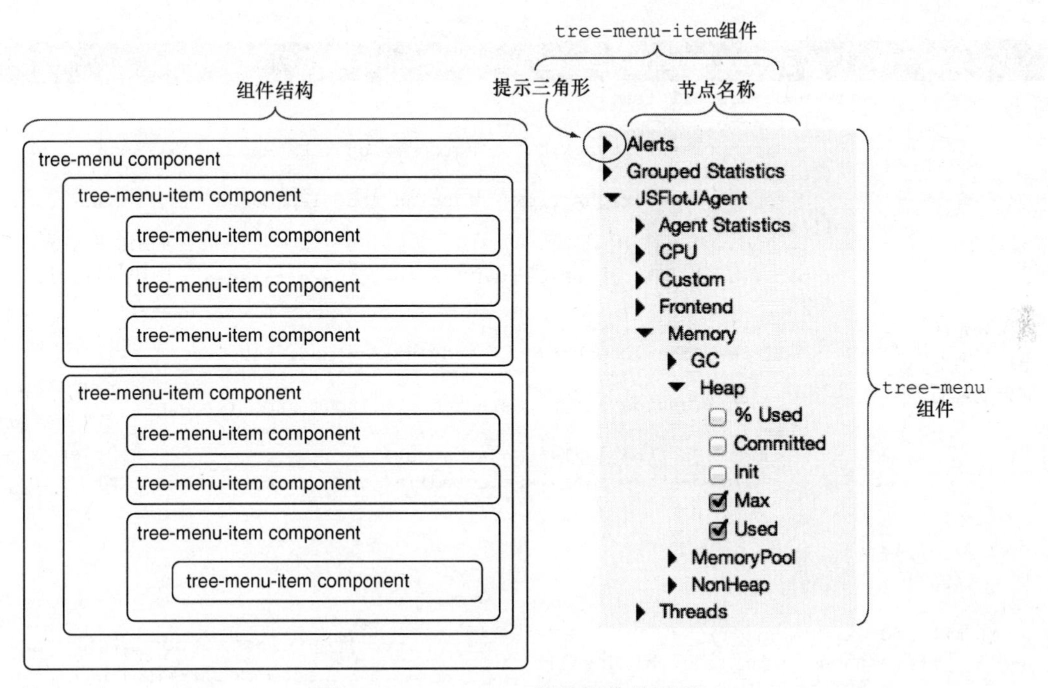

图 7-9 tree-menu 组件间的关系图

为了支持单选功能，首先需要添加一个标记告知组件何处允许多选或单选。同时还需要确保该属性（allowMultipleSelections）向下传递到 tree-menu-node 组件。尽管可以依赖前面多选功能底层模型里的 isSelected 属性的简单切换来达到此目的，但在这里的单选功能实现里，我们希望组件分配所选项给 tree-menu 组件中的 selectedNode 属性。如同 allowMultipleSelection 属性一样，selectedNode 属性也需要下发给每个 tree-menu-node 组件。修改后的 tree-menu 组件模板代码如代码清单 7-17 所示。

代码清单 7-17 修改后的 components/tree-menu.hbs 组件模板

```
{{#each node in rootNodes}}
    {{tree-menu-node node=node
      allowMultipleSelections=allowMultipleSelections action="selectNode"
      selectedNode=selectedNode}}
{{/each}}
```

传入两个新属性以及一个动作给 tree-menu-node 组件

我们传入 allowMultipleSelections 及 selectedNode 属性给 tree-menu-item 组件。此外，通知 tree-menu-item 组件我们希望 selectNode 动作可以通过 tree-menu 组件触发。

接下来，需要修改 tree-menu-node 组件模板以使用这些新属性。修改后的组件模板代码如代码清单 7-18 所示。

代码清单 7-18 修改后的 components/tree-menu-node.hbs 组件模板

```
{{#if node.hasChildren}}
    {{#if node.isExpanded}}
        <span class="downarrow" {{action "toggleExpanded"}}></span>
    {{else}}
        <span class="rightarrow" {{action "toggleExpanded"}}></span>
    {{/if}}

    <span {{action "toggleExpanded"}}>{{node.name}}</span>
{{else}}
    {{#if allowMultipleSelections}}
        {{view Ember.Checkbox checkedBinding="node.isSelected"}}

        <span {{action "toggleSelected"}}>{{node.name}}</span>
    {{else}}
        <span {{action "selectNode" node}}
          {{bind-attr class=isSelected}}>{{node.name}}</span>


    {{/if}}
{{/if}}

{{#if node.isExpanded}}
    {{#each child in node.children}}
        <div style="margin-left: 22px;">
            {{tree-menu-node node=child
              action="selectNode" selectedNode=selectedNode}}
        </div>
    {{/each}}
{{/if}}
```

如果允许多选，则如前面实现的方式

如果只允许单选，则不渲染复选框

当用户点击叶子节点，触发 selectNode 动作

传递 selectedNode 属性和 selectNode 动作到孩子节点

只要 allowMultipleSelections 为 true，我们就添加一个复选框，以确保如先前

那样渲染模板。如果 allow MultipleSelections 为 false，则在用户点击一个叶子节点时触发 selectNode 动作。此外，如果当前叶子节点已是选中的节点，就通过追加 is-selected CSS 类来标识该节点为蓝色。

最后，需要传递 selectNode 动作和 selectedNode 属性给所有显示在模板中的孩子节点。

然而请注意，你现在需要在 Montric.TreeMenuNodeComponent 类中定义一个名为 isSelected 的函数，并在 tree-menu 组件中捕获 selectNode 动作。要达到此目的，我们将复写默认的 Montric.TreeMenuComponent 并扩展 Montric.TreeMenuNode Component。修改后的 Montric.TreeMenuNodeComponent 代码如代码清单 7-19 所示。

代码清单 7-19　修改后的 Montric.TreeMenuNodeComponent 代码

```
Montric.TreeMenuNodeComponent = Ember.Component.extend({
    classNames: ['pointer'],

    actions: {
        toggleExpanded: function() {
            this.toggleProperty('node.isExpanded');
        },

        toggleSelected: function() {
            this.toggleProperty('node.isSelected');
        },

        selectNode: function(node) {                        // 发送动作到外层作用域
            this.sendAction('action', node);
        }
    },

    isSelected: function() {                                // 返回布尔值指明节点是否为所选节点
        return this.get('selectedNode') === this.get('node.id');
    }.property('selectedNode', 'node.id')
});
```

到目前为止，一切很好。但我们还有些新的代码尚未添加，因此，我们继续实现 Montric.TreeMenuComponent 的定义，如代码清单 7-20 所示。

代码清单 7-20　新的 Montric.TreeMenuComponent 代码

```
Montric.TreeMenuComponent = Ember.Component.extend({          // 创建 TreeMenuComponent，其扩展自 Ember.Component
    classNames: ['selectableList'],

    actions: {                                                // 实现散列方式的动作定义，以捕捉该组件触发的任何动
        selectNode: function(node) {                          // 将用户所选节点作为输入参数
            this.set('selectedNode', node.get('id'));         // 将 selected-Node 属性设为用户所选节点的 id
        }
    }
});
```

在这里，我们捕捉 selectNode 动作，其接受用户点击选择的节点作为输入参数。之后分配该节点的 id 给 selectedNode 属性。selectedNode 属性绑定到你创建 tree-menu 组件时在 tree-menu 组件中所给的同名值。这样你就可以立即更新用户界面以通知用户选中了哪个节点。

剩下唯一一件工作就是添加修改过的 tree-menu 组件到 alert.hbs 模板。代码清单 7-21 展示了如何修改 Handlebars.js 表达式以指定单选节点并映射选中节点到当前所选 Alert 模型上的 alertSource 属性。

代码清单 7-21　修改 tree-model Handlebars.js 表达式

```
{{tree-menu rootNodes=controllers.admin.rootNodes
  allowMultipleSelections=false selectedNode=alertSource}}
```

指定单选节点，同时映射选中节点到当前所选 Alert 模型上的 alertSource 属性

图 7-10 所示为 single-selection 树形菜单的使用。

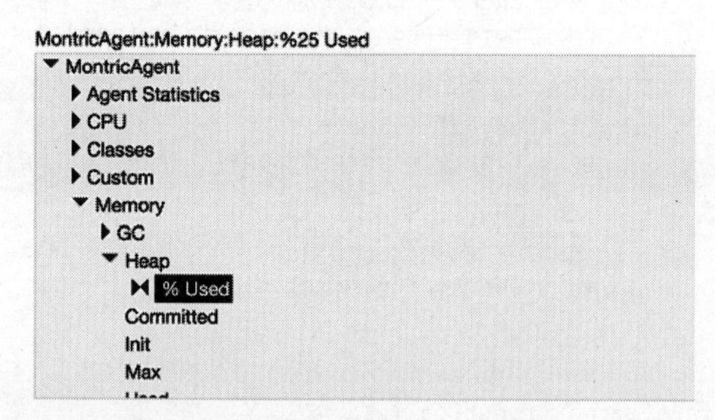

图 7-10　修改过的单选树形菜单

现在我们实现了单个 tree-menu 组件，其指明用户能够选择单个节点还是多个节点。如果用户可以选择多个具体项，那么当用户选择了某个具体项时，该项的 isSelected 属性就会设置为 true。如果用户只能选择一项，那么所选项将被分配给用户传进 tree-menu 组件的 selectedNode 属性。

7.4　小结

编写能够在多个场合容易使用的自定义及专业组件的能力是所有前端框架的重要特性。实际上，Ember.js 使得这种能力能够很容易地包含几乎所有的第三方部件库，并让这些第三方库结合这种能力来使用标准的 Handlebars.js 模板功能，这使得 Ember.js 对于编写封装了所需逻辑和模板的独立组件而言，无论简单还是复杂，其都是个非常合适的框架。

本章展示了如何创建独立的、由视图和模板构成的自定义组件，以及如何结合使用第三方前端 Twitter Bootstrap 库。我们创建了列表及树形组件，并了解了结合 Bootstrap CSS 类和 Bootstrap jQuery 插件实现一个简单的自定义组件是多么容易。

另外，我们还了解了如何只通过寥寥数行代码来自定义一个组件，以将用户从一个路由转换到应用程序中的另一个路由。我希望你看到 Ember.js 在自定义组件方面是多么强大和方便，Ember.js 自定义组件并非是作为整个上下文的一部分放置在其所在位置上的，确切地说是作为功能的一部分，这样就可以在应用程序内部以及多个应用程序的多个地方重用。

下一章中，我们将看到如何测试应用程序以确保构建预期的功能，同时也确保未来的修改不会打破已有功能。

第 8 章　测试 Ember.js 应用程序

本章涵盖的内容

- JavaScript 应用程序测试策略
- 使用 QUnit 和 PhantomJS 进行单元及集成测试
- 结合相关工具进行完整测试
- 探讨集成测试
- 使用 Ember Instrumentation 进行快速性能测量

虽然 JavaScript 在过去五年里显著成熟起来，但你常会发现项目实施中仍存在一些不成熟的地方。测试就是其中之一，有一大堆所需判定留待开发者应对。本章将介绍如何成功测试 Ember.js 应用程序，并实际实现一个合适的测试套件。

如同其他语言编写的程序，有多种应用程序测试方式，如下：

- 单元测试；
- 集成测试；
- 性能测试；
- 回归测试；
- 黑盒测试；
- 持续集成（CI）。

在应用程序测试过程中并不一定需要实现以上所有的测试，但有可能需要实现其中几个，而单元测试和集成测试是 JavaScript 应用程序测试套件（test harnesses）中最常用的类型。

相对于你以往熟悉的语言和工具，你可能已经发现 JavaScript 测试套件明显在 JavaScript 应用程序开发过程中得到更多针对性的使用。用于 JavaScript 测试的工具都相当“年轻”。此外，JavaScript 已快速从一门脚本语言演变成功能全面的应用程序框架，其构建标准工具来执行测试的过程也变得更加困难。

即便如此，泥泞之路的尽头必将是坦途，我们终将看到 JavaScript 应用程序测试工具的长足进步。

本章将讲述一个完整的测试策略。在本章，你将接触取自 Montric 项目的例子。具体地，你将使用 QUnit 和 PhantomJS，并了解集成这些工具来同时执行单元测试和集成测试的一种可能方式。你还将掌握如何通过 PhantomJS 在 Headless 模式[①]中执行测试，这意味着测试及代码都可以在一个脱离浏览器的环境中运行。最后，你将看到如何使用 Ember Instrumentation 来快速进行 Ember.js 应用程序的性能调优。

图 8-1 展示了本章涉及的 Ember.js 知识点。

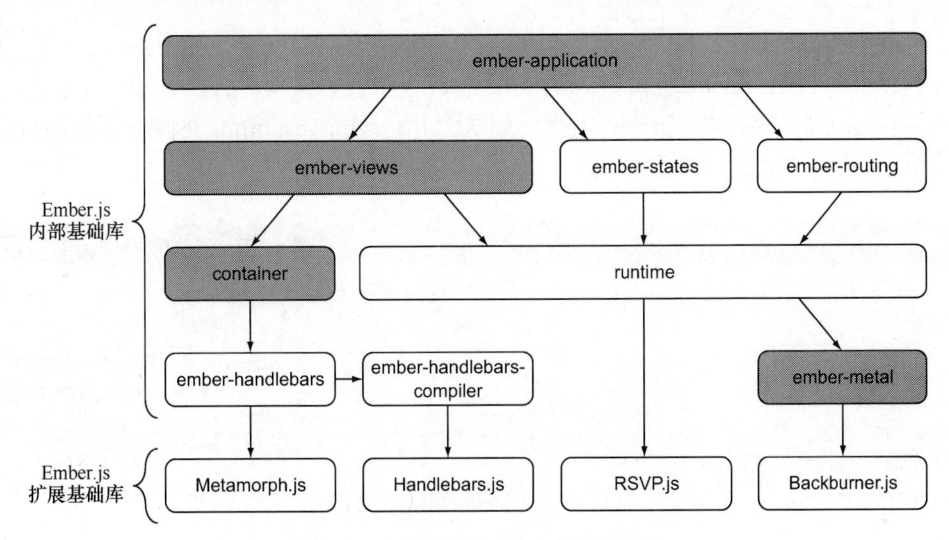

图 8-1 本章涉及的 Ember.js 知识点

8.1 使用 QUnit 和 PhantomJS 进行单元测试

随着应用程序规模的不断扩大以及项目开发者人数的不断增加，一个合理、完整而可复用的单元测试工具集对于开发工作的顺利进行就显得至关重要。本节将介绍如何结合 QUnit 和 PhantomJS 来编写、执行项目单元测试。在编写 Montric 应用的实际测试代码之前，我们需要对这些工具及其用法做个清晰的了解。

注意 QUnit 下载地址：http://qunitjs.com，PhantomJS 下载地址：http://phantomjs.org。PhantomJS 必须在使用之前安装好。

开发中首先遇到的是单元测试，因此，我们先来了解一下 QUnit。

① Headless 模式：该模式下，系统缺少显示设备、键盘、鼠标或浏览器，在这里，确切地说是脱离 GUI 界面的浏览器来测试 Web 应用程序。

8.1.1 QUnit 介绍

QUnit 是一个能够帮助你编写应用程序单元测试的框架。QUnit 为 jQuery、jQuery UI 以及 jQuery Mobile 及其他库或框架所用。实际上，Ember.js 框架的单元测试功能几乎都以 QUnit 来编写。

注意 由于通过浏览器进行测试使得持续集成（CI）环境中的测试工作变得特别困难，我们将使用 PhantomJS 在 headless 模式下进行测试。PhantomJS 允许我们脱离浏览器进行测试，因此，构建 PhantomJS 测试使得在 CI 环境下的测试工作变得容易。

要验证 QUnit 是否设置妥当并能够正确工作，我们可以创建一个简单的单元测试。请先从 QUnit 网站 http://qunitjs.com 下载 QUnit 的 JavaScript 文件及 CSS 文件。创建一个新的 HTML 文件 firstTest.html，其加载 QUnit 以执行测试，并将 firstTest.html 文件放在新的目录中。firstTest.html 的内容如代码清单 8-1 所示。

代码清单 8-1 第一个 QUnit 测试程序

```
<!DOCTYPE html PUBLIC "-//W3C//DTD HTML 4.01//EN"
   "http://www.w3.org/TR/html4/strict.dtd">

<html lang="en">
<head>
    <title>First Test</title>
    <link rel="stylesheet" href="qunit-1.11.0.css" type="text/css"
     charset="utf-8">
    <script src="qunit-1.11.0.js" type="text/javascript" charset="utf-8"></
     script>

</head>
<body bgcolor="#ffffff">
    <div id="qunit" style="z-index: 100;"></div>
  <script type="text/javascript" charset="utf-8" src="firstTest.js"></
   script>
</body>
</html>
```

在<head>元素中包含 QUnit CSS 文件

在<head>元素中包含 Qunit JavaScript 文件

在<body>元素中创建 id 为 qunit 的<div>元素

指定要运行的测试

上述代码中，QUnit 通过一个 HTML 页面来设置测试。在这个页面中，需要包含 QUnit CSS 和 JavaScript 文件，还需要一个 QUnit 用来显示测试结果的`<div>`元素。所有需要通过该 HTML 文件运行的测试，都得在`<body>`元素中指定。

注意 该 HTML 页面在同一位置查找 QUnit CSS 和 JavaScript 文件，如果你的存放位置不同，请相应调整 HTML 代码。

接下来，需要实现 firstTest.js 文件代码。我们将创建一个测试，用来验证整数值 1 是否等于字符串值`"1"`。firstTest.js 文件代码如代码清单 8-2 所示。

代码清单 8-2　创建一个简单的单元测试

```
test("Test that QUnit is working as expected", function() {    ← 提供名称和回调函数
    ok( 1 == "1", "QUnit Test Passed!" );  ← 添加测试断言
});
```

如你所见，每个测试都在 QUnit 的 `test()` 函数中指定。`test()` 函数的第一个参数是测试名称，第二个参数是包含测试断言的回调函数。QUnit 在反馈测试执行结果时会用到测试名称。

任何测试所需的断言都在回调函数中创建，并作为第二个参数传进 `test()` 函数。在这里，我们测试整数值 1 是否等于字符串值 `"1"`，在 JavaScript 的世界里，你会得到一个奇怪的结果(你懂的)。

要执行测试，将 firstTest.html 文件拖曳到浏览器中，结果如图 8-2 所示。

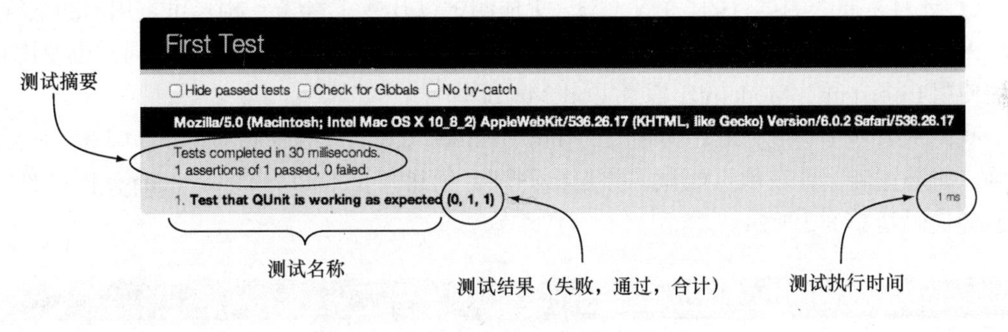

图 8-2　执行 firstTest.html 文件代码

如你所见，测试结果包含了以下要素：

- 显示测试页面名称的头部。与前面的 HTML 文档中的<title>标签一致；
- 让你可以选择是否隐藏通过的测试结果（只显示失败的测试）、是否进行全局检查或者是否禁用 QUnit 的 try-catch 特性；
- 当前浏览器的 user-agent 字符串；
- 执行所有测试的时间；
- 断言的总计、通过和失败数量；
- 每个执行的测试的名称。

QUnit 提供了一个快速设置和运行单元测试的便利方式，但其尚缺失一些关键特性：

- 依赖浏览器执行测试有点麻烦，尤其是在设置并操作 CI 环境时；
- 没有一种内置的方式以支持命令行测试；
- 通过修改浏览器 DOM 来提供反馈信息，修改后的 DOM 元素很难被自动提取出来。

QUnit 的方式无法很好适应 CI 环境在提交操作发送到源代码管理系统时的要求。要解决这个问题，我们得考虑另一个工具——PhantomJS。

8.1.2 使用 PhantomJS 在命令行执行测试

PhantomJS 是一个 headless 模式 WebKit 环境，通过一个 JavaScript API 实现高度可脚本化。PhantomJS 能够在命令行中很好地使用，也就意味着它同样能够在 CI 服务器上很好地工作。PhantomJS 作为一个 headless 模式 WebKit 环境，在测试过程中也带来了很多有趣的方式。通过使用 PhantomJS，我们可以实现如下功能：

- 通过命令行执行测试并获得测试结果反馈。
- 依靠真实的 WebKit 环境执行测试。
- 在测试案例执行之前、过程中或之后捕获 Web 应用程序的页面截图。
- 通过第三方工具将多个测试脚本和场景链式链接在一起。
- 针对不同的测试目的（单元测试、集成测试以及性能测试），构建可重用的测试管道。

PhantomJS 在许许多多应用程序的测试策略中广泛应用。Ember.js 项目同样也使用它，如同使用 Bootstrap、Modernizr 以及 CodeMirror 那样。

我们先来创建一个测试，其导航到 http://emberjs.com 并验证页面的`<title>`内容是否正确。如果正确，就获取页面截图并退出测试。创建一个 testEmberHomepage.js 文件，其代码如代码清单 8-3 所示。

代码清单 8-3 创建捕捉页面截图的 PhantomJS 测试程序

```
var page = require('webpage').create();
var before = Date.now();
page.open('http://emberjs.com/', function () {
    var title = page.evaluate(function () {
        return document.title;
    });
    if (title === "Ember.js - About") {
        console.log('Title as expected. Rendering screenshot!');
        page.render('emberjs.png');
    } else {
        console.log("Title not as expected!")
    }

    console.log("Test took: " + (Date.now() - before) + " ms.");
    phantom.exit();
});
```

请求 Web 页面模块

打开 http://emberjs.com

获取页面<title>的内容

验证<title>内容是否如预期

渲染页面截图

记录执行的毫秒数

退出 PhantomJS

在该代码清单中有几个注意点。首先，在打算使用 PhantomJS 的模块之前需要先请求它。PhantomJS 可供使用的模块有：

- webpage——满足与单个 Web 页面交互的测试需要；
- system——将系统级功能暴露给测试；
- fs——暴露文件系统功能以及文件、目录的访问给测试；

- webserver——实验性模块，使用一个内嵌的 Web 服务器，可通过 PhantomJS 脚本启动。

在创建了一个 `webpage` 模块的实例后，加载 Ember.js 执行测试。测试首先通过 `page.evaluate()` 函数获取页面的 `<title>` 内容。如果 `<title>` 内容为你所预期——"`Ember.js-About`"——该脚本就获取完整页面的截图并以 emberjs.png 文件名存储到当前目录。

在程序的最后，打印测试执行的毫秒数，并确保结束之前执行了 `phantom.exit()` 函数。

注意 要执行该测试程序，需要在电脑中事先安装好 PhantomJS。PhantomJS 官网上提供了针对各种主流操作系统的二进制安装文件，包括 Windows、Mac OS X 以及 Linux。

以如下命令执行该测试程序：

```
phantomjs testEmberHomepage.js
```

图 8-3 所示为在我的笔记本电脑上的运行结果，我用的是 Mac OS X 操作系统。

```
Joachims-MacBook-Pro:test jhsmbp$ phantomjs testEmberHomepage.js
Title as expected. Rendering screenshot!
Test took: 16 ms.
Joachims-MacBook-Pro:test jhsmbp$
```

图 8-3 执行 testEmberHomepage.js 脚本

运行该测试程序之后，你可以在 testEmberHomepage.js 文件边上找到 emberjs.png 文件。

现在，我们已经了解了使用 PhantomJS 进行测试的方式，接下来将了解如何集成 QUnit 进行单元测试。在使用 QUnit 编写可以被 CI 服务器运行的单元测试的时候，将面临两个重要问题。

- QUnit 需要 HTML 文件，并在其中设置所有的测试代码。
- QUnit 将结果直接输出到 DOM，这种情况下，CI 服务器很难辨别是否存在失败测试。

通过结合 QUnit 和 PhantomJS，我们就可以缓解该矛盾。但要这么做的话，无论是在应用程序开发过程中执行测试，还是执行通过 CI 服务器构建的测试，我们都需要构建一个测试套件。在继续了解 QUnit 单元测试之前，我们将讨论一种集成 PhantomJS 和 QUnit 的可能方式。

8.1.3 集成 QUnit 和 PhantomJS

要通过 PhantomJS 运行 QUnit，我们得了解 Ember.js 项目的 PhantomJS 与 QUnit 集成脚

本。由于 run-qunit.js 很长，我就截取部分代码，同时我也只展示相关部分的代码。你可以在 GitHub 上的 Montric 源代码中找到完整的 run-qunit.js 脚本。

1．集成脚本引导程序

run-qunit.js 脚本的引导程序是你声明脚本所需输入参数及加载测试 HTML 文件的地方。该文件充当 PhantomJS 与 QUnit 集成点的角色,同时它允许你以 headless 方式执行单元测试。代码清单 8-4 所示代码也可以在 https://github.com/joachimhs/Montric/blob/master/Montric.View/src/test/ qunit/run-qunit.js 找到。

代码清单 8-4 run-qunit.js 脚本的引导程序

```
var interval = null;                    // 当测试通过时停止 PhantomJS
var start = null;                       // 如果测试执行超时则退出
var args = phantom.args;                // 获取参数给 PhantomJS
if (args.length != 1) {
    console.log("Usage: " + phantom.scriptName + " <URL>");
    phantom.exit(1);                    // 打印恰当的使用信息并退出
}

var page = require('webpage').create();
page.open(args[0], function(status) {   // 打开 Web 页面
    if (status !== 'success') {
        console.error("Unable to access network");   // 如果Web页面打不开就退出
        phantom.exit(1);
    } else {
        page.evaluate(logQUnit);        // 如果 Web 页面打开了，就调用函数
        start = Date.now();             // 记录的当前时间戳
        interval = setInterval(qunitTimeout, 500);   // 设置退出的间隔时间
    }
});
```

我们首先定义一个 interval 变量，其中存放一个 JavaScript interval 对象。我们通过这个 interval 变量在每个测试都成功结束或超时情况下退出 PhantomJS。之后，获取传递进脚本的参数，如果参数个数不等于 1，则打印一条错误信息。

下一步，我们打开传进 run-qunit.js 第一个参数里的 URL 地址。如果 PhantomJS 无法加载该 URL 地址，则打印一条错误信息并退出 PhantomJS。否则，通过 page.evaluate() 函数调用 logQUnit() 函数。

最后，注册一个 interval 对象来每隔 500 毫秒就执行一次 qunitTimeout() 函数。如接下来所见，使用这个 interval 对象在每个测试都完成或超时的时候退出 PhantomJS。

2．超时函数

在了解 QUnit 测试的执行之前，先来看看 qunitTimeout() 函数，如代码清单 8-5 所示。

代码清单 8-5 通过 qunitTimeout()退出 PhantomJS

```
function qunitTimeout() {
    var timeout = 60000;                          // 为测试指定60秒时间
    if (Date.now() > start + timeout) {           // 60秒后终止测试
        console.error("Tests timed out");
        phantom.exit(124);
    } else {
        var qunitDone = page.evaluate(function() {
            return window.qunitDone;              // 检测 QUnit 是否完成
        });

        if (qunitDone) {
            clearInterval(interval);              // 清除间隔计时器
            if (qunitDone.failed > 0) {
                phantom.exit(1);                  // 如果测试失败，则以失败状态退出
            } else {
                phantom.exit();                   // 如果不存在失败测试，则正常退出
            }
        }
    }
}
```

通过在代码清单 8-4 中定义的 JavaScript `setInterval()`函数，`qunitTimeout()`函数每隔 500 毫秒执行一次。程序首先定义允许所有单元测试执行的时长总和为 60000 毫秒。之后周期性检查是否超过时限，一旦超过就立即退出 PhantomJS。添加的这个机制可以确保测试执行不会挂起或者使 CI 系统崩溃。

在允许的执行时间里，脚本通过 `window.qunitDone` 检查 QUnit 是否完成。如果 QUnit 完成，脚本就清除执行超时检测的 `interval` 对象。如果 QUnit 报告了任何测试失败，脚本就以失败状态退出。否则就正常退出 PhantomJS。

目前一切都进展得很好，接下来看看 `logQUnit()`函数。

3. 日志函数

该函数注册了许多回调到 QUnit 运行时中，以收集需要用来打印测试执行结果的数据。对所有测试套件而言，最重要的指标就是测试通过、失败或未执行状态的数量。

在代码清单 8-6 中，你将看到只描述了轮廓的 `logQUnit()`函数。完整内容请参考 Montric 的 run-qunit.js 脚本程序。

代码清单 8-6 通过 logQUnit()打印测试结果

```
function logQUnit() {
    var moduleErrors = [];                        // 通过模块、测试及断言获取错误信息
    var testErrors = [];
    var assertionErrors = [];

    QUnit.moduleDone(function(context) {          // 当模块完成时执行
        //记录失败日志信息到 moduleErrors 数组
        //在控制台打印模块状态
```

```
        ...
    });

    QUnit.testDone(function(context) {          <—— 当测试完成时执行
        //记录失败日志信息到 testErrors 和
        //asertionErrors 数组
        ...
    });

    QUnit.log(function(context) {               <—— 当 QUnit 要输出日志信息时执行
        //在控制台打印断言错误信息
        ...
    });

当测试完成时执行 ——> QUnit.done(function(context) {
        //打印所有的 moduleErrors 和 testErrors 数据
        //打印状态，展示测试总计、成功及失败测试

        ...
        window.qunitDone = context;
    });
}
```

logQUnit()函数注册了四个回调函数到 QUnit 中，以在 QUnit 执行测试时获取到反馈通知。该脚本程序记录了模块中的测试结果、单个测试中的断言结果以及单个断言结果。在所有测试执行完毕后，脚本在每个模块之后报告其结果和摘要信息。

8.2 使用 QUnit 编写简单的 Ember.js 单元测试

编写 JavaScript 应用程序的单元测试与静态类型语言的测试方式不同。由于不存在标准的方式来建立 JavaScript 应用程序运行时，你得在 QUnit 设置中提供完整的应用程序。如你前面所见，QUnit 单元测试得通过一个 HTML 文件来构建。在这个 HTML 文件中需要引导整个应用，并要记得包含应用程序用到的所有第三方 JavaScript 库。设置完毕后，就可以开始编写单元测试代码了。

1. 测试背景

我们的测试会用到 Montric.ApplicationController，此外，会通过 JavaScript date 对象生成在实时更新图表中呈现的易读字符串。要格式化这些字符串，你可以提供 dateFormat，其告知 Montric.ApplicationController 如何正确格式化日期字符串。

当 Montric 应用程序的用户请求某个图表时，客户端发出一个 XHR 请求到服务器端请求图表数据。Montric 根据 y 轴的值以及 x 轴上的时间来绘制图表。根据用户的预设参数，日期沿着 x 轴被格式化。图 8-4 所示为格式化图表的一个例子。

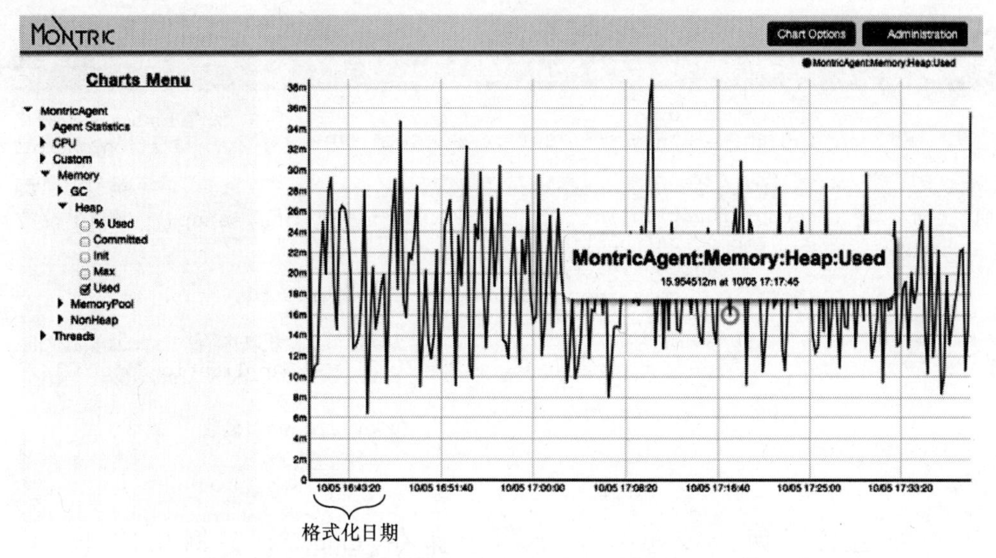

图 8-4　按 dd/mm hh24:MM.ss 格式进行格式化后的日期结果

代码清单 8-7 将 JavaScript date 转换为易读的日期格式。

代码清单 8-7　Montric.ApplicationController generateChartString()函数

```
Montric.ApplicationController = Ember.Controller.extend({
    dateFormat: 'dd mmmm yyyy HH:MM',          // 指定默认的日期格式化字符串

    generateChartString: function (date) {     // 将为其编写单元测试的函数
        var fmt = this.get('dateFormat') || 'dd.mm.yy';   // 获取日期格式化字符串，或使用默认设置

        var dateString = date ? dateFormat(date, fmt) : "";   // 生成日期字符串或空串
        return dateString;
    }
});
```

ApplicationController 指定了一个默认的 dateFormat，其用来将日期格式化成易读方式。为了保持日期在每个图表中显示一致，dateFormat 将控制呈现给用户的日期格式。

单元测试将测试 generateChartString()函数的功能。该函数传入单一的 date 参数，并利用该参数返回合法字符串表述。如果 dateFormat 未定义或者这时候为 null，就会默认使用 dd.mm.yyyy 日期格式。如果 date 变量为 null 或者未定义，就返回空字符串，否则返回 dateFormat()函数的结果。

现在，你了解了待测试函数的功能，接下来使用 QUnit 编写单元测试。

2. 引导单元测试

代码清单 8-8 展示了测试的设置过程。

代码清单 8-8 测试 generateChartString()函数

```
var appController;
var inputDate = new Date(2013,2,27,11,15,00);

module("Montric.AppController", {
    setup: function() {
        Ember.run(function() {
            appController =
     Montric.__container__.lookup("controller:application");
        });
    },

    teardown: function() {

    }
});
```

保存 Ember.js 实例化的 ApplicationController

保存用于单元测试的日期

类似于单元测试的设置

创建模块的 setup() 函数

获取并存储 Ember.js 实例化的 ApplicationController

包含 teardown()函数

开始处定义了两个变量：一个用于保存 Ember.js 实例化的 Montric.ApplicationContoller，一个用来保存单元测试中用到的 date 对象。module()允许我们执行一些测试所需的通用设置工作，以及要用到的任何拆卸功能。如你后面会看到的，Ember.js 提供了一种简单的方式来在每个测试之间重设应用，这意味着你几乎不需要针对 Ember.js 单元测试进行任何拆卸处理。

在 module()函数的内部，包含了一个 setup()函数以及一个 teardown()函数。在 setup()函数中，获取 Montric.ApplicationController，并分配其给 appController 变量。在单元测试中使用 Montric.__container__.lookup()也是可以的，但是你永远不应该，我是说永远，不要在生产代码中使用这个私有函数！Ember.js 负责处理了大量工作，并尽其所能为应用程序提供一个清晰的 MVC 结构。如果你想在自己的应用程序中使用 __container__，你应该追溯并找出应用逻辑在哪儿结合应该被分隔的关注点。

3. 创建单元测试

我们将为 generateChartString()函数创建 5 个单元测试。

（1）获取 Montric.ApplicationController 实例。

（2）根据类初始化中默认规格，用默认日期格式格式化日期。

（3）根据所给出的日期格式化模式，提供自定义日期格式来格式化日期。

（4）根据 dd.mm.yyyy 格式，提供 null 日期格式来格式化日期。

（5）测试 null 日期，返回一个空字符串。

5 个单元测试的代码如代码清单 8-9 所示。

代码清单 8-9 为 generateChartString()函数创建 5 个单元测试

```
test("Verify appController", function() {
    Montric.reset();
    ok(appController, "Expecting non-null appController");
});

test("Testing the default dateFormat", function() {
    Montric.reset();
    strictEqual("27 March 2013 11:15",
     appController.generateChartString(inputDate), "Default Chart String
     Generation OK");
});

test("Testing custom dateFormat", function() {
    Montric.reset();
    appController.set('dateFormat', 'dd.mm.yyyy');
    strictEqual("27.03.2013", appController.generateChartString(inputDate),
     "Custom Chart String Generation OK");
});

test("Testing null dateFormat", function() {
    Montric.reset();
    appController.set('dateFormat', null);
    strictEqual("27.03.13",
       appController.generateChartString(inputDate),
       "Null Chart String Generation OK");
});

test("Testing null date", function() {
    Montric.reset();
    strictEqual("", appController.generateChartString(null),
         "Null Date OK");
});
```

验证 appController 不为 null 或 undefined

断言 appController 为 OK

在测试之前重设 Montric 应用

验证默认日期格式

验证自定义日期格式

验证空日期格式，生成预期的日期字符串

在测试前重设 Montric 应用

验证空日期格式，生成空字符串

如你所见，每个测试一开始都调用 Montric.reset()。这将确保 Ember.js 重置应用以重新加载应用副本。这种方式使得单元测试变得更简单，因为不用为了编写模块中的 teardown()函数代码而跟踪每个测试可能发生了哪些改变（参见代码清单 8-8）。

在这 5 个测试中没有什么特殊之处，代码可读性好，容易理解。在第一个测试中，我们使用了 ok 断言，如果第一个参数为真则通过测试，这意味着其不为 null、undefined 或 false。在这里测试是否能够获取合法的 Montric.ApplicationController 非空实例。除了测试模块之外，该测试是个重要部分；如果第一条规则排除了任何获取控制器的问题（控制器是构建其他测试的基础），调试失败测试的原因就变得更简单了。

对于其他 4 个测试，目标是断言 generateChartStrings()函数返回代表各自场景的正确字符串。例如，第二个测试验证控制器默认日期格式是否正确。在这里，使用

strictEquals 断言检查格式化的日期是否为“27 March 2013 11:15”。

> **strictEquals()与 equals()比较**
>
> strictEquals()函数使用严格相等操作符(===)验证前两个参数是否相等。可以使用 equals 断言检查非严格相等，这时候使用相等操作符(==)来替代。

传入每个断言的最后一个参数是一个在单元测试失败时显示的字符串。图 8-5 展示了单元测试的运行结果。

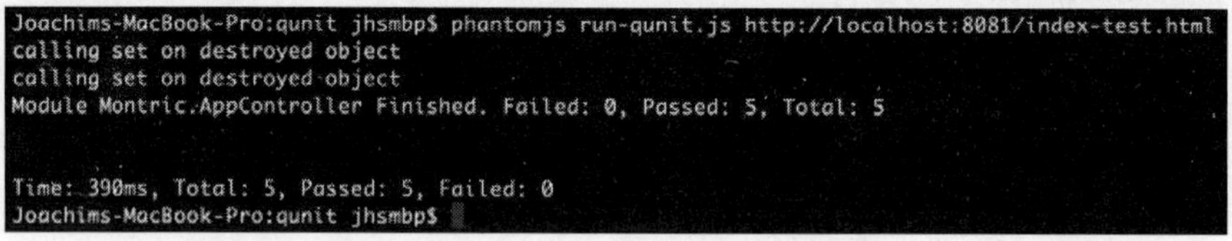

```
Joachims-MacBook-Pro:qunit jhsmbp$ phantomjs run-qunit.js http://localhost:8081/index-test.html
calling set on destroyed object
calling set on destroyed object
Module Montric.AppController Finished. Failed: 0, Passed: 5, Total: 5


Time: 390ms, Total: 5, Passed: 5, Failed: 0
Joachims-MacBook-Pro:qunit jhsmbp$
```

图 8-5 PhantomJS 中执行单元测试

如你所见，要执行单元测试，需运行以下命令：

```
phantomjs run-qunit.js http://localhost:8081/index-test.html
```

注意 可以到 GitHub 下载 index-test.html 文件: https://github.com/joachimhs/Montric/blob/ Ember.js-in-Action- Branch/Montric.View/src/main/webapp/index-test.html。

PhantomJS 的第一个参数是执行脚本，另一个给出的参数用作脚本的输入参数。在这里，我们将用于执行 QUnit 脚本的 URL 传给 run-qunit.js 脚本。run-qunit.js 脚本加载指定 URL 并设置监听器，通过在 QUnit 中置入钩子，报告单元测试进度以及执行测试过程中发生的任何失败。

现在，我们了解了如何使用 QUnit 来测试单个函数和单个类，接下来将解释如何使用同样的技术来实现集成测试。

8.3 集成测试

鉴于单元测试侧重测试任务的单个单元——分解为单一功能和类——集成测试则关注集成应用程序的不同层面并在应用之上执行广泛测试。取决于需求和测试设置，可以隔离应用的特定部分以测试其独立需求，或者可以测试整个应用程序中的某些功能。

可以在 JavaScript 应用程序中运用许多工具来执行各层的集成测试，知名的工具如 Mocha、Capybara、Selenium WebDriver 和 Casper.js。由于我们已经使用 QUnit 进行单元测试，因此，我们仍将使用 QUnit 和 PhantomJS，并引入第三方库 Sinon.js 来进行集成测试，你可以从 http://sinonjs.org 下载 Sinon.js。在后续内容中我将简称 Sinon.js 为 Sinon。

Sinon 库帮助我们针对特定测试，模拟不需测试的应用程序部分。依据期望结果，可以采取几种方式来构建模拟过程。Sinon 提供以下功能。

- Stub——提供合法而静态的结果的对象。不管你传入什么进 Stub，总获得相同响应。Stub 还提供输入，在其上执行方法，并能提供方法调用次数。
- Mock——工作方式如 Stub 的对象，但其还包含断言，可以让你测试输入和输出。
- Spie——可以报告与 Mock 相同信息的对象。与 Mock 提供预编功能不同，Spie 不实现模拟方法，它允许你只监控不改变功能性内容的方法。
- 模拟对象（Fake object）——行为如同真实对象的对象，但只是简化方式。一个通常的例子就是模拟数据访问对象，其将数据保存在内存中而非真实数据库里。注意 Sinon 本身并不提供该功能。

我们需要所有的这些功能来实现一个可管理的集成测试策略。

8.3.1 Sinon 介绍

本章的集成测试聚焦于客户端应用程序。由于在执行这些类型的集成测试时，我们并不关心与服务器端的通信，因此，本节将介绍模拟框架 Sinon，其让你能够模拟服务器端通信，允许每个测试指定一个模拟的服务器端响应。首先下载 sinon.js、sinon-server.js 以及 sinon-qunit.js，并在一个名为 index-integration-test.html 的文件中包含它们。

Sinon 库提供了可用于任何 JavaScript 测试框架的 Spie、Stub 和 Mock。这里的例子中，我们将编写一个集成测试来测试 Montric 告警提示管理功能。简而言之，Montric 允许用户设置采集指标的定制告警阀值。GUI 界面提供给用户添加、修改及删除告警信息的功能。图 8-6 展示了应用程序的测试点。

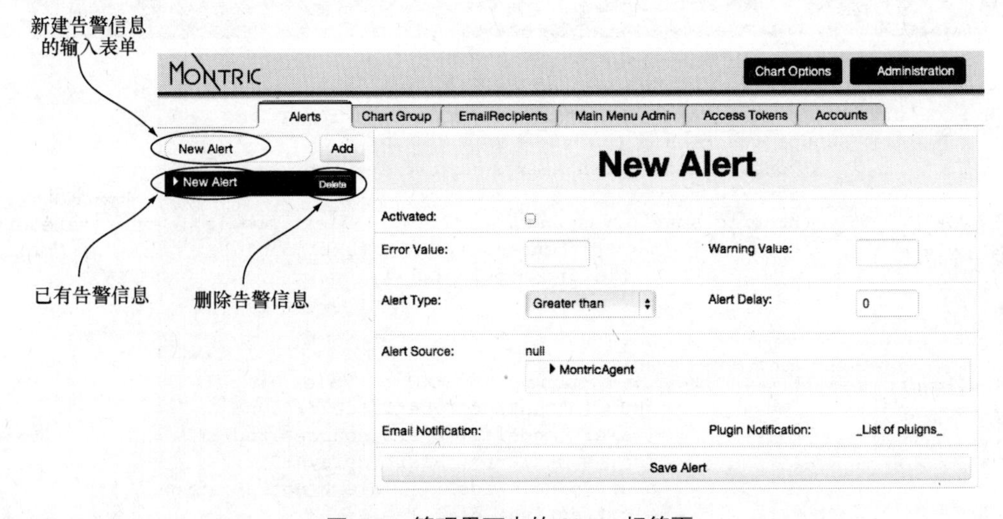

图 8-6 管理界面中的 Alerts 标签页

如图 8-6 所示，用户在点击添加按钮创建新的告警信息之前，可以输入告警信息名称。当告警信息在系统中注册好了，用户可以点击选择某条信息。在信息列表的右边区域，可以编辑所选告警信息，并能够通过删除按钮删除它。

我们接下来将创建一个集成测试，以测试添加一条新的告警信息到系统中的功能。

8.3.2　添加新告警信息的集成测试

系统通过用户输入告警信息名称并点击添加按钮来添加新的告警信息，我们首先来编写针对该功能的测试。我们将验证告警信息是否被添加到了 `Montric. Administration-AlertsController` 的 `content` 数组中。

我们要做的第一件事情就是启用 Sinon 模拟服务器以停用任何 Ajax 调用。要确保 Sinon 模拟服务器在 Montric 应用程序创建之前创建，请在加载 Montric 应用程序之前加载代码清单 8-10 所示的 index-integration-test.html 文件中的代码。

代码清单 8-10　初始化 Sinon fakeServer

```
<script type="text/javascript">
    Montric.server = sinon.fakeServer.create();    <—— 初始化模拟服务器
</script>
```

上述代码创建了一个新的 `sinon.fakeServer` 实例，并将其保存到 `Montric.server` 属性中，这样测试程序就可以获取 `fakeServer` 实例。

在确保应用程序不会发送 XHR 请求到服务器之后，我们就可以开始实现集成测试。代码清单 8-11 展示了测试代码中的模块定义。

代码清单 8-11　alertAdminIntegrationTest.js 模块设置

```
var alertAdminController;

module("Montric.AdministrationAlertsController", {
    setup: function() {
        console.log('Admin Alerts Controller Module setup');
        Montric.server.autoRespond = true;                     <—— 通知 fakeServer 自动响应
        Montric.server.respondWith("GET", "/alert_models",     <—— 提供预设响应给第一个请求
            [200, { "Content-Type": "text/json" },
                '{"alert_models":[]}'
            ]);


        Montric.server.respondWith("POST", "/alert_models",    <—— 提供预设响应给第二个请求
             [200, { "Content-Type": "text/json" },
             '{"alert_model":{"alert_source":"null",
             "id":"New Alert","alert_delay":0,
             "alert_plugin_ids":[],"alert_notifications":"",
             "alert_activated":false,
```

```
            "alert_type":"greater_than"}}'
         ]);

      Ember.run(function() {
          alertAdminController =
   Montric.__container__.lookup("controller:administrationAlerts");
      });
    },
    teardown: function() {
    }
});
```

获取 Montric.Administration AlertsController 实例

首先配置模拟服务器，在我们创建 Montric 将发出的两个 Ajax 请求之前自动响应 Ajax 请求。第一个响应在应用加载及 Montric 试图加载任何可能已经为该用户账户保存的告警信息时发送。在这里，我们返回一个空数组，因为测试不需要系统提供任何预定义告警信息。第二个响应在新的名为“new alert”的告警信息创建并发送到服务器时模拟服务器应答。

在模块设置的最后部分，我们获取应用程序实例化的 Montric.Administration-AlertsController，并将它保存到 alertAdminController 变量，以便在测试中使用它。

接下来添加一个测试来验证我们可以创建新的告警信息并添加其到控制器 content 数组，如代码清单 8-12 所示。

代码清单 8-12 测试添加新告警信息功能

```
var testCallbacks = {
    verifyContentLength: function() {
        Montric.reset();
        if (alertAdminController.get('content.length') > 0 ) {
            strictEqual(1, alertAdminController.get('content.length'),

                    "Expecting one alert. Got: " +
                    alertAdminController.get('content.length'));
            QUnit.start();
        }
    }
};

asyncTest("Create a new Alert and verify that it is shown", 2,
        function() {
    ok(alertAdminController, "Exepcting a non-null
     AdministrationAlertsController");

    alertAdminController.get('content').addObserver('length', testCallbacks,
     'verifyContentLength');

    alertAdminController.set('newAlertName', 'New Alert');
    alertAdminController.createNewAlert();
});
```

创建测试回调函数容器

验证到告警信息添加了，于是结束测试

断言告警信息已被添加

在异步调用之后重启测试

使用 QUnit 的 asyncTest

断言实例合法

添加观察者观察结果

指定新告警信息名称

模拟点击添加按钮

由于在这里要测试异步代码，我们需要使用 QUnit 的 asyncTest 函数。该函数在这个测试内部执行所有代码，但其直到 start() 函数调用时才会退出测试。对于测试 Ember.js 应用程序而言这很方便，天然的异步功能。

测试开始时，在验证能够从 Ember.js container 获取合法控制器之前，一如既往地先要设置应用程序。接下来，用文本“New Alert”修改告警信息名称输入框，之后触发控制器的 createNewAlert() 函数。这是一种模拟用户点击 Add 按钮的简单方式，这将调用相同的 createNewAlert() 函数。该函数使用 New Alert 输入框所提供的 ID 创建一个新的 Montric.AlertModel 对象。

接下来的测试部分有点不太好理解。我们想要断言所创建的告警信息在服务器响应之后的确存在于告警信息列表中。要这么做就得在 alertAdminController 的 content.length 属性上添加一个观察者。当该属性发生改变时，测试将调用 verifyContentLength 回调函数。

verifyContentLength 回调函数调用之后，我们可以断言在 content 数组中恰好有一个数组项，其 ID 是我们提供的“New Alert”。在断言所有结果如我们所愿之后，就可以安全地调用 QUnit 的 start() 函数来进行下一个测试了。

这个测试演示了一种集成 QUnit、PhantomJS 以及 Sinon 来创建 Ember.js 应用程序集成测试策略的方式。大多数的集成测试都是类似的设置，依赖客户端与服务器端之间的通信量。

在结束本章之前，我们快速浏览一下如何通过内置的 Ember Instrumentation 实现来进行性能测试。

8.4　通过 Ember.Instrumentation 进行性能测试

Ember.js 应用程序的性能测试有多种方式。一种方式是使用 Ember.js 内置的 instrumentation API。要使用该 API，需要注册需测量的事件，并实现 before 和 after 函数。在这里，我们打算获取渲染 Montric 应用程序视图的时间测量数据。

代码清单 8-13 展示了如何通过订阅 render.view 事件来获取性能指标。

代码清单 8-13　测量 render.view

```
Ember.subscribe('render.view', {          // 订阅 render.view 事件
    ts: null,                             // 在渲染视图之前记录时间戳
    before: function(name, timestamp, payload) {
        ts = timestamp;
    },
    after: function(name, timestamp, payload, beforeRet) {   // 生成信息并打印渲染所花时间
        console.log('instrument: ' + name +
                " " + JSON.stringify(payload) +
                " took:" + (timestamp - ts));
    }
});
```

如你所见，这些代码比较简单，其首先订阅 render.view 事件。在视图渲染之前会触发一个事件，同时在视图渲染完毕时会触发另一个事件。在这个例子中，我们在 before() 函数中记录时间戳，并在 after() 函数中用该时间戳来打印日志信息，显示视图渲染花了多少时间。代码清单 8-14 展示了测试结果。

代码清单 8-14 instrumentation 结果

```
instrument: render.view {"template":null,
"object":"<LinkView:ember427>"}
took:6.5119999926537275

instrument: render.view {"template":null,
"object":"<Montric.BootstrapButton:ember434>"}
took:6.587000010767952

instrument: render.view {"template":null,
"object":"<Montric.HeaderView:ember424>"}
took:9.111000021221116

instrument: render.view {"template":"adminAlertLeftMenu"
,"object":"<Ember.View:ember471>"}
took:6.40800001565367
```

如你所见，输出非常简单。在这里，我们在控制台输出结果，而由于在应用程序内部提供了这些信息，我们就可以在客户端实现有趣的策略来检测可能的错误和瓶颈。虽然本书并未覆盖这块内容，但很容易编写代码来收集需要从用户处得到的信息，并定期向你、服务器端反馈分析用的指标数据。

你可以订阅如下几个事件：

- render.view
- render.render. boundHandlebars
- render.render.metamorph
- render.render.container
- * - (all)

虽然在这里 Ember.Instrumentation 提供的功能是有限的，但仍演示了一种有用而快速的方式来收集应用程序渲染过程的统计数据。此外，还有更多有关性能测试的工具，但根据现实需要来判断，Ember.Instrumentation 可能正是你需要的。

8.5 小结

你可以有好几种测试 JavaScript 应用程序的方式。由于这些工具的底层思想很多是相同的，我已尽可能少地保持引入的库和框架数量。虽然本章大多数的样例都是基于 QUnit，但有非常多的测试库都可以满足不同需求和测试风格。

由于 JavaScript 作为一个平台在过去几年中发展非常迅速，就凸显了支撑工具的缺失、不完整或者集成度差。这使得在不同层面实现测试策略变得愈加困难，同时相对于程序员习惯的其他更成熟语言的测试方式，难度也更大。换句话说，JavaScript 的工具发展势头正猛，新的功能强大的工具正越来越多地涌现出来。

本章讲述了如何使用一些最流行的测试库及工具来实现 Ember.js 应用程序的测试策略。特别是 PhantomJS 已经成为执行 headless 测试的事实标准；大多数的其他库和工具都实现了对它的支持。随着时间的推移，其将助力各种工具赢得人气，并愈加容易集成。

本书的第二部分内容结束了。至此，你应该可以设计、编写以及测试 Ember.js 应用程序了，对 Ember.js 核心概念和特性也应该有了一个深入了解。接下来的部分将覆盖高级主题，包括打包、部署以及云交互。

第三部分

高级 Ember.js 主题

本书最后一部分内容将讲述 Ember.js 的高级特性。首先了解 Montric 结合 Mozilla Persona 进行用户认证。Persona 是一个完整、开源而独立的用户认证与鉴权平台。即使你不使用 Persona 也不用担心，第 9 章会介绍如何将所选的第三方认证服务集成到 Ember.js。

在 Ember.js 的底层隐藏了一个非常强大的引擎，以确保应用程序的视图与模板能够随着应用数据的改变而实时更新。这个通常被称为 Ember 运行循环的 Backburner.js 引擎将在第 10 章进行讨论。尽管不用理解 Backburner.js 也能开发 Ember.js 应用程序，但理解其特性及使用方法能够帮助我们创建性能更佳、代码更好管理的应用程序。

最后的第 11 章，将介绍一个完整的 Ember.js 应用程序装配过程。这是最后一步，将应用程序由开发环境迁移到正式的生成环境。实现一个完整的目录结构以及合适的构建工具链，能够为你的开发过程提供极大方便。

第9章　使用Mozilla Persona进行认证

本章涵盖的内容

- 在 Ember.js 中结合第三方认证平台进行单点登录（SSO）
- 集成 Mozilla Persona 进行认证
- 使用 HTTP cookie 重新认证

到目前为止，你已经对 Ember.js 的结构很熟悉了，并且也掌握了使用 Ember.js 构建富 Web 应用的方法。但还有一个功能尚待我们去了解，那就是如何提供给用户一个无缝的登录体验。

本章通过集成 Mozilla Persona，展示一个单点登录的解决方案。如果你未听说过 Persona，你可以把它当作一个具有完备特性的认证系统，其能够通过其自身的个人邮箱账号帮助应用程序认证数以百万计的用户。

尽管本章使用 Persona 作为第三方用户认证及鉴权平台的例子，但本章的思路方法可以很容易地应用到其他认证系统上去。由于 Persona 是基于 JavaScript 的，因此很容易将其集成到 Ember.js 应用程序中。

Persona 的核心思想是用户的身份应该惟一属于用户自己。Persona 允许一个用户绑定一个或多个邮箱账号到其身份，这样就允许用户使用一个用户名（email）和密码登录到一系列站点或应用程序，由于 Persona 是由开源非营利组织创建的，因此你可以表明我们依赖一家深受开源社区信赖的公司的技术，以此来赢得用户的信赖。

使用一个第三方认证技术可以带来很多好处。最大的好处就是我们的应用程序不用负责保存用户名和密码，同时还能提供安全的外部存储和密码散列，确保用户信息安全并免遭黑客攻击。

图 9-1 展示了本章涉及的 Ember.js 知识点。我们可以使用 Ember 路由器构造来集成用户认证功能。

事不宜迟，我们这就来了解 Persona 提供的功能特性。

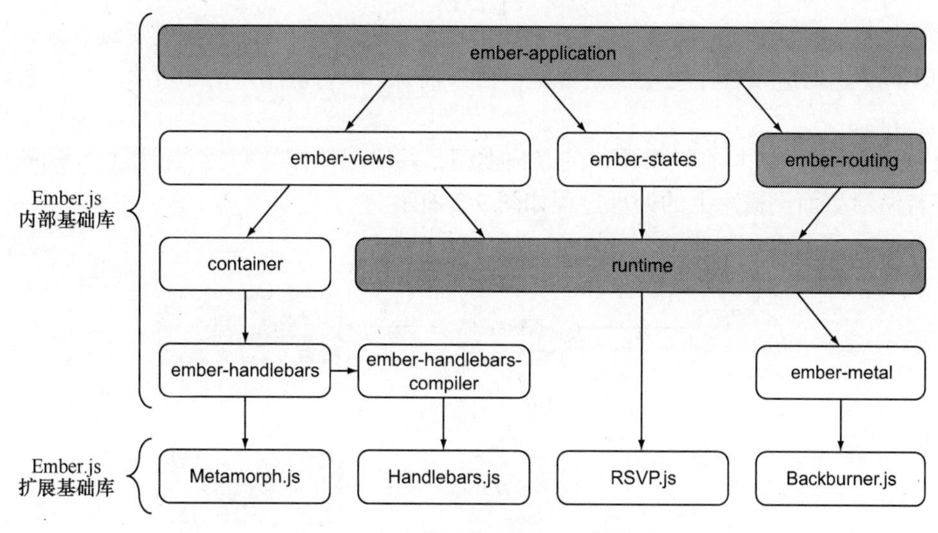

图 9-1　本章涉及的 Ember.js 知识点

9.1　集成第三方认证系统

如前面所述，Mozilla Persona 是一个全功能的第三方认证提供者，其关注以下几个方面的用户认证和鉴权功能。

- 邮箱注册。
- 邮箱验证。
- 密码的安全存储。
- 取回丢失或遗忘的密码。
- 邮箱地址、账号或密码相关的其他用户问题。

有了第三方基于 Web 的认证机制，用户就有了多种系统认证及登录的方式。根据我们的目标，先来看看需要实现的三个模型，以提供给用户一个平滑登录和认证的机制。

- 首次登录及注册。
- 通过第三方认证提供者（Mozilla Persona）来登录。
- 通过 HTTP cookie 登录。

9.1.1　首次登录及注册

初次登录及注册的方式很大程度上取决于系统需求。Montric 允许任何已通过 Persona 认证的用户注册系统新账号。此时这个账号被标识为新账号，也就是说该用户已通过 Persona 认证但对于 Montric 而言仍是未知的。这时候，会提示该用户其账号正待激活。由于 Persona 负责认证当前用户是否属于所给电子邮箱地址，因此如果有新用户进行系统认证，Montric

可以将用户重定向到用户注册页。也就是说，在首次登录 Montric 及任何后续登录之间不存在任何不同。这对应用程序可用性而言是个巨大提升，因为从用户的角度来看应用程序提供了单一入口。

Montric 总是需要检查登录用户的账户类型，并确保任何类型为“新用户”的账户重定向到等待激活页面。概念上的处理过程如图 9-2 所示。

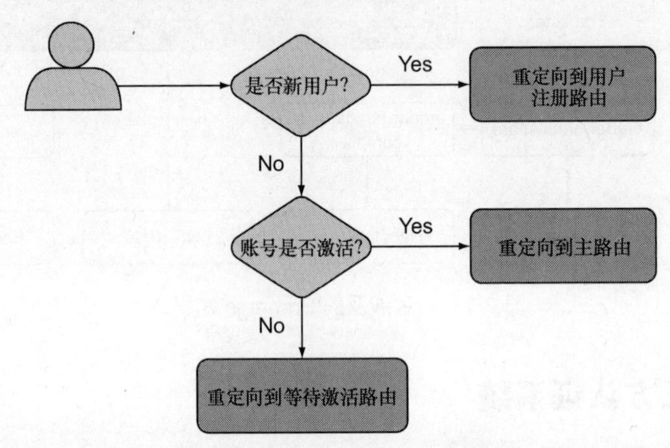

图 9-2 在 Montric 中处理新用户

如图所示，应用程序需要执行两个检查。第一个检查判断用户是否首次进入应用程序。如果是，就重定向用户到注册路由。如果用户已经注册，应用程序就接着检查用户的账号是否激活。如果用户账号已激活，应用程序会将该用户转向到应用程序的主路由上。如果未激活，Montric 就将用户转向到待激活路由。

在实现代码之前，我们先来了解一下 Montric 的路由器定义，如代码清单 9-1 所示。

代码清单 9-1 Montric 的路由器定义

```
Montric.Router.map(function() {
    this.resource("main", {path: "/"}, function() {       // 指定包含其他所有路由的主路由
        this.resource("login", {path: "/login"}, function() {      // 引导用户到登录页面
            this.route("register", {path: "/register"});            // 引导用户到注册页面
            this.route("selectAccount", {path: "/select_account"});
        });
        this.route("activation");       // 引导用户到激活路由

        //The rest of the Montric router omitted
    });
});
```

Montric 应用程序有一个名为 `main` 的顶级路由，其包含应用程序中的其他所有路由。如果 Montric 无法通过 HTTP cookie 或自动通过 Persona 注册用户，用户就会重定向到 `login.index` 路由。该路由用来呈现登录页面。这个登录页面与通常情况下的登录页面稍

有不同，因为用户根本不需要通过输入用户名和密码来进入 Montric 用户界面。图 9-3 展示了 Montric 登录页面。

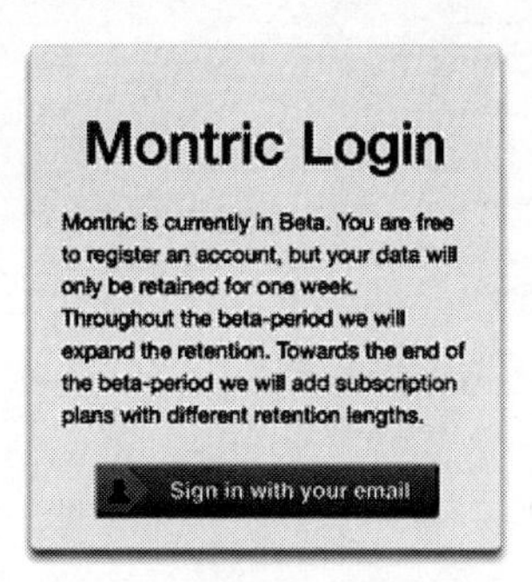

图 9-3 Montric 登录页面

用户登录之后，Montric 验证来自 Persona 的证书。证书包括了用户邮箱地址以及一个时间戳，时间戳响应自 Persona 验证机制，表示 Persona 会话何时到期。如果用户尚未注册为 Montric 用户，那么就重定向到 `login.register` 路由。

注意用户可能经由两条路径到达 `login.register` 路由。最直接的一条是通过 `login.index` 路由并点击“以 Mozilla Persona 登录”按钮，在用户尚未注册为 Montric 用户的情况下，重定向用户到 `login.register` 路由。如果用户在先前会话中已经登录到了 Persona，且导航到 Montric 应用程序（通过任何 Montric 合法路由），Montric 就采取与用户经由 `login.index` 路由、通过 Persona 登录进系统大致相同的方式，接受来自 Persona 的用户证书。

注意 Mozilla Persona 只在用户此前登录了 Montric 的情况下才会发送用户证书。这个安全措施确保 Persona 不会自动泄露用户邮箱地址给用户之前尚未登录的网站。

这是传统身份认证方案与诸如 Persona 这样的第三方 SSO 方案之间的一个重要差异。

图 9-4 展示了 `login.register` 界面，注册表单很简单。Persona 已经验证了用户的邮箱地址是正确的，并且 Persona 未过期。通过 `login.register` 路由，提供输入字段给用户为新账户设置名称，以及全名、公司和国家信息。在点击“注册新账户”按钮之后，Montric 创建新账户并关联当前用户为该账户的管理员。

由于 Montric 当前处于 Beta 状态，账户创建是有限制的。在 Montric 管理员通过将账户类型从“`new`”转换为“`beta`”来激活该账户之前，新创建的账户是锁定的。`main.activation` 路由如图 9-5 所示。

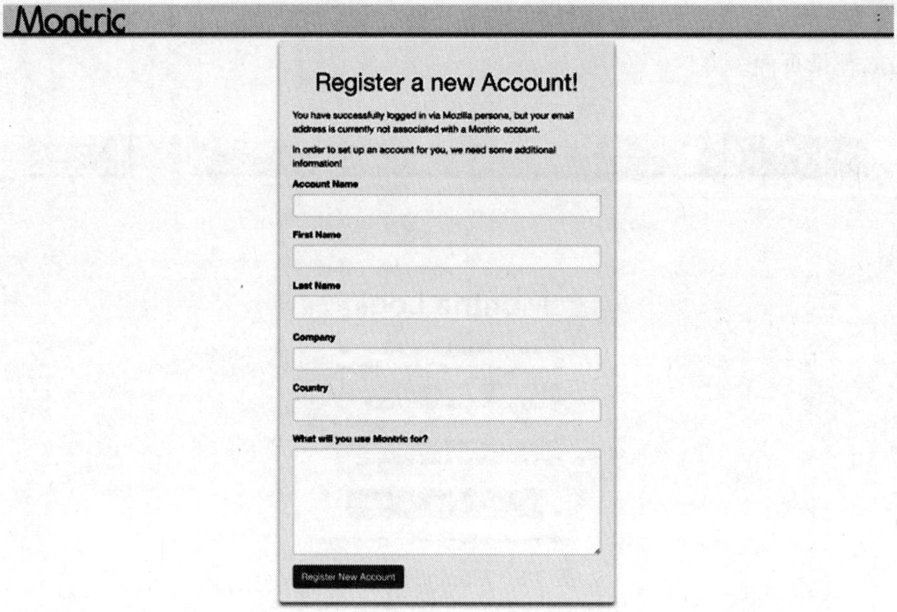

图 9-4 Montric 用户注册界面

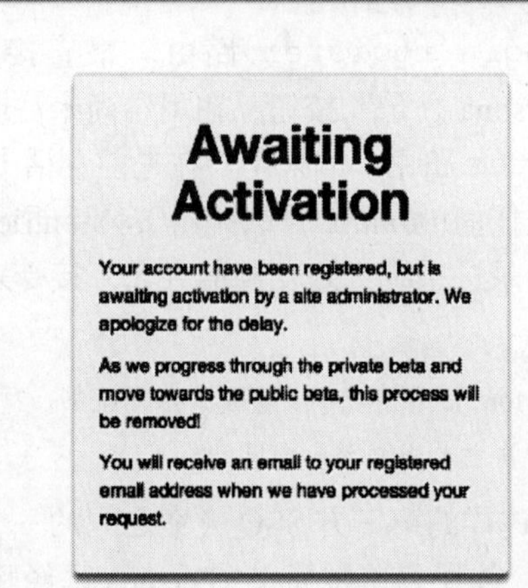

图 9-5 等待激活界面

如你所见，`main.activation` 路由几乎没什么内容。Montric 向用户解释他们的账户尚待确认及相关原因。由于用户无法在 Montric 应用程序中执行任何操作，应用程序就不会提供任何链接或按钮让用户可以点击并导航到 `main.activation` 路由。

现在，我们大致了解了 Montric 认证流程，接下来是时候进入编码并了解 Montric 应用程序的认证与鉴权实现了。

9.1.2 通过第三方认证提供者登录 Montric

如前面提到的，用户可以有多种途径进行 Montric 认证。我们首先来了解如何通过 Mozilla Persona 进行认证，之后再了解通过 HTTP cookie 进行自动登录。

通过 Persona 登录是个三步式过程，涉及用户、Montric Ember.js 前端应用程序、Montric 后端应用程序以及 Persona。

图 9-6 展示了通过 Mozilla Persona 认证一个用户的过程。

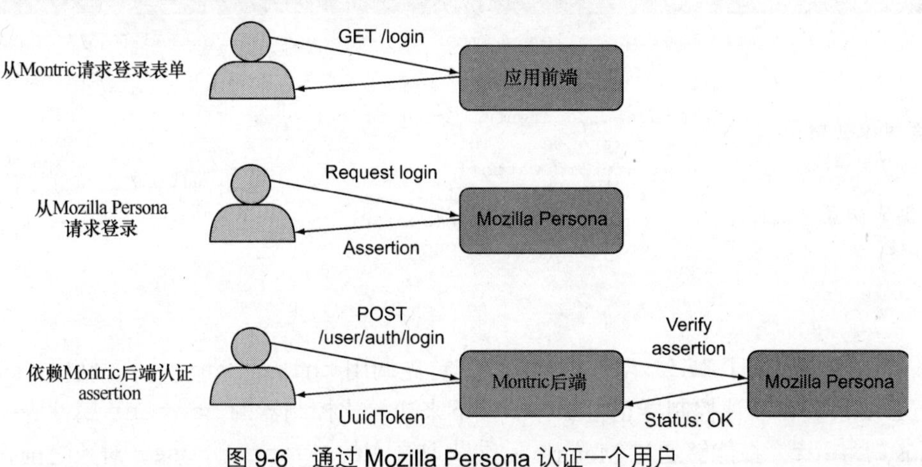

图 9-6 通过 Mozilla Persona 认证一个用户

首先需要在 index.html 文件中包含 Mozilla Persona 的 JavaScript 文件，如代码清单 9-2 所示。

代码清单 9-2 包含 Mozilla Persona JavaScript 库 include.js

```
<script src="https://login.persona.org/include.js"></script>   ← 包含 include.js 脚本
```

这个脚本很可能是你通过 HTTP/HTTPS 包含的唯一脚本（除了你的分析脚本之外）。通过包含这个引导脚本，在我们的应用程序中集成 Persona 并可以使用其提供的方法。Persona 开发团队计划将来直接将 Persona 功能构建到浏览器中。因此，可以认为 include.js 是一个填充物（polyfill），其确保 Persona 能够在缺失内置 Persona 功能的浏览器中正常工作。

1. 实现 Mozilla Persona 登录功能

下一步涉及监视 Persona 登录和登出。这通过 `navigator.id.watch()`来完成，其间我们提供给 Persona 三个关键信息。

- 当前应用程序登录用户的邮箱地址。
- 一个 `onlogin` 回调方法，在用户通过 Persona 完成认证时调用。
- 一个 `onlogout` 回调方法，在用户通过 Persona 登出时调用。

Montric 有一个 Montric.UserController 控制器,其负责用户登录和登出的必要统计。为了在 Montric 启动序列中尽早调用 Persona，我们在 UserController 的 init 函数中发送一个 navigator.id.watch() 调用。

我们将 Montric.UserController.init() 函数的内容分解为三个部分的程序块，以便你可以更容易地了解它们的细节。代码清单 9-3 展示了 init 函数的结构。代码清单 9-4 和代码清单 9-5 讲解 onlogin 和 onlogout 回调函数。

代码清单 9-3 Montric.UserController.init() 函数

```
Montric.UserController = Ember.ObjectController.extend({
    init: function() {
        this._super();
        this.set('content', Ember.Object.create());
        var controller = this;
        navigator.id.watch({
            loggedInUser: null,
            onlogin: function(assertion) {},
            onlogout: function() { }
        });
    }
});
```

复写 Ember.js 特有函数

用新对象初始化 content 属性

创建 UserController 实例变量

监视登录和登出

提供成功登录的回调函数

提供登出的回调函数

该代码清单展示了 init 函数的结构。其首先调用 this._super()，确保 Ember.js 可以进行必要设置，以让控制器正常工作。接下来初始化控制器的 content 属性为一个空的 Ember.js Object。在能够通过 Montric 后端获取真实的 Montric.User 对象之前，我们将该对象作为临时存储对象。

init 函数代码的最后部分需要调用 navigator.id.watch()。在该函数里，我们声明当前的 loggedInUser 为 null（无登录用户）；此外，我们还提供了 onlogin 和 onlogout 回调函数。

代码清单 9-4 展示了 onlogin 回调函数的代码内容。

代码清单 9-4 onlogin 回调函数

```
onlogin: function(assertion) {
    Montric.set('isLoggingIn', true);
    $.ajax({
        type: 'POST',
        url: '/user/auth/login',
        data: {assertion: assertion},
        success: function(res, status, xhr) {
            if (res.uuidToken) {
                controller.createCookie("uuidToken", res.uuidToken, 1);
            }

            if (res.registered === true) {
                //login user
                controller.set('content',
```

为回调函数提供 assertion 参数

设置 isLoggingIn 为 true

用 assertion 数据发送 POST 请求

创建 uuidToken cookie

获取 token（令牌）用户

```
                Montric.User.find(res.uuidToken));
转换用户到    } else {
login register     controller.set('newUuidToken', res.uuidToken);
路由               controller.transitionToRoute('login.register');
              }
            },
提供错误处理  error: function(xhr, status, err) {
                console.log("error: " + status + ": " + err);
                navigator.id.logout();                        确保用户已
            }                                                 登出
        });
    }
```

Persona 传递了一个 assertion 给 `onlogin` 回调函数。可以把 assertion 当成一个编码的、一次性的、单个站点的密码。assertion 包含了 Montric 后端用来验证从 Persona 获取的响应是否真实的信息。assertion 同时还是一个隐私实现，Persona 用它来避免用户登录证书放在浏览器会话里。Persona 只在其获取了 Web 服务器端返回数据中的 assertion 之后，才提供用户的邮箱地址。

由于我们希望 Montric UI 通知用户应用程序尝试以该用户登录，因此首先得在 `onlogin` 回调函数中设置 `isLoggingIn`，在这里设置为 `true`。接下来，需要将从 Persona 获取的 assertion 通过 `HTTP POST` 请求发送给后端。

在 Montric 后端响应了 `HTTP POST` 请求之后，其将带有 `uuidToken` 和 `registered` 属性的响应发送回客户端。

预先说明

我们将在 9.2 节基于 cookie 登录方案中使用 `uuidToken` 来设置 cookie。这个步骤不是严格要求的，因为只要用户登录进 Persona，Persona 就会保持用户会话的激活状态。但通过基于会话的 cookie 来重新认证用户会比通过 Persona 的方式更快捷。

如果后端标识用户已经注册过账号，就通过调用 `Montric.User.find(uuid)` 来获取当前登录用户。如果用户尚未绑定一个账号，就将用户重定向到 `login.register` 路由。

2. 通过 Mozilla Persona 验证 assertion

后端通过传入 assertion 内容以及 Montric URL 到 https://verifier.login.persona.org/verify 来验证 assertion 的内容。代码清单 9-5 演示了发送到 Mozilla Persona 验证端的消息内容。

代码清单 9-5 发送到 `Mozilla Persona` 验证端的消息

```
assertion=<ASSERTION>&audience=https://live.montric.no:443
```

这里有两个需要重点关注的地方。第一个是永远不要在应用程序客户端验证 assertion，因为这有可能暴露用户证书给恶意的第三方。其次，audience 应该通过服务器端应用程序来定义，而不是通过客户端或从 Persona 获取的 HTTP 头部信息来定义。

如果 Persona 可以同时验证 assertion 和 audience，其就发回包含用户证书的 JSON 散列数据给客户端。代码清单 9-6 展示了一个尝试登录成功后的返回内容。

代码清单 9-6 尝试登录成功后从 `Mozilla Persona` 返回的 `JSON` 响应

```
{
    "status": "okay",                                   ← 返回 okay 状态
    "email": "joachim@haagen-software.no",              ← 提供用户邮箱地址
    "audience": "http://live.montric.no:443",           ← 返回传入的 audience
    "expires": 1369060978610,                           ← 标识何时登录到期失效
    "issuer": "login.persona.org"                       ← 标识 assertion 的原始发出者
}
```

验证了用户已经通过 Persona 认证以及有了登录用户的邮箱地址之后，Montric 后端将用户邮箱地址与唯一的 UUID token 关联在一起，并将使用它来通过 HTTP cookie 重登录用户。Montric 后端发回客户端的响应如代码清单 9-7 所示。

代码清单 9-7 从 `Montric` 后端返回的 `JSON` 响应

```
{
    "uuidToken": "99d21a30-1564-4863-a368-0a890f59532e",    ← 与用户相关联的 token
    "registered": false                                     ← 标识注册状态的属性
}
```

该 JSON 数据很简单。UUID token 在用户通过认证与鉴权为新用户后，由服务器端生成。Montric 将该 token 保存为用户邮箱地址的唯一标识符。`registered` 属性告知 Montric 前端应用程序该用户是否已经注册。如果用户需要注册新账号，Montric 就使用该信息将用户重定向到 `login.register` 路由。

现在我们已经了解了如何通过 Persona 来认证用户，接下来将了解使用 HTTP cookie 来提供直接重登录功能。增加这种方式的好处是可以减少 Ember.js 应用程序与服务器端之间的 HTTP 请求次数，同时能够消除不必要的发送到 Persona 的 HTTP 请求，如果已经可以鉴别用户的话。

9.2 通过 HTTP cookie 登录用户

如你所见，我们设置了一个名为 `uuidToken` 的 cookie，其带有一个文本串，可以在后面用来不通过 Persona 而认证用户。我们在 `Montric.UserController.init` 中，通过保存从成功登录到 Montric 后端时返回的响应中获取的 `uuidToken` 来完成这件事。

通过 HTTP cookie 登录不仅是最快捷的选择，而且还比通过 Persona 登录的方式来得简单。所以，在用户通过了 Persona 认证之后，我们希望后续的登录尽可能使用 HTTP cookie 方式。图 9-7 展示了 HTTP cookie 登录过程。

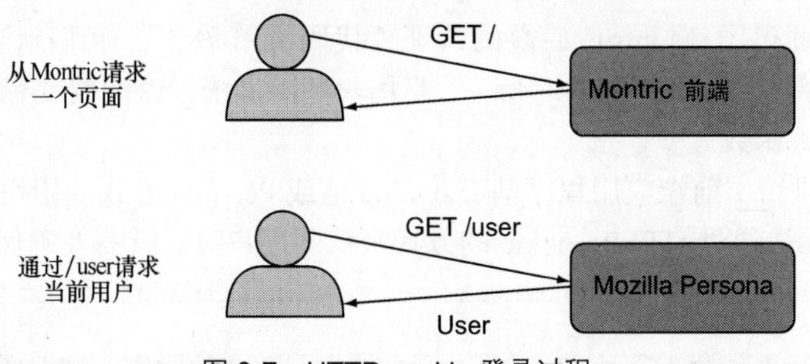

图 9-7 HTTP cookie 登录过程

为了通过使用 cookie 同时创建登录和登出功能，得向 Montric 前端应用程序提供以下功能。

- 创建 cookie。
- 读取 cookie。
- 删除 cookie。

在 Montric 应用程序里，我们在 `Montric.UserController` 中将这些功能实现为三个独立的函数，这是因为在 Montric 中，我们选定该控制器负责与登录用户相关的统计任务。这是放置这些函数的合适地方，因为我们希望在一个 `Montric.UserController` 类中放置所有的用户相关的功能。

代码清单 9-8 展示了这三个函数的代码。

代码清单 9-8 使用 cookie

```
createCookie:function (name, value, days) {       创建 cookie，在 XX
    if (days) {                                    天之后到期
        var date = new Date();
        date.setTime(date.getTime()+(days*24*60*60*1000));
        var expires = "; expires="+date.toGMTString();
    }
    else var expires = "";
    document.cookie = name+"="+value+expires+"; path=/";
},

readCookie:function (name) {                       读取 cookie 值
    var nameEQ = name + "=";
    var ca = document.cookie.split(';');
    for (var i = 0; i < ca.length; i++) {
        var c = ca[i];
        while (c.charAt(0) == ' ') c = c.substring(1, c.length);
        if (c.indexOf(nameEQ) == 0)
            return c.substring(nameEQ.length, c.length);
    }
    return null;
},

eraseCookie:function (name) {                      删除 cookie 值
    this.createCookie(name, "", -1);
}
```

当用户成功通过了 Montric 后端的认证（代码清单 9-3），我们从 `navigator.id.watch()` 函数内部调用 `createCookie`。当用户登出系统，就调用带有 `uuidToken` 参数的 `eraseCookie` 函数。

由于我们提供给了前端应用程序基于 cookie 值或 Persona 方式的用户登录功能，因此只要 Montric 后端无法通过 HTTP cookie 的方式来认证用户时，就需要确保初始化 Persona 功能。代码清单 9-9 展示了修改后的 `Montric.UserController.init` 函数。

代码清单 9-9　修改 `Montric.UserController.init` 函数，支持 cookie

```
Montric.UserController = Ember.ObjectController.extend({
    needs: ['application', 'account'],

    init: function() {
        this._super();
        this.set('content', Ember.Object.create());
        var controller = this;
        var cookieUser = Montric.get('cookieUser');
        if (cookieUser == null) {                               <-- 初始化 Mozilla Persona
            navigator.id.watch({
                loggedInUser: null,
                onlogin: function(assertion) { },
                onlogout: function() { }
            });
        } else {                                                <-- 修改 content
            this.set('content', Montric.get('cookieUser'));
        }
    }
});
```

在 `UserController` 的 `init` 函数的实现中，添加了一个 `Montric.get('cookieUser')` 是否有值的判断。如果有值就修改控制器 `content` 属性为 `Montric.get('cookieUser')` 的内容。

我们可能想知道 `cookieUser` 从何而来。由于浏览器支持 cookie，且 cookie 是每个客户端发送到服务器端的 HTTP 请求的一部分，因此我们就可以在 Montric 应用程序初始化前认证用户。

因为 Ember.js 通过调用 `App.deferReadiness()` 来及早停止应用程序初始化，因此我们也可以及早地执行认证工作。在 Montric 的 app.js 文件中，我们包含了基于 `uuidToken` cookie 值获取当前用户的代码。该代码如代码清单 9-10 所示。

代码清单 9-10　停止与恢复应用程序初始化

```
Montric.deferReadiness();                          <-- 停止应用程序初始化

$.getJSON("/user", function(data) {                <-- 获取当前用户
```

```
    if (data["user"] && data["user"].userRole != null) {      创建新的 user 对象
        var cookieUser = Montric.User.create();
        cookieUser.setProperties(data["user"]);
        Montric.set('cookieUser', cookieUser);
    } else {

        Montric.set('cookieUser', null);        设置 cookieUser 为 null
    }

    Montric.advanceReadiness();                                          #E
});
```

我们通过调用 `Montric.deferReadiness()` 停止 Montric 程序的初始化。这会通知 Ember.js 等待初始化控制器和路由器，直到产生一个 `Montric.advanceReadiness()` 调用。这提供了一个机会，可以获取应用程序所需数据（如认证用户），或者获取用于优化应用程序的数据（希望预先读取的大量而频繁使用的数据）。

在这里，我们通过发送一个 XHR 请求到 URL /user 来获取当前用户。如果 Montric 后端返回了关联了 `userRole` 的用户对象的响应，那么就假定后端已经认证了 `uuidToken` cookie。之后就可以创建一个新的 `Montric.User` 对象，并设置从服务器端获取的属性。在新的 `Montric.User` 对象被初始化之后，可以调用 `Montric.set('cookieUser', cookieUser)`。这将通知 `Montric. UserController` 用户已经通过了 HTTP cookie 方式的认证，且针对当前会话不需要涉及 Persona。

安全考量

尽管 Mozilla Persona 是一家安全的认证提供商，但所有的认证提供者都有漏洞，你应该要明白这一点。大多数漏洞可以通过遵循简单的指导原则来避免，但有一些是很难避免的。

Mozilla 身份认证团队（Persona 的支撑团队）创建了一系列指南，你在实现基于 Persona 认证的应用时应该遵循它们。

你至少应该通读一遍最佳实践文档（https://developer.mozilla.org/en-US/Persona/Security_Considerations）和实现指南（https://developer.mozilla.org/en-US/Persona/The_implementor_s_guide）中给出的指导内容。当实现认证解决方案时，请结合考虑这些指导原则及漏洞，综合考虑的同时也给了你一个演练如何避免暴露用户的机会。

9.3 小结

本章介绍了实现 Ember.js 应用程序认证和鉴权功能的两种可能方式。通过使用 Mozilla Persona，你了解了第三方基于 JavaScript 的认证解决方案是如何集成到 Ember.js 应用程序的。用户认证功能的实现总是比预期的来得困难，因为你在实现一个合适的应用认证机制的时候得考虑许多边界情况。

使用第三方认证提供者的优点有很多，但最大的好处是应用程序不用负责维护用户名和密码。除了安全存储、密码散列及保护用户信息安全免受黑客攻击之外，你还免费获得了跟账号创建/编辑以及丢失/忘记密码相关的一切特性。Persona 将所有的这些特性打包到一个整洁的包里，使得其很容易集成到我们自己的应用程序中。

由于 Persona 不依赖任何你可能使用的社交网络或其他应用平台，因此 Persona 用户不用担心个人信息暴露在认证机制之外。Persona 暴露给网站的唯一信息就是用户邮箱地址。

在接下来一章中，我们将接触到 Ember.js 的打包、部署及构建云应用等内容。

第 10 章　Ember.js 运行循环——Backburner.js

本章涵盖的内容

- 理解运行循环的内部结构
- 使用运行循环传播事件
- 使用运行循环提升应用程序性能
- 在特定运行循环里执行代码
- 在运行循环里执行重复任务

Ember.js 运行循环是 Ember.js 特有的概念，是区别于类似框架如 AngularJS 或 Backbone.js 的特色之一。尽管该术语可能让人理解成是一个持续循环的实现，但实际上并非如此。在 Ember.js 候选版本中，运行循环被提取到了 Ember.js 的 Backburner.js 基础库里。虽然 Ember.js 现在在内部使用了 Backburner.js，但 Ember.js 内部的 API，包括运行循环 API 并未改变。在本章提及 Ember.js 运行循环的时候，意指 Ember.js 特定 API 和底层 Backburner.js 库。这种分离方式与 Ember.js 集成其他基础库类似，确保在底层基础库改变及优化时，Ember.js 提供的 API 保持不变。

图 10-1 展示了 Backburner.js 在 Ember.js 框架中的位置。

本章探讨 Backburner.js 和 Ember.js 如何通过它来确保 Ember.js 应用程序的响应以及实时数据绑定。

我们首先介绍运行循环的概念，接下来看一个样例程序，以深入运行循环内部。之后了解如何与运行循环交互，并发送代码在一个运行循环约束中执行。

10.1　什么是运行循环

简而言之，运行循环是一种机制，Ember.js 用来在应用程序中分组、协调及执行事件、键-值通知和计时器。运行循环会一直保持休眠状态，直到有效事件发生或通过 API 手动触发事件。

为了进一步解释运行循环及其承担角色，我们在一个简单应用程序 TodoMVC 的上下文中定义它。具体地，你可以在 http://todomvc.com 找到 TodoMVC 样例的 Ember.js 版。

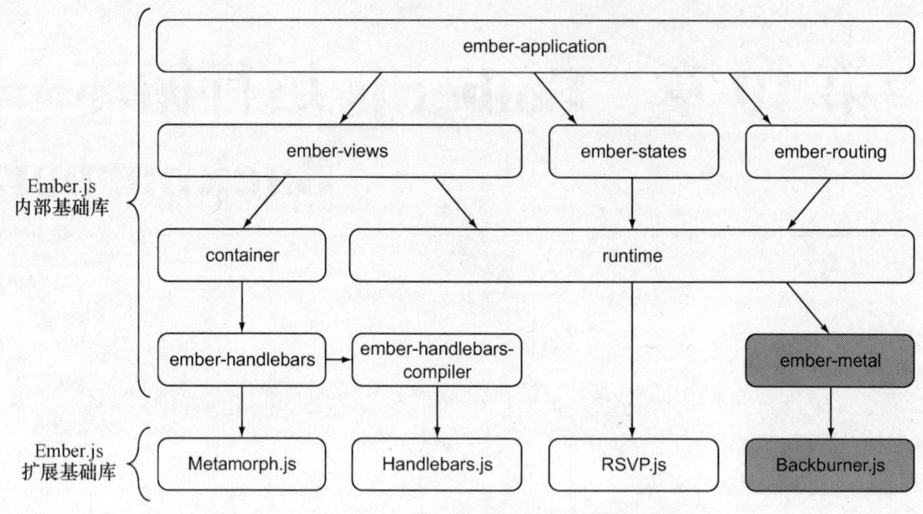

图 10-1　Backburner.js 在 Ember.js 框架中的位置

10.1.1　Ember.js TodoMVC 应用程序介绍

TodoMVC 是一个大型项目，让你能够了解并比较几种 JavaScript MVC 库和框架。每种 MVC 框架实现同样的 TodoMVC 应用，同时，你可以找到用每种框架开发的源代码。图 10-2 展示了 TodoMVC 应用程序。

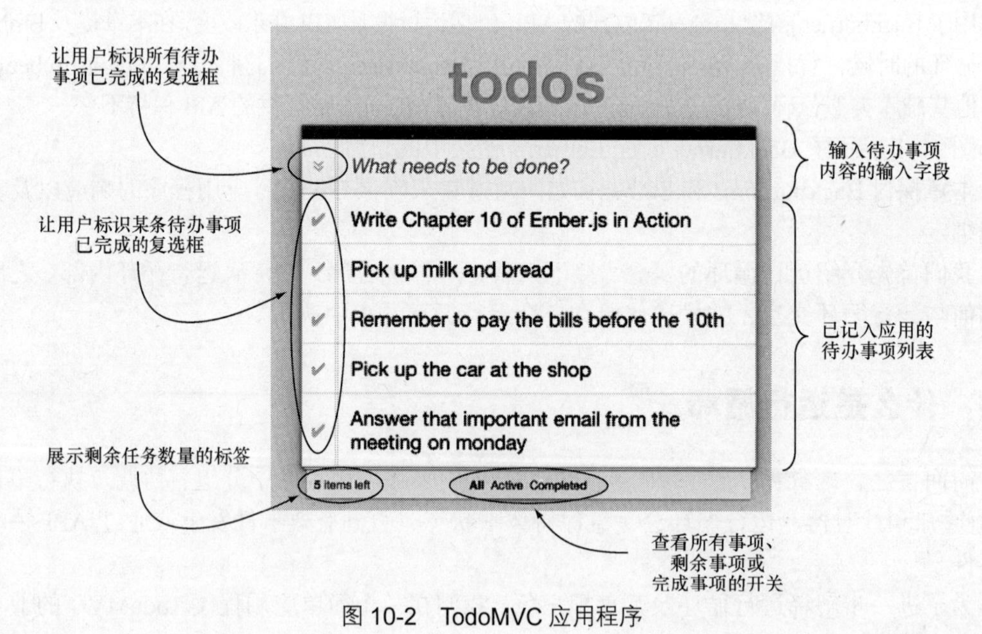

图 10-2　TodoMVC 应用程序

TodoMVC 应用程序有以下几个功能。

- ❑ 输入字段：在应用程序顶部位置，通过文本框让用户输入新的待办事项到事项列表中。
- ❑ 待办事项列表：用户至少添加了一条待办事项之后，事项将显示在列表中，列表位于输入字段下方。
- ❑ 标识任务已完成的复选框：列表中每条事项的左边，都有一个复选框，让用户标识该任务事项已完成。
- ❑ 标识所有任务已完成的复选框：在文本输入字段的左边，有一个复选框，让用户标识所有任务事项已完成。
- ❑ 状态标签：在页面底部靠左的位置，有一个标签，其显示尚待完成的任务数。

假设某个用户添加了 100 条待办事项到列表中，他完成了手头的所有任务并希望标识所有任务的状态为已完成。当他点击文本输入字段边上的“标识所有任务已完成”复选框时会发生什么？你当然不希望应用程序为了这 100 个任务而修改每个 DOM 元素，因为这是一个非常耗时、缓慢且代价高昂的过程。这正是 Ember.js 运行循环大显身手的机会，其能够帮助你组织事件并以一种聪明而高效的方式来执行事件。

记住这个场景，让我们来好好了解一下 Ember.js 运行循环。

10.1.2 解释 Ember.js 运行循环

不用太计较称谓，运行循环并不是持续执行的循环，相反地，其由一组预定义的队列构成，这些队列放在一个定义执行序列的数组中。图 10-3 展示了 Ember.js 运行循环中定义的默认队列。

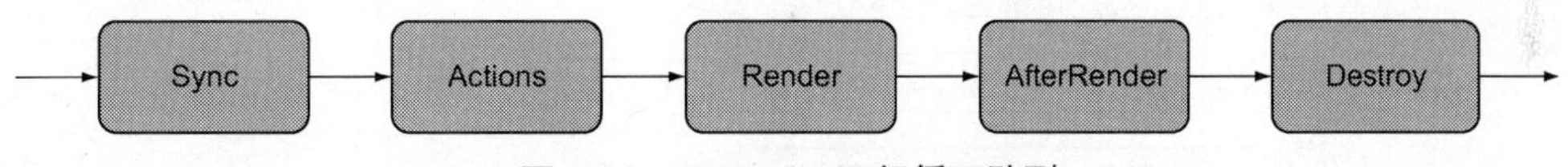

图 10-3 Ember.js 运行循环队列

默认地，Ember.js 包含 5 个队列，除非另有说明，任何添加到运行循环的事件都将被安排进 Actions 队列。随着本章内容的不断深入，你将了解这些队列、它们的关系及职责。

Ember.js 很好地实现了监听器，只要相应的事件发生，这些监听器就会进入队列中。Ember.js 不添加事件到运行循环队列的情况是很少见的，内部的运行循环 API 能够帮助你安排自己的事件进入到某个队列。如果你进行非常独特或复杂的处理（比如，实现自定义监听器，或者用到了诸如 WebRTC 、WebSocket 这些新技术），你甚至还可以创建新队列。

在 Ember.js TodoMVC 应用程序中，当用户点击“标识所有任务已完成”复选框，事件将触发一个新的运行循环，从 Sync 队列上开始工作，该队列包含跟传播的绑定数据有关的所有应用程序动作，此时至少有 400 个事件在 Sync 队列中。

- ❑ 总计有 100 个事件更新待办事项列表中的每个任务，通过设置 `isCompleted` 属性为 true，来标识待办事项为已完成；

- 待办事项列表在待办事项的旁边显示 100 个复选框，这些复选框的 checked 属性绑定到待办事项的 isCompleted 属性。这些绑定事件占了 Sync 队列中 400 个事件中的 100 个；
- 应用页面底部靠左位置有一个状态标签，用来指明剩余待办事项的数量。该标签绑定到 TodosController 控制器的 remainingFormatted 计算属性。这个属性反过来绑定到每个待办事项的 isCompleted 属性，这些事件占了 Sync 队列中 400 个事件中的 100 个；
- 同样，应用页面顶部靠左位置的“标识所有任务已完成”复选框，依据待办事项列表中的所有事项是否被标识为已完成而实现开关切换。这些事件占了 Sync 队列中 400 个事件中的剩余 100 个。

当运行循环完成了 Sync 队列中的工作，所有的绑定就都在应用程序中传播开来。

依据应用程序的绑定如何设定，执行一个绑定的结果可能导致新事件被添加到某个运行循环队列中。Ember.js 运行循环因此确保当前队列以及任何前面的队列，在继续下一个队列之前被完全清空。图 10-4 展示了运行循环在刚被触发之后以及刚开始清空 Sync 队列之前的状态。

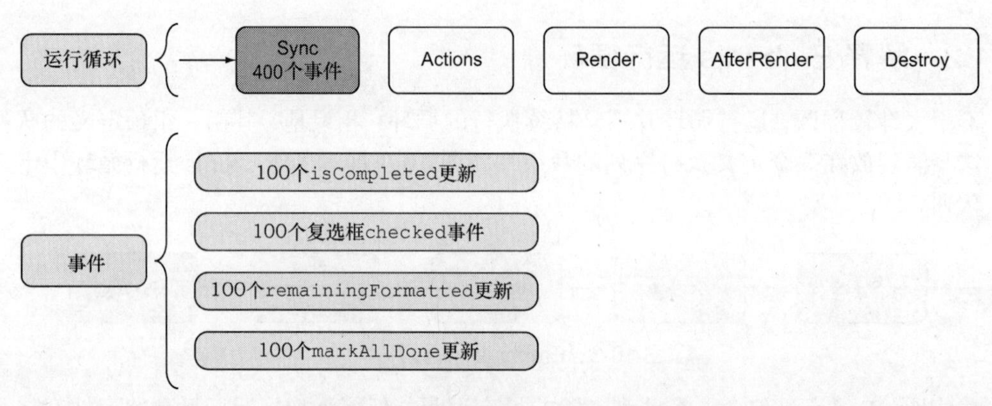

图 10-4　刚开始的 Ember.js 运行循环

Backburner.js 首先检查添加到 Sync 队列的所有事件。当 Sync 队列中的所有事件都处理完毕，Ember.js 将绑定数据和添加事件传播到 Render 队列，并通知 Ember.js 重绘所有的 101 个复选框及使用删除线勾除已完成任务。此外，应用程序页面底部靠左位置的计数器相应更新显示剩余 0 个待办事项，此项功能占了 Render 队列事件中的一个。

当 Sync 队列空了，运行循环就转到 Actions 队列。Ember.js 默认队列包含了在所有绑定数据被传播之后、但在视图渲染进 DOM 之前需要执行的任何事件。唯一指定进入到 Actions 队列的两个事件是应用程序初始化和 RSVP 事件（RSVP 是 Ember.js 内部用来与 promise 交互的库）。

图 10-5 展示了当运行循环刚开始在 Actions 队列工作时的状态。

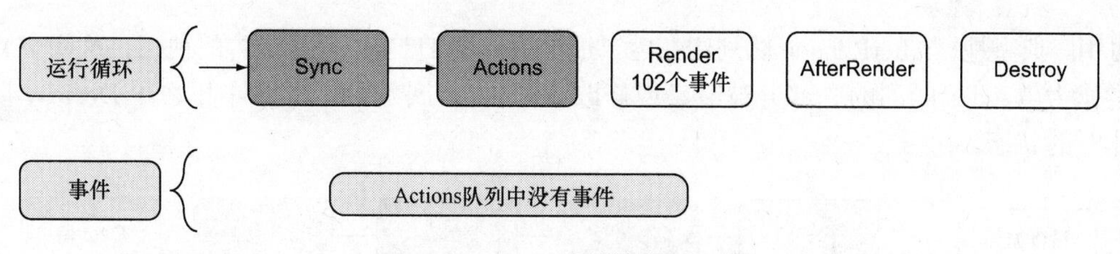

图 10-5 Sync 队列被清空之后

由于没有事项在 Actions 队列，且 Sync 仍为空，运行循环就移到下一队列。

视图包添加 Render 队列和 AfterRender 队列到运行循环中的队列列表中。当 Actions 队列被清空，在到达 Render 队列之前，Actions 队列确保应用绑定数据传播到整个应用程序。这非常重要，因为与浏览器 DOM 树交互及对其进行管理都是 Ember.js 执行的最耗时的任务之一。有一个系统实现确保应用程序执行最少量的 DOM 管理，对于应用性能、特别是对于只有有限处理能力的移动设备的应用性能来说，是至关重要的。图 10-6 展示了运行循环开始在 Render 队列工作时的状态。

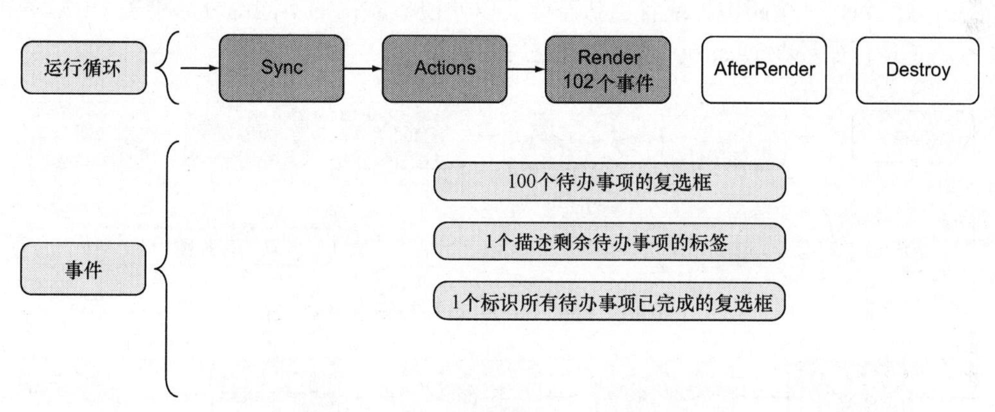

图 10-6 Sync 队列和 Actions 队列被清空之后

Render 队列包含了视图渲染进 DOM 相关的事件，如它的名称所指。由于在运行循环工作过程中，Ember.js 通过队列顺序来确保 DOM 管理的数量最小化，因此，Render 队列紧跟在 Sync 和 Actions 队列之后是很关键的。在所有绑定数据传播进 Sync 队列、所有的挂起回调和 promise 已经在 Actions 队列执行完毕之后，那么就为 Ember.js 开始操作用户界面做好了准备。

Render 队列包含了 DOM 相关事件，队列中的每项通常导致 1 个或多个 DOM 操作。大多数的视图将其渲染事件放到 Render 队列中。然而经验会告诉你，某些视图事件需要安排在 Render 队列之后，而这就是——你猜到了——After Render 队列派上用场的时候了。图 10-7 展示了运行循环开始在 AfterRender 队列工作时的状态。

总而言之，AfterRender 队列包含了需要在标准渲染事件执行完毕后发生的视图相关的事件。一个例子就是一个视图需要访问生成的 DOM 元素，因为元素只在 Render 队列清空后才可用。典型地，AfterRender 队列用在需要追加或改变 HTML 元素内容的视图，这些 HTML 元素作为 Render 队列的一部分被渲染或修改。图 10-8 展示了运行循环开始在 Destroy 队列工作时的状态。

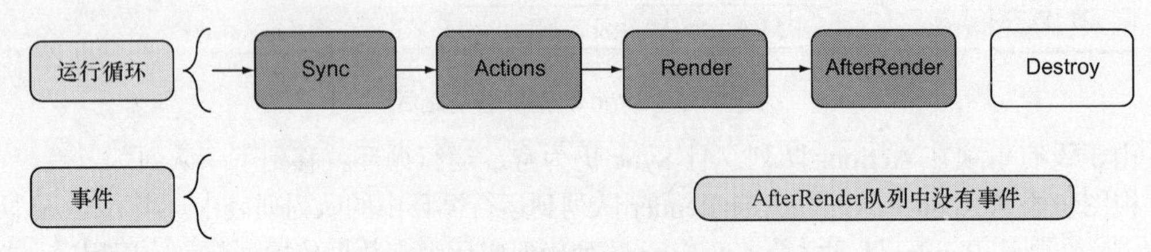

图 10-7　Render 队列被清空之后

运行循环清空了 AfterRender 队列之后，就移到最后的 Destroy 队列。在 Destroy 队列里，针对所有需销毁对象的事件被添加。你可能想知道有什么东西进入了 Destroy 队列。通常来讲，任何从 DOM 中移除以及不再需要的视图会被添加到这个队列当中。这发生在当用户从某个路由导航到另一个路由，或者当状态改变以便模板默认的不同部分渲染进 DOM 时。图 10-9 展示了运行循环在 Destroy 队列被清空后的状态。

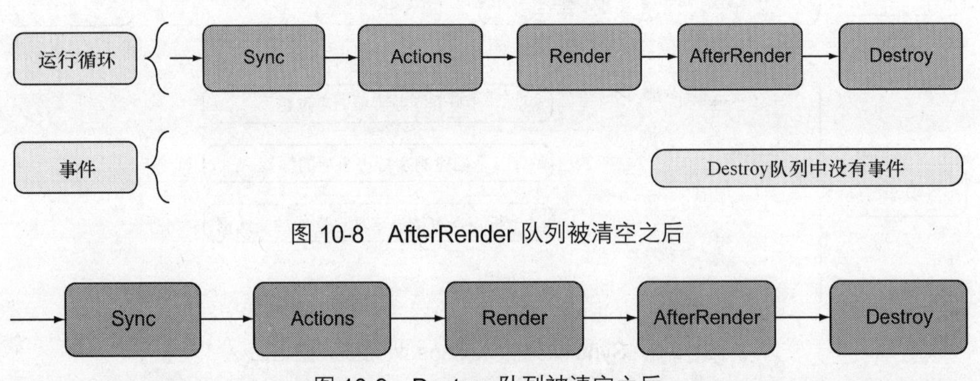

图 10-8　AfterRender 队列被清空之后

图 10-9　Destroy 队列被清空之后

然而，运行循环多留了一招。在运行队列中的任何事件都可能导致其他事件被任何其他队列中的事件所调度。比如说，Actions 队列中的事件可能调度 Sync 队列中的新事件。假设 Actions 队列中的某个事件操作了应用程序中的数据，该数据可能有它自己绑定的观察者或计算属性。如果是这种情况，新事件就会被添加到 Sync 队列以确保这些改变在运行循环移到下一个队列前也会得到处理。

这是一个很重要的概念，对于运行循环保持用户界面与改变之间一致性的同时，还能最小化应用程序需要执行的 DOM 操作数量来说，是至关重要的：Ember.js 运行循环确保所有之前的队列在移到下一队列之前被完全清空。

现在我们对运行循环有了更清晰的理解，我们来完善一下运行循环的概念性示意图，如图 10-10 所示。

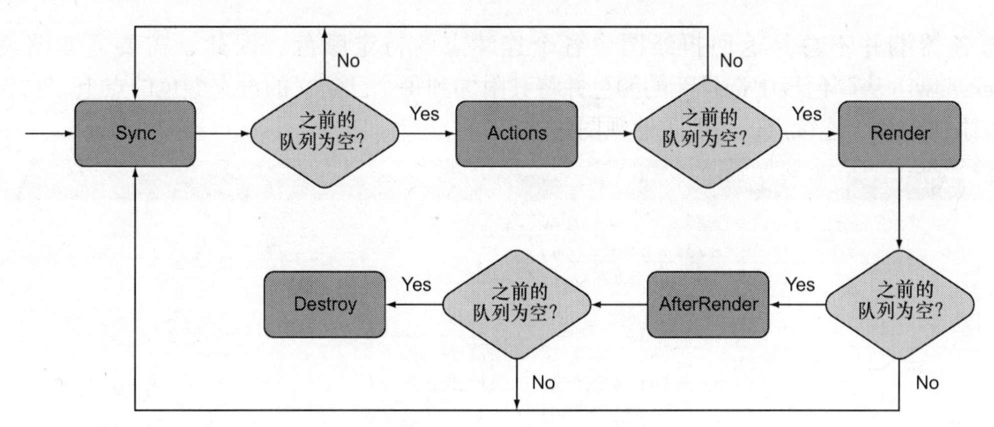

图 10-10　增强的 Ember.js 运行循环示意图

在经历一开始的 Ember.js 学习曲线及应用复杂度增加之后，了解运行循环的实现机制就派上用场了。通过理解运行循环，你可以利用其工作机制来优化应用程序的性能。

我提到过运行循环有一个 API，你可以用它来与运行循环交互。通过这个 API，我们可以在运行循环框架下执行、安排以及重用应用程序代码。下一节我们就来了解一下运行循环 API。

10.2　在运行循环框架下执行代码

我们可以有多种方法在一个运行循环内部安排程序执行。通过运行循环 API，可以立即执行代码、在一定时间后执行代码，或者在下一个运行循环中执行代码。当需要在视图的 `didInsertElement` 方法完成之后操作 DOM 元素，或者需要依赖视图渲染之后在特定时间间隔执行的动作，这就非常有用。后面你将看到这些场景下的示例。

如果打算立即执行代码，可以将这些代码放进 `Ember.run(callback)`，调用该函数确保代码得以在一个运行循环中执行。如果当前没有执行的运行循环，Ember.js 会自动开启一个。当运行循环开始后，该回调函数中的代码将在运行循环结束之前执行。在运行循环结束前，其确保所有的队列都得以正常刷新。作为开发者，你可以确定代码涉及的所有事件和绑定数据都正确执行，并且在运行循环结束时 DOM 已完成更新。

10.2.1　在当前运行循环中执行代码

在当前运行循环中执行代码是所编写的最常见的运行循环调度任务。通过 `Ember.run`，Ember.js 将所给回调函数放置到默认的 Actions 队列。

代码清单 10-1 展示了将代码附加到当前运行循环的示例。在这个示例中，我们实现绘制折线图视图的部分代码。具体地，查看监听视图 `chart.series` 属性改变的观察者。由于服务器端并不总是返回折线图中各个连续点的特定颜色，因此，需要通知图表库（Rickshaw）从调色板中选择新的颜色并将其附加到每个已定义的没有颜色的点上。当新颜色被添加到各个连续点，需要重绘视图。

代码清单 10-1 在运行循环中执行代码

```
Montric.ChartView = Ember.View.extend({
    contentObserver: function() {
        var series = this.get('chart.series');
        if (series) {
            var palette = new Rickshaw.Color.Palette({scheme: "munin"});

            series.forEach(function(serie) {
                if (!serie.color) {
                    serie.color = palette.color()
                }
            });

            var view = this;
            Ember.run(function() {
                view.rerender();
            });
        }
    }.observes('chart.series')
});
```

观察 chart.series 属性

修改各个连续点的颜色

确保视图被渲染

前面有个视图，是 Montric 应用程序的 main 图表视图。该视图有一个监听 chart.series 属性改变的观察者。如果 chart.series 有值，就确信该图表的连续点定义了颜色，如果没有值，就使用从图表库调色板获取的新值。在各个连续点被修改之后，需要 rerender（渲染）视图以更新图表的 DOM 呈现。由于要确保视图正确更新，因此将 rerender 函数封装进一个回调函数，并传进 Ember.run。

但我们还有其他选择，可以用来在运行循环如何及何时执行代码方面获得更好的控制。

10.2.2 在下一个运行循环中执行代码

有时我们希望确保代码只在当前运行循环完成之后执行，我们有两种方式来达成此目标：通过调用专门的 Ember.run.next() 函数来实现，或者通过调用 Ember.run.later() 函数安排代码在 1 毫秒后运行。在代码清单 10-2 中，我们重新回到 chart.series 的观察者方法，并修改成使用 Ember.run.next() 函数。

代码清单 10-2 通过 Ember.run.next() 在下一个运行循环中执行代码

```
Montric.ChartView = Ember.View.extend({
    contentObserver: function() {
        //Code ommited, but same as listing 10.1

        var view = this;
```

```
        Ember.run.next(function() {          在下一个运行循环中
            view.rerender();                  执行代码
        });
    }.observes('chart.series')
});
```

如你所见，代码与代码清单 10-1 差不多，不同之处在于用 Ember.run.next()替代了 Ember.run()。而这两个函数里的代码是相同的。该处变化的影响在于等到所有绑定和观察者已被正确传播且所有当前运行循环中的 DOM 更新已正确执行了以后，才会进行视图渲染。如果希望在 DOM 元素渲染之后对其应用动画，如果需要在 Render、AfterRender 以及 Destroy 队列里的事件执行完毕之后调度某个事件发生，这就非常有用。

10.2.3　在后续运行循环中执行代码

前面提到了使用 Ember.run.later()来调度代码在下一个运行循环中执行。在 Montric 里，应用程序每隔 15 秒接收一次修改信息。由于我们希望用户界面会自动更新而不用等到用户触发更新动作，因此需要设置每隔 15 秒就自动更新可见图表。使用 Ember.run.later 能够实现该类功能。代码清单 10-3 展示了 Ember.run.later()的使用方法。

代码清单 10-3　在下一个运行循环内通过 Ember.run.later()执行代码

```
Montric.ChartView = Ember.View.extend({
    contentObserver: function() {
        //Code omitted, but same as listing 10.1

        var view = this;                           在下一个运行循环
        Ember.run.later(function() {               中执行代码
            view.rerender();
        }, 1);                                     安排任务在运行循环结束
    }.observes('chart.series')                     1 毫秒后运行
});
```

这里用 Ember.run.later()函数替代了 Ember.run.next()，该函数有一个参数，用来指定安排代码在下一运行循环执行之前等待多少毫秒。在这里，我们安排代码在当前运行循环结束 1 毫秒后执行，也就是在下一运行循环里了。

你现在也许猜到了可以通过 Ember.run.later()在将来某个时间调度任务的执行。通过改变最后一个参数值为 500，在第一个运行循环中给出的代码将在 500 毫秒后执行。

实际上，调度代码在将来指定时间执行的方法有好多种。到目前为止，我们只尝试了将代码调度进 Actions 队列。你可能还想了解如何将代码调度进其他队列或者如何安排重复的任务，因此，我们接下来了解 Ember.run.schedule()和 Ember.run.interval()。

10.2.4 在指定队列执行代码

大多数时间里，我们都将代码调度进 Actions 队列。在那里，所有绑定数据被传播，并且大多数希望在运行循环中调度执行的代码的相关设置工作都得到处理。

不过，偶尔我们需要对在其中调度代码的队列进行细粒度控制。再次以第 6 章介绍的 Ember Fest 应用程序为例，我们将在 AfterRender 队列调度代码。Ember Fest 登录页面由 6 个子路由构成，并组织为单页面，用户可以滚动显示子路由内容。当用户向下滚动页面时，路由改变，且 URL 更新以反映用户在页面上的当前位置。此外，如果用户进入应用程序的某个可视子路由，应用程序需要滚动页面到正确的位置。图 10-11 展示了 Ember Fest 应用程序的几个路由，并且网站的各个部分都与这些路由联系在一起。

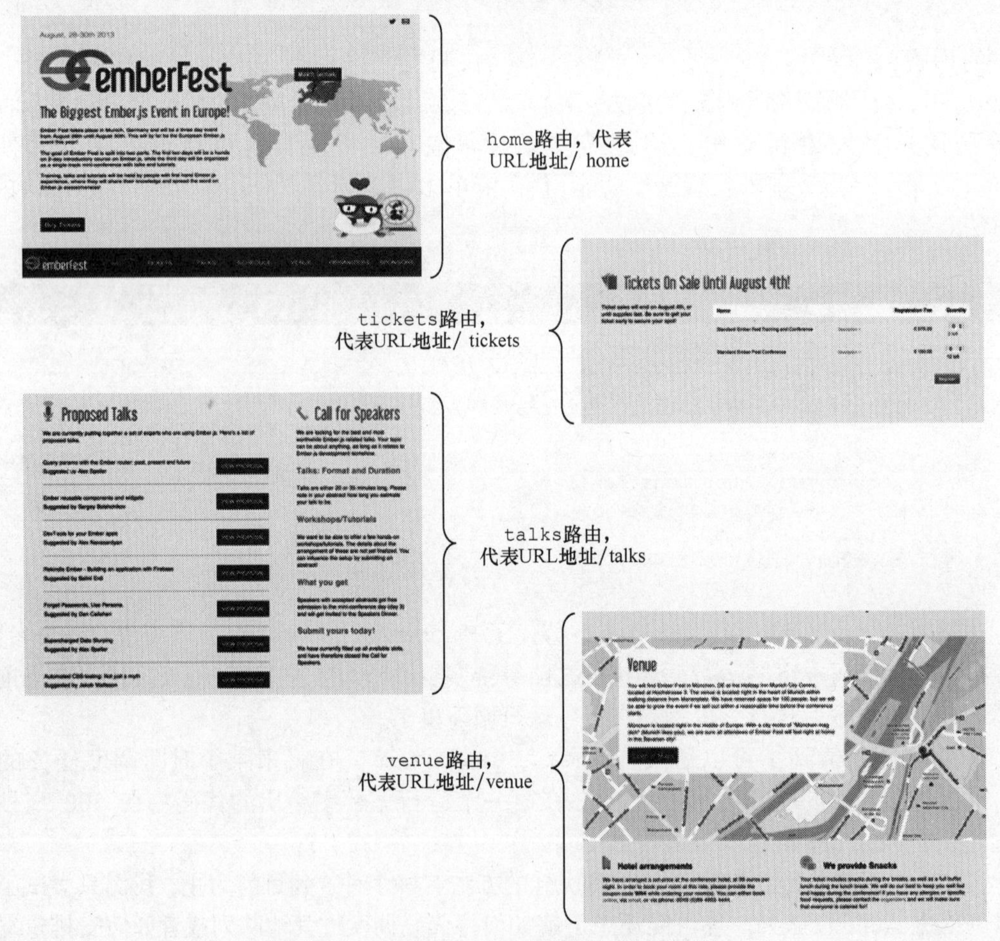

图 10-11 Ember Fest 应用程序可滚动的路由

该滚动功能通过 `document.getElementById(id).scrollIntoView()` 函数添加

到每个子路由中。请参考代码清单 10-4。

代码清单 10-4 滚动到 DOM 中的特定元素

```
Emberfest.IndexVenueRoute = Ember.Route.extend({        ← 为/venue 指明路由
    setupController: function(controller, model) {
        this._super(controller, model);
        _gaq.push(['_trackPageview', "/venue"]);        ← 集成路由与 Google Analytics

        document.title = 'Venue - Ember Fest';

    },
添加滚动功能
    renderTemplate: function() {                        尚无法工作的滚动样例
        this._super();
        document.getElementById('venue').scrollIntoView();  ←
}
});
```

如你在代码中所见，我们试图使用 `scrollIntoView()` 函数滚动 ID 为 `venue` 的 HTML 元素。然而该代码的问题是当 `renderTemplate` 函数执行时，`venue` 元素所在的模板默认不会渲染进 DOM。运行代码清单 10-4 所示的代码会导致以下错误信息：

```
TypeError: 'null' is not an object
(evaluating 'document.getElementById('venue').scrollIntoView')
```

这显然不是我们想要的结果，我们希望在 `venue` 元素渲染进 DOM 之后就滚动它进到视图中。你可能还记得，`venue` 元素在 Render 队列里绘制到 DOM，因此，应该使用 `Ember.run.schedule()` 函数来尝试将该部分代码安排到 AfterRender 队列中去，代码清单 10-5 展示了修改之后的代码。

代码清单 10-5 使用 `Ember.run.schedule()` 函数将代码调度到 `AfterRender` 队列

```
Emberfest.IndexVenueRoute = Ember.Route.extend({
    renderTemplate: function() {                         将代码调度到
        this._super();                                   AfterRender
        Ember.run.schedule('afterRender', this, function(){  ← 队列
            document.getElementById('venue').scrollIntoView();
        });
    }
});
```

该例子省略了 `setupController` 代码，其与先前例子中的一样。上述代码中唯一的不同在于现在 `Ember.run.schedule()` 中包含了 `document.getElementById('venue').scrollIntoView()` 函数。`Ember.run.schedule()` 函数有 3 个参数，第一个参数指定调度任务到哪个队列，第二个参数传入回调函数执行的上下文环境。

现在的代码就能够正常工作了。当用户进入 `IndexVenueRoute`，该路由的 `setup()` 函数被调用，其依次触发 `renderTemplate()` 函数。Ember.js 内部会推迟执行 Render 队列的任何渲染逻辑，包括渲染属于 `IndexVenueRoute` 的模板。在运行循环进入 AfterRender

队列之后，要查找的 venue 元素已经添加进了 DOM，这时候，就可以滚动页面到正确的元素上了。

我们已经了解了以不同方式如何调度单个任务进运行循环，但尚未接触如何通过运行循环来实现重复任务。

10.2.5 通过运行循环执行重复任务

不幸的是，Ember.js 并未实现 Ember.run.interval() 函数。这使得 Ember.js 应用程序很难实现重复功能。我们可以考虑以下某种方式：

- 求助标准的 setInterval() 函数，封装其内容到 Ember.run() 函数或 Ember.run.schedule() 函数中。
- 使用 Ember.run.later()，并确保传入的回调函数递归添加另一个对 Ember.run.later() 的调用。

代码清单 10-6 展示了 Montric 应用程序如何实现每隔 15 秒钟加载图表的更新代码。ChartsController 同时实现了创建新的计时器的 startTimer() 函数和 stopTimer() 函数，将时间间隔保存在控制器中，并清除它。除了展示在这里的代码，控制器基于 ChartsController 的当前状态以及应用程序所处状态调用 startTimer() 函数和 stopTimer() 函数。

代码清单 10-6 在运行循环中执行重复任务

```
Montric.ChartsController = Ember.ArrayController.extend({
    startTimer: function() {                                  ← 开始计时
        var controller = this;                                   并保持它
开始每隔 15 000 → var intervalId = setInterval(function () {
毫秒的计时          Ember.run(function() {                   ← 在循环中执行内容
                        if (controller
    .get('controllers.application.showLiveCharts')) {
                        controller.reloadCharts();
                    }
            });
        }, 15000);

        this.set('chartTimerId', intervalId);
    },

    stopTimer: function() {                          ← 中断计时
        if (this.get('chartTimerId') != null) {            ← 清除并重置计时器
            clearInterval(this.get('chartTimerId'));
            this.set('chartTimerId', null);
        }
    }
});
```

我们在 `Ember.run()` 内部封装了计时器功能，以确保代码片段在当前运行循环中执行。这很重要，因为任何发生在计时器函数内部的改变会触发一个运行循环并保持用户界面实时更新。

10.3　小结

通过本章的学习，我们了解了如何在 Ember.js 框架中使用运行循环和 Backburner.js 来确保 Ember.js 应用程序尽可能快速高效，并尽可能多地帮你解决问题。在大多数场景中，Ember.js 会将代码调度进正确的运行循环，你甚至不需要知道运行循环的存在。

话又说回来，在一些极端情况下，掌握运行循环的工作原理以及如何通过运行循环队列来正确服务于应用所需，总会派得上用场的。在这种情况下，调度任务到正确的运行循环队列，或者调度代码到后续运行循环中执行，将极大程度上带来更加可读的代码。

我们还了解了通过使用运行循环 API，可以将任务调度进当前运行循环或者后续某个运行循环。同时，还可以将任务调度到特定的运行循环队列中去。

到目前为止，我们学习了 Ember.js 提供的大多数功能，接下来就到了了解如何打包及部署 Ember.js 应用程序的时候了。

第 11 章　打包与部署

本章涵盖的内容

- 理解 JavaScript 应用程序打包与装配
- 创建一个项目结构
- 压缩及连接文件，编译模板
- 使用 Grunt.js

很不幸，JavaScript 构建工具仍非常不成熟。有各色工具竞相解决应用程序装配任务：运行单元测试、执行 Linting（确保 JavaScript 代码的清洁度）、压缩源代码以及打包应用程序。

现有工具的问题在于它们往往难以使用，给出的错误信息很难理解，即使对开发者而言也是这样。此外，在管理应用程序依赖性以及这些依赖性应该如何与应用程序绑定方面，JavaScript 社区尚未就相关标准达成一致。如果你刚从更成熟的服务器端编程语言如 Java 和 C#进入 JavaScript 世界，JavaScript 构建工具及装配方式会让你头痛不已。

本章内容分为两个部分。第一部分描述了将 Ember.js 应用程序装配和打包进适合部署和发送到浏览器的格式所必须采取的步骤。第二部分解释了如何通过当下流行的 Grunt.js 工具来完成这些任务。

我们先来浏览一下本章涉及的 Ember.js 知识点，如图 11-1 所示。

首先，我们将了解打包和装配现代 JavaScript 应用程序涉及哪些方面。

11.1　理解 JavaScript 应用程序打包和装配

要使用任何构建工具都需要正确组织应用程序源代码文件结构。建立这种结构有多种途径，但最重要的是必须将不同类型的源代码文件放置在各自类型的目录中。所有的 JavaScript 文件要么放在项目的单独目录中，要么放在该目录的子目录中。对于 CSS 文件、HTML 文件以及任何其他需要纳入应用程序的资源文件也是这样。我们来看看如何组织 Ember.js 应用用程序结构以便为后续的打包和装配做好准备。

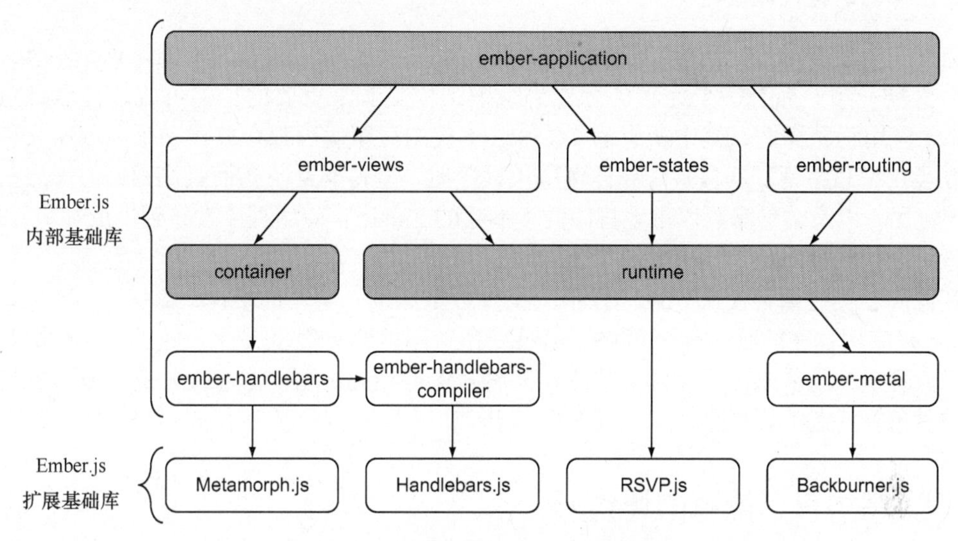

图 11-1 本章涉及的 Ember.js 知识点

11.1.1 选择目录结构

如前面提到的，JavaScript 社区尚未就 JavaScript 应用程序的标准目录结构达成一致，你可以随意命名自己的目录，只要确保不同类型的资源分类存放即可，后面构建工具就能够知道在哪儿找到这些资源。

从好处说，JavaScript 社区反应迟缓但无疑正在建立一个共识——终究实现 JavaScript 项目目录结构的标准定义方式。

在此之前，遵循一些好的指导原则显然是明智的。对于我自己的 Ember.js 应用程序，我习惯按以下目录划分资源。

- js/app——所有自己编写的 JavaScript 代码文件。
- js/lib——所有第三方 JavaScript 库文件，有些文件可能已经压缩过了。
- js/test——所有 JavaScript 单元测试文件。
- css——存放所有 CSS 文件。
- images——所有图片文件。

注意 某些构建工具需要或指定特定的目录结构。在这里，由于我们要使用 Grunt.js，因此需要告知 Grunt.js 在哪儿查找文件。你可以完全自由地使用自己的目录结构风格。

使用该目录结构能够方便应用程序、开发者以及构建工具后续找到你的资源文件。该结构中的大多数目录都是平面风格的，意味着其没有子目录。但是像 js/app 目录这样的情况往往并非如此，稍后我们就会看到。

组织自己编写的源代码概述

拥有一个完善的源代码组织结构是非常重要的。我无法用更多言语强调这个事实了，因此我再重复一句：拥有一个完善的源代码组织结构是非常重要的！你可能已经看到过一些 Ember.js 应用程序样例，其中所有的 JavaScript 应用程序代码都存放在一个 app.js 文件中。这种方式在编写小型、概念验证或样例应用程序时，显得非常不错而且高效，但如果打算以后维护应用，以及总是需要慎重地将你的了不起的 Ember.js 应用程序发布到生成环境，那么，就应该将源代码分隔到不同文件中去。

其他静态类型语言使用允许你在单个文件里定义唯一实体的结构，依我看，这也是用于 JavaScript 应用程序的唯一理智策略，但最终在应用里会有很多文件。为了对这种混乱的结构进行梳理，可以采取以下两种方式中的一种：保持相同类型的对象在一起，或者保持相同功能的对象在一起。

11.1.2 组织自己编写的源代码

选择哪种结构组织方式是你的事，但让我们先来看看如何按上述两种方式组织代码，以及为什么我推荐保持相同功能对象在一起的方式。

1. 保持相同类型的对象在一起

为了保持相同类型的对象在一起，需要在 js/app 中创建几个目录，用来集中存放诸如控制器、视图等文件。如图 11-2 所示。

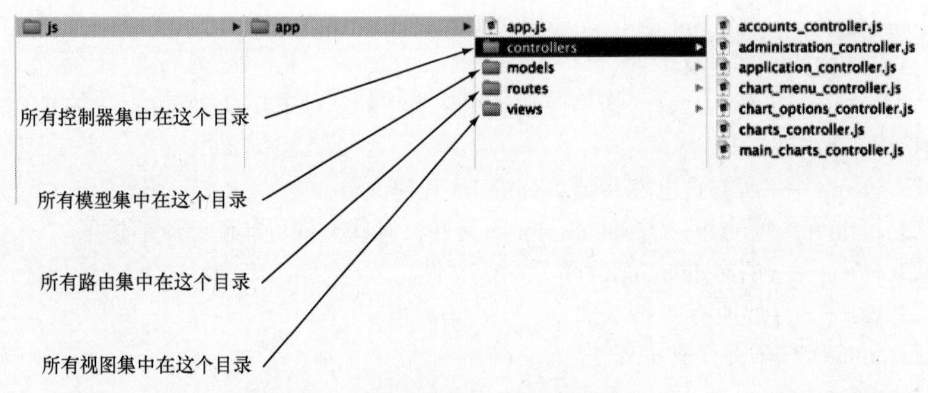

图 11-2 保持相同类型的对象在一起

我们已经将目录命名为 controllers、models、routes 和 views。只要应用规模不大，这种方式还是容易管理的。但即使是图 11-2 所示的例子中，也能发现长远来看这种方式不利于管理。在 controllers 目录里，一下子就能看出没有一种快速简单的手段来区分文件及其在应用中的职责。你可以猜出 accounts_controller.js 文件是负责管理用户账户的，但由于该目录结构没有给出每个控制器的上下文信息，在检查该文件具体内容之前也就无法保证猜测准确与否。

2. 保持相同功能的对象在一起

另一种方式是根据应用程序提供的功能定义目录结构。对一个 Ember.js 应用程序而言，任何属于某个路由的代码都放在同一目录中。最终将目录按 administration/accounts 或 chart 诸如此类的方式命名，其中包含了定义该路由的路由、控制器以及视图等相关文件，如图 11-3 所示。

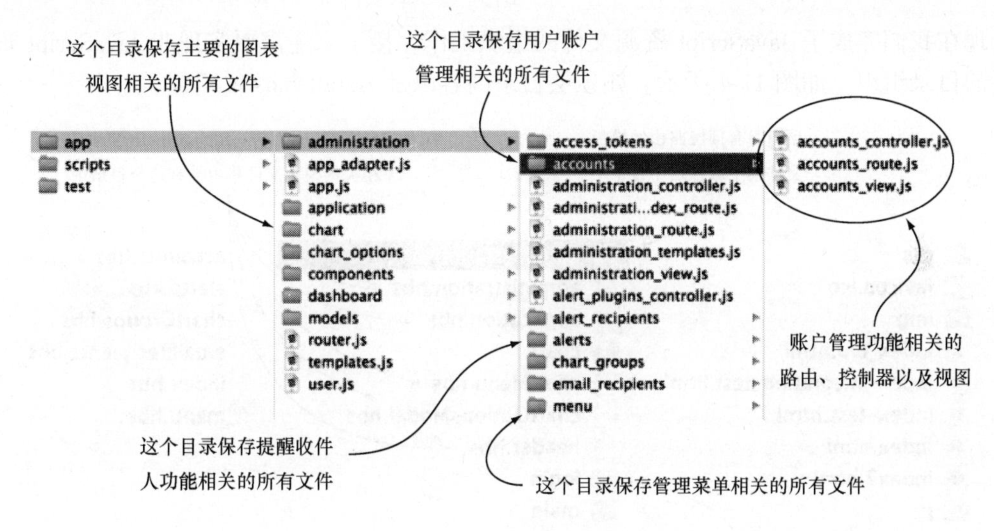

图 11-3 保持功能集中

js/app/administration/accounts 目录包含了 Montric 应用程序中 administration/accounts 路由相关功能的所有文件。此外，图示中还可以看到 administration/alert_recipients、administration/menu 诸如此类的目录。

以功能为中心的目录结构遵循以下原则。

- 将逻辑划分为小块、易管理的文件。
- 在 js/app 目录下给每个文件安排一个容易理解的位置。
- 反映出应用程序的主要功能，使得应用程序在将来更易管理，同时对于新加入团队的开发者而言也容易理解。

3. 组织 JS/TEST 目录

你可能想知道如何处理 js/test 目录。依我来看，我们可以依照 js/app 目录同样的组织方式来组织它。该目录最终就像 js/test/administration/account、js/test/administration/alerts 这样。如同 js/app 目录，构造测试目录需做到以下几点。

- 无论何时测试失败，给出具体失败功能的反馈。假设是 js/test/administration/account

目录中的测试失败了，对于所引入影响账户管理的 bug，你就可以快速掌握情况且不需要任何侦测工作。

- 在 js/ test 目录下给每个文件安排一个容易理解的位置。
- 仅需瞥一眼测试目录结构，就可以看出哪部分的测试通过了、哪部分的测试还需仔细检查。

11.1.3 组织非 JavaScript 资源

现在我们完成了 JavaScript 资源文件的组织工作，接下来还需要实现非 JavaScript 资源文件的目录组织，如图 11-4 所示。如顶层目录内容以及 Handlebars.js 模板。

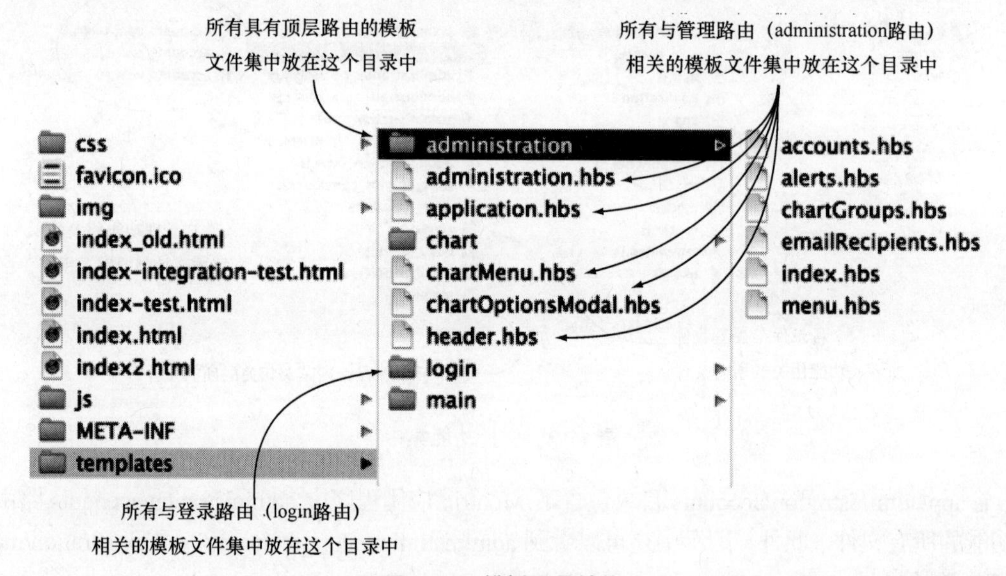

图 11-4 模板目录结构

1. 组织项目的顶层目录结构

依我看，顶层目录留给定义应用程序信息的文件比较合适。这包括但不限于以下提到的几点。

- index.html，定义了应用程序的整体结构。
- 描述任何第三方依赖关系的文件。
- 构建文件，告知构建工具如何装配以及测试应用程序。

还有一个目录我们尚未提到：templates。

2. 组织模板

我推荐将每个模板放置在它们自己的独立文件中，后缀名用符合惯例的.hbs。实际上，可以取任何后缀名，因为在装配应用程序的时候我们将指定它。这些文件应该依据应用路由来命名，需遵循以下原则。

- 将每个模板放置在它们自己的独立文件中。
- 对关联模板进行分类，将相同类型模板放在直观且反映应用功能的目录结构中。
- 通知构建工具，通过目录名和文件名的结合如何将模板编译进 JavaScript 代码，更为重要的是，通知构建工具自动调用模板的是什么程序。

该结构保证了目录最终命名为 templates，其中包含了分级的目录结构，这些层级能够正确反映应用程序路由。这对开发者来说容易理解，并且在预编译模板到 JavaScript 代码中的时候，该结构为构建工具提供了方便。

现在我们理解了如何组织 Ember.js 应用程序的结构，接下来解释 Ember.js 应用程序的装配过程。

11.1.4 Ember.js 应用程序装配过程

将应用程序组织进独立文件使得开发和应用程序管理都变得更容易之后，装配过程将组合各种应用程序资源到一个文件中。所有的 JavaScript 代码需要被组合进一个文件，并且所有的 CSS 代码也需要组合进另一个文件。此外，需要压缩每个文件以减少服务器端到客户端的传输数据量。

总之，JavaScript 应用程序装配过程所需步骤如以下列表项。此时我们尚不用理解各个步骤的意思以及做些什么，随着本章内容的展开，我们将对每个概念进行详细说明。

1. 装配源代码和模板

组合所有的 JavaScript 文件需要完成以下步骤。

（1）找出 js/app 目录中的每个文件。

（2）Lint 每个文件的 JavaScript 常见错误。

（3）与前面的文件连接。

（4）压缩连接后的文件。

由于 Ember.js 应用程序也包含了许多模板，因此需要对模板执行以下任务。

（1）找出每个*.hbs 文件。

（2）分配每个文件内容给 Ember.TEMPLATES[dirname/filename] =Ember.Handlebars.compile(fileContents)。

（3）与前面的模板文件连接。

2. 装配 CSS 文件

除了 JavaScript 和模板文件，CSS 文件也需要组合与压缩，这个过程涉及以下任务。

（1）找出每个*.css 文件。

（2）与前面的 CSS 文件连接。

（3）压缩内容。

装配过程有多个步骤，因此我们先来看看它们是怎样联系起来的。Ember.js 应用程序的装配过程如图 11-5 所示。

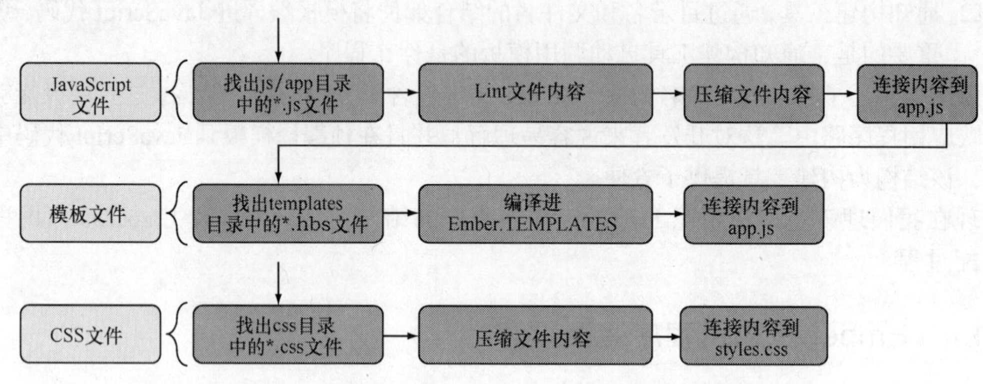

图 11-5 Ember.js JavaScript 应用程序的装配过程

该图展示了完整的 Ember.js 应用程序装配过程，包含了 JavaScript 源代码、Handlebars.js 模板以及 CSS 文件的装配。目标是最终形成两个文件：一个文件（app.js）包含了所有的自定义 JavaScript 代码，另一个（styles.css）包含了所有的 CSS 代码。

现在我们了解了如何组织 Ember.js 应用程序的结构，接下来解释如何通过 Grunt.js 来构建及装配应用程序。

11.2 使用构建工具 Grunt.js

Grunt.js 将自己定位为 JavaScript 任务运行工具。它是由 JavaScript 语言编写的第三方应用，运行在 Node.js 环境中。它的主要任务是自动化脚本压缩、Lint、运行单元测试及连接应用资源到单一文件。Grunt.js 建立在管道的概念上。管道定义了如何装配和测试应用程序。

> **安装 NPM**
>
> 由于 Grunt.js 是一个 Node.js 应用程序，因此需要先在系统中安装 Node 包管理工具（NPM），安装 Node.js 可参考：http://nodejs.org，安装 NPM 可参考：http://npmjs.org。

我们将用 Grunt 实现一个完整的应用程序装配管道，需要实现以下功能。

- ❑ 引导 Grunt.js 构建系统。
- ❑ 连接 JavaScript 文件到一个单一文件。
- ❑ 应用 Lint 到连接文件。

- ❑ 编译模板到连接文件。
- ❑ 为发布做准备，压缩连接文件到一个生产就绪文件中。

Grunt.js 基于插件方式，任何待执行任务都作为 Grunt.js 插件来执行。本章中我们将安装装配 Montric 应用程序所需的插件。不过，在此之前我们还有一件事情要做，先为 Montric 应用程序引导 Grunt.js 构建系统。在掌握如何用 Grunt.js 装配一个 Ember.js 应用程序之后，我们将讨论 Grunt.js 的优缺点。

11.2.1 为 Montric 应用程序引导 Grunt.js 构建系统

Grunt.js 需要在应用程序的顶层目录中找到以下两个文件：

- ❑ package.json
- ❑ Gruntfile.js

第一件需要做的事情是添加一个 package.json 文件，其用来描述 Montric 应用程序，以及任何应用程序或构建管道需要的依赖关系。代码清单 11-1 展示了初始的 package.json 文件。

代码清单 11-1 初始的 package.json 文件

```
{
  "name": "Montric",              // 项目名称
  "version": "0.9.0",             // 项目当前版本
  "devDependencies": {            // 装配过程中 Grunt.js 需要的依赖关系
    "grunt": "~0.4.1"             // Grunt.js 版本
  }
}
```

在 package.json 文件中，首先需要指定一些具体信息。该文件告知 Grunt.js 项目名称、项目当前版本以及所有 Grunt.js 用来装配项目需要的 `devDependencies`。当构建 Montric 装配管道时，我们将在 `devDependencies` 节添加依赖关系。

接下来，需要添加 Gruntfile.js 文件。该文件描述应用程序如何装配，初始的 Gruntfile.js 代码如代码清单 11-2 所示。

代码清单 11-2 初始的 Gruntfile.js 文件

```
module.exports = function(grunt) {                       // 在该函数中执行所有代码

  // Project configuration.
  grunt.initConfig({                                     // 在 grunt.initConfig 中放置配置内容
    pkg: grunt.file.readJSON('package.json'),            // 读取 package.json 配置信息
  });

  // Default task(s).
  grunt.registerTask('default', []);                     // 注册默认任务

};
```

现阶段的 Gruntfile.js 文件尚不能执行任何任务。但已添加了足够多的信息能够让 grunt 运行起来。在可以测试 Gruntfile.js 及 package.json 配置之前，需要安装 Grunt.js 命令行接口（CLI）。

安装 Grunt.js CLI，为 Grunt 构建应用程序做准备

（1）打开终端（Mac/Linux）或者命令行窗口（Windows）。

（2）输入以下命令：

```
npm install -g grunt-cli
```

NPM 安装 grunt-cli 到全局环境中，其允许通过系统中任何目录执行 grunt 命令。如果已经在 package.json 中指定了依赖关系，并第一次构建应用程序，则需要运行 npm install 命令以便首先安装这些依赖。

进入项目目录并执行 grunt 命令。回车之后，Grunt.js 会尝试使用之前创建的默认任务来装配应用程序。结果如图 11-6 所示。

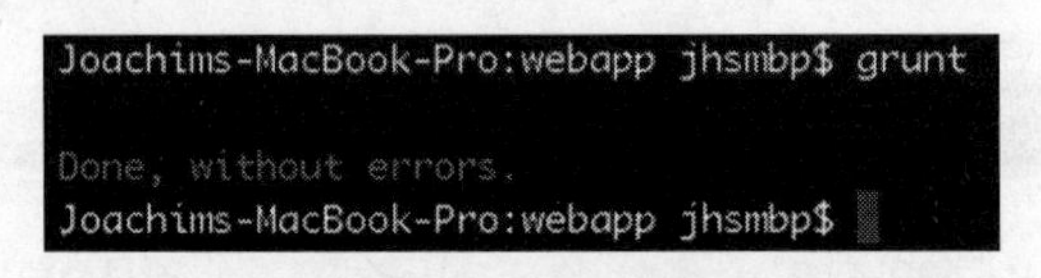

图 11-6 执行 grunt

现在，Grunt.js 就设置好了，接下来添加一个任务，连接所有的 JavaScript 代码到一个文件中。

注意 本章所有的截图都取自我的 Mac OS X 10.8 环境，并使用 Grunt.js 0.4.1 版本。你的输出依据你的操作系统、Grunt.js 和 Grunt.js 插件的版本可能会有些不同。

11.2.2 连接 JavaScript 代码

现在，我们设置了一个可行的应用程序构建管道，接下来看看现阶段处于装配过程的哪个环节，如图 11-7 所示。

图 11-7 现阶段在装配过程中所处环节

首先，通过以下命令安装 Grunt.js 的 concat 插件：

```
npm install grunt-contrib-concat --save-dev
```

该命令下载并安装 grunt-contrib-concat 插件的最新版本到项目目录中。参数

--save-dev 告知 NPM 同时在 package.json 文件中也包含该版本信息。图 11-8 展示了执行结果。

```
Joachims-MacBook-Pro:webapp jhsmbp$ npm install grunt-contrib-concat --save-dev
npm WARN package.json Montric@0.9.0 No README.md file found!
npm http GET https://registry.npmjs.org/grunt-contrib-concat
npm http 200 https://registry.npmjs.org/grunt-contrib-concat
npm http GET https://registry.npmjs.org/grunt-contrib-concat/-/grunt-contrib-concat-0.3.0.tgz
npm http 200 https://registry.npmjs.org/grunt-contrib-concat/-/grunt-contrib-concat-0.3.0.tgz
grunt-contrib-concat@0.3.0 node_modules/grunt-contrib-concat
```

图 11-8 执行 npm install grunt-contrib-concat --save-dev

package.json 文件被识别后，NPM 下载 grunt-contrib-concat 插件。此外，NPM 通过包含所安装插件的引用来扩展 package.json 配置，如果打开 package.json 文件，看起来如代码清单 11-3 所示。

代码清单 11-3 安装 concat 插件之后生成的 package.json 文件

```
{
  "name": "Montric",
  "version": "0.9.0",
  "devDependencies": {
    "grunt": "~0.4.1",
    "grunt-contrib-concat": "~0.3.0"      <-- 添加对 0.3.0（或更新）版本的引用
  }
}
```

为了连接所有的 JavaScript 代码进单一文件，按代码清单 11-4 所示扩展 Gruntfile.js。

代码清单 11-4 添加连接到 Gruntfile.js 文件

```
module.exports = function(grunt) {

  grunt.initConfig({
    pkg: grunt.file.readJSON('package.json'),
    concat: {                                  <-- 插件配置
      options: {
        separator: '\n'                        <-- 定义在文件间插入的字符串
      },
      dist: {
        src: ['js/app/**/*.js'],               <-- 定义源文件位置
        dest: 'dist/<%= pkg.name %>.js'
      }
    }
  });
  grunt.loadNpmTasks('grunt-contrib-concat');  <-- 加载 grunt-contrib-concat 插件
  grunt.registerTask('default', ['concat']);   <-- 注册插件以在默认任务中运行
};
```

我们添加了不少的信息到 Gruntfile.js 文件中。最值得注意的添加内容是 concat 对象，

在里面我们添加让 grunt-contrib-concat 插件工作起来所需的相关配置。首先定义了一个 options 对象，其中可以放置该插件使用的选项。在这里，通知 grunt-contrib-concat 插件当连接所有 JavaScript 文件到单一文件时，在每个 JavaScript 文件之间追加一个新行。

接下来，使用 dist 对象定义 grunt-contrib-concat 插件在哪里找到要连接的 JavaScript 文件，并指定连接完成时的输出文件。src 属性通知插件在 js/app 的所有子目录中定位所有的.js 文件，dest 属性通知插件在 dist 目录输出连接代码到一个文件，该文件名称在 package.json 文件的 name 属性中指定。在这里，最终的构建文件被命名为 Montric.js。

最后，加载任务进 NPM，并添加 concat 插件到默认任务中。为了装配应用程序的 JavaScript 代码进单一文件，在命令行执行 grunt，图 11-9 展示了执行结果。

```
Joachims-MacBook-Pro:webapp jhsmbp$ grunt
Running "concat:dist" (concat) task
File "dist/Montric.js" created.

Done, without errors.
Joachims-MacBook-Pro:webapp jhsmbp$
```

图 11-9　执行 grunt 以连接 JavaScript 文件

接下来，我们清理 Gruntfile.js 文件中的代码。如你可能预见的，如果直接添加所有的插件进 grunt.initConfig 函数，该文件很快就会变得臃肿并难以驾驭。让我们看看如何抽取每个插件的配置代码到单独文件中去。

11.2.3　抽取插件配置代码到单独文件

为了保证主要的 Gruntfile.js 文件尽可能短小可读，让我们看看如何抽取插件配置代码到单独文件中去。

创建一个新的 tasks 目录，用来放置插件配置文件。在这个目录中，创建一个名为 concat.js 的文件。该文件内容如代码清单 11-5 所示。

代码清单 11-5　抽取 concat 插件配置代码到 tasks/concat.js

```
module.exports = {
    options: {
        separator: '\n'
    },
    dist: {
        src: ['js/app/**/*.js'],
        dest: 'dist/<%= pkg.name %>.js'
    }
};
```

在 module.exports 中封装内容

包含 Gruntfile.js 中的 options 对象

包含 Gruntfile.js 中的 dist 对象

我们抽取了原来 Gruntfile.js 文件中 concat 对象的内容，并添加到新的 concat.js 文件中的 module.exports 对象里去。此外，grunt-contrib-concat 插件的配置内容维持不变。

接下来，我们需要通知 Grunt.js 使用该文件替代原来的 concat 对象。Gruntfile.js 文件的修改内容如代码清单 11-6 所示。

代码清单 11-6 Gruntfile.js 文件的修改内容

```
function config(name) {
  return require('./tasks/' + name);
}

module.exports = function(grunt) {
  grunt.initConfig({
    pkg: grunt.file.readJSON('package.json'),
    concat: config('concat')
  });

  grunt.loadNpmTasks('grunt-contrib-concat');
  grunt.registerTask('default', ['concat']);
};
```

引入新的 concat.js 文件

引入 tasks 目录中的文件

调用新的 config 函数

在这个步骤中，我们在极大精简代码的同时也提升了 Gruntfile.js 文件的可读性。此外，我们创建了一种机制，使得加载新插件到 Grunt.js 配置中去的处理变得更简单了。

现在我们已经创建了一种将新插件添加到 Grunt.js 装配过程的简单方式，接下来让我们来看看如何执行 Lint 以减少源代码包含明显错误和非法 API 调用的可能性。

11.2.4 Lint 常见错误

Lint 是一种分析代码常见 bug 及潜在错误的处理方式。由于 JavaScript 是解释型语言，因此 Lint 也支持 JavaScript 应用程序的语法检验。图 11-10 展示了装配过程中的当前阶段。

首先需要安装 grunt-contrib-jshint 插件。如图 11-11 所示，可以在命令行中通过以下命令安装：

```
npm install grunt-contrib-jshint --save-dev
```

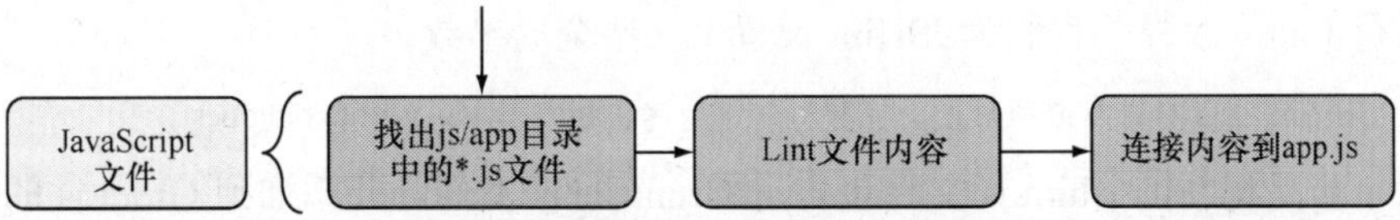

JavaScript 文件 → 找出js/app目录中的*.js文件 → Lint文件内容 → 连接内容到app.js

图 11-10 添加 Lint 处理到装配过程

```
Joachims-MacBook-Pro:webapp jhsmbp$ npm install grunt-contrib-jshint --save-dev
npm WARN package.json Montric@0.9.0 No README.md file found!
npm http GET https://registry.npmjs.org/grunt-contrib-jshint
npm http 304 https://registry.npmjs.org/grunt-contrib-jshint
npm http GET https://registry.npmjs.org/jshint
npm http 304 https://registry.npmjs.org/jshint
npm http GET https://registry.npmjs.org/minimatch
npm http GET https://registry.npmjs.org/console-browserify
npm http GET https://registry.npmjs.org/underscore
npm http GET https://registry.npmjs.org/shelljs
npm http GET https://registry.npmjs.org/cli
npm http 304 https://registry.npmjs.org/underscore
npm http 304 https://registry.npmjs.org/shelljs
npm http 304 https://registry.npmjs.org/cli
npm http 304 https://registry.npmjs.org/console-browserify
npm http 200 https://registry.npmjs.org/minimatch
npm http GET https://registry.npmjs.org/lru-cache
npm http GET https://registry.npmjs.org/sigmund
npm http GET https://registry.npmjs.org/glob
npm http 304 https://registry.npmjs.org/glob
npm http 304 https://registry.npmjs.org/lru-cache
npm http 304 https://registry.npmjs.org/sigmund
npm http GET https://registry.npmjs.org/graceful-fs
npm http GET https://registry.npmjs.org/inherits
npm http 304 https://registry.npmjs.org/inherits
npm http 304 https://registry.npmjs.org/graceful-fs
grunt-contrib-jshint@0.6.0 node_modules/grunt-contrib-jshint
└── jshint@2.1.4 (console-browserify@0.1.6, underscore@1.4.4, shelljs@0.1.4, minimatch@0.2.12, cli@0.4.4-2)
```

图 11-11　安装 `grunt-contrib-jshint` 插件

现在，我们就安装好了 `grunt-contrib-jshint` 插件，可以开始往构建过程中添加 Lint 功能了。在 tasks 目录中新建 jshint.js 文件，内容如代码清单 11-7 所示。

代码清单 11-7　创建 jshint.js 文件

```
module.exports = {
    files: ['Gruntfile.js', 'js/app/**/*.js', 'js/test/**/*.js'],
    options: {
        globals: {
            jQuery: true,
            console: true,
            module: true
        }
    }
};
```

为 Lint 指定文件

为 jshint 定义选项

上述代码通知 JSHint 在 js/app 和 js/test 目录中的所有.js 文件，以及重要的 Gruntfile.js 文件上执行 Lint。此外，我们为 JSHint 设置了一些全局参数。

提示　JSHint 项目有许多选项可用，完整列表请参考：http://www.jshint.com/docs/。

最后一步是将新的 jshint.js 文件包含进 Gruntfile.js 文件，并添加到 Grunt.js 的默认任务中。修改后的 Gruntfile.js 代码如代码清单 11-8 所示。

代码清单 11-8 修改后的 Gruntfile.js 代码

```
function config(name) {
    return require('./tasks/' + name);
}

module.exports = function(grunt) {
    grunt.initConfig({
            pkg: grunt.file.readJSON('package.json'),
            concat: config('concat'),
            jshint: config('jshint')              <—— 将 jshint 添加到 Grunt.js 配置中
    });

    grunt.loadNpmTasks('grunt-contrib-concat');
    grunt.loadNpmTasks('grunt-contrib-jshint');  <—— 加载 grunt-contrib-jshint 插件
    grunt.registerTask('default', ['jshint', 'concat']);  <—— 将 jshint 添加到默认任务
};
```

如果我们在命令行中运行 grunt 命令，就将对所有 JavaScript 源文件执行 Lint。但愿不会收到任何错误，而 JSHint 却极有可能报告一些可完善之处。grunt 命令运行结果如图 11-12 所示。

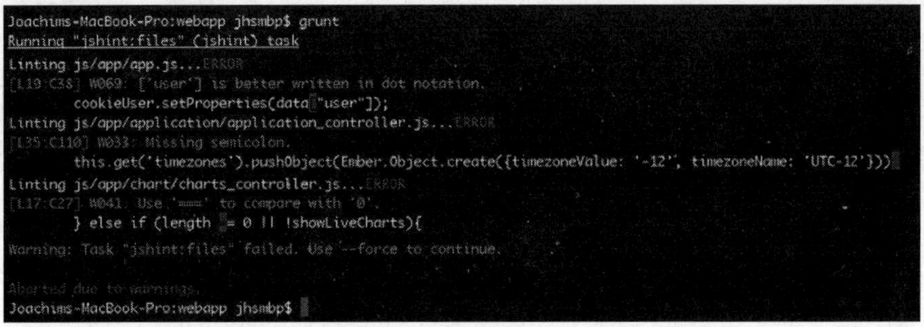

```
Joachims-MacBook-Pro:webapp jhsmbp$ grunt
Running "jshint:files" (jshint) task
Linting js/app/app.js...ERROR
[L19:C35] W069: ['user'] is better written in dot notation.
      cookieUser.setProperties(data["user"]);
Linting js/app/application/application_controller.js...ERROR
[L35:C110] W033: Missing semicolon.
      this.get('timezones').pushObject(Ember.Object.create({timezoneValue: '-12', timezoneName: 'UTC-12'}))
Linting js/app/chart/charts_controller.js...ERROR
[L17:C27] W041: Use '===' to compare with '0'.
      } else if (length == 0 || !showLiveCharts){
Warning: Task "jshint:files" failed. Use --force to continue.

Aborted due to warnings.
Joachims-MacBook-Pro:webapp jhsmbp$
```

图 11-12 JSHint 运行结果

JSHint 发现了一些代码错误。JSHint 首先列出执行 Lint 的文件，以及 Lint 的处理状态码。然后告知我们代码的问题，接下来打印有问题的代码行。这样，就方便我们回到源代码并修复 JSHint 报告的问题。

将 Lint 成功应用到构建管道之后，就可以确保源代码必须先经过 Lint 处理。

接下来讨论如何将 Handlebars 模板编译进单一 JavaScript 文件。

11.2.5 预编译 Handlebars 模板

Montric 应用程序模板以独立的.hbs 文件方式放在 templates 目录中，并遵循本章前面介绍的通用结构轮廓。将模板分割为不同的.hbs 文件有利于应用程序的管理，但为了让 Ember.js 理解这些模板，就必须将其预编译进应用程序中。图 11-13 展示了装配过程的当前阶段。

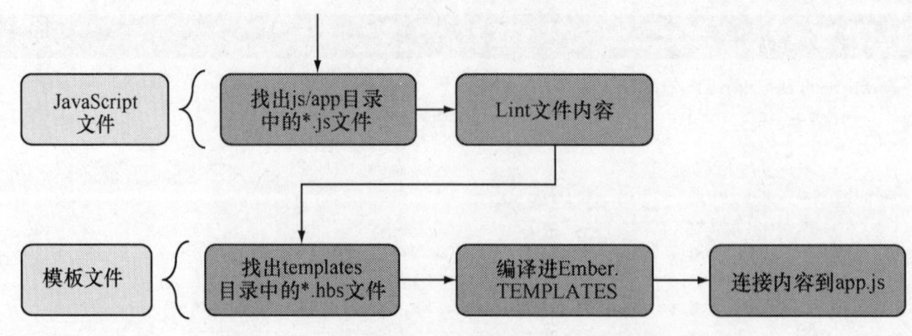

图 11-13 添加预编译模板功能到装配过程

Dan Gebhart 为 Grunt 创建了一个 Ember.js 模板插件，该插件可以帮助我们完成预编译过程。与任何其他的 Grunt.js 插件一样，需要通过 NPM 安装它。执行以下安装命令：

```
npm install grunt-ember-templates --save-dev
```

图 11-14 展示了安装 `grunt-ember-templates` 插件的结果。

```
Joachims-MacBook-Pro:webapp jhsmbp$ npm install grunt-ember-templates --save-dev
npm WARN package.json Montric@0.9.0 No README.md file found!
npm http GET https://registry.npmjs.org/grunt-ember-templates
npm http 200 https://registry.npmjs.org/grunt-ember-templates
npm http GET https://registry.npmjs.org/grunt-ember-templates/-/grunt-ember-templates-0.4.10.tgz
npm http 200 https://registry.npmjs.org/grunt-ember-templates/-/grunt-ember-templates-0.4.10.tgz
grunt-ember-templates@0.4.10 node_modules/grunt-ember-templates
Joachims-MacBook-Pro:webapp jhsmbp$
```

图 11-14 安装 `grunt-ember-templates` 插件

现在，我们安装好了 `grunt-ember-templates` 插件，也就做好了预编译 Handlebars 模板的准备。接下来要在 tasks 目录下创建新文件 emberTemplates.js。先来看看 package.json 文件内容，如代码清单 11-9 所示。

代码清单 11-9 安装 `grunt-ember-templates` 插件之后的 `package.json` 文件内容

```
{
  "name": "Montric",
  "version": "0.9.0",
  "devDependencies": {
    "grunt": "~0.4.1",
    "grunt-contrib-concat": "~0.3.0",
    "grunt-contrib-jshint": "~0.6.0",
    "grunt-ember-templates": "~0.4.10"      <-- 添加插件版本
  }
}
```

如所料的，NPM 在 package.json 文件中为我们添加上了 `grunt-ember-templates` 插件。接下来在 tasks 目录下创建新文件 emberTemplates.js，内容如代码清单 11-10 所示。

代码清单 11-10　emberTemplates.js 文件

```
module.exports = {
    compile: {                                          配置 grunt-ember-
      options: {                                        templates 插件
        templateName: function(sourceFile) {      返回每个模板的名称
          return sourceFile.replace(/templates\//, '');
        }
      },
      files: {
        "dist/templates.js": "templates/**/*.hbs"        指定模板位置
      }
    }
};
```

emberTemplates.js 文件在 templates 目录的各个子目录中查找所有的.hbs 文件。除了.hbs 文件内容，我们还需要告知 Ember.js 正在编译的模板的名称。可以通过路径和.hbs 文件名推断出模板名称，但必须去除路径中的“templates/”字串。通过 templateName 函数来进行此项处理，将所有“templates/”替换成空串。

应用程序模板预编译过程的最后一步是添加 grunt-ember-templates 插件到 Gruntfile.js。修改后的 Gruntfile.js 文件如代码清单 11-11 所示。

代码清单 11-11　修改后的 Gruntfile.js 文件

```
function config(name) {
    return require('./tasks/' + name);
}

module.exports = function(grunt) {
    grunt.initConfig({
            pkg: grunt.file.readJSON('package.json'),
            concat: config('concat'),
            jshint: config('jshint'),                    添加 emberTemplates.js
            emberTemplates: config('emberTemplates')     到构建配置中
});
});

    grunt.loadNpmTasks('grunt-contrib-concat');
    grunt.loadNpmTasks('grunt-contrib-jshint');          通过 NPM 加载 grunt-ember-
    grunt.loadNpmTasks('grunt-ember-templates');         templates 插件
    grunt.registerTask('default',
        ['jshint', 'emberTemplates', 'concat']);         添加 emberTemplates
                                                         步骤到默认任务中
};
```

我们在 Grunt.js 配置中添加了 emberTemplates.js，告知 Grunt.js 加载 grunt-ember-templates 插件，并注册 emberTemplates 作为默认构建任务的一个步骤。

图 11-15 展示了 grunt 运行的结果。

```
Joachims-MacBook-Pro:webapp jhsmbp$ grunt
Running "emberTemplates:compile" (emberTemplates) task
File "dist/templates.js" created.

Running "concat:dist" (concat) task
File "dist/Montric.js" created.
```

图 11-15 运行 grunt 编译模板

当 grunt 处理完成，所有的模板就被编译进了一个名为 templates.js 的文件中，其位于 dist 目录。但我们不希望为最终部署的应用程序压缩及装配两个文件。通过扩展 concat 插件的配置，可以很容易地解决该问题。代码清单 11-12 展示了修改后的 concat.js 文件。

代码清单 11-12 连接预编译模板到 Montric.js 中

```
module.exports = {
    options: {
        separator: '\n'
    },
    dist: {
        src: ['js/app/**/*.js', 'dist/templates.js'],     <—为连接操作添加
        dest: 'dist/<%= pkg.name %>.js'                       dist/templates.js
    }
};
```

这将把模板和 JavaScript 应用程序的其余部分连接在一起，Montric.js 文件差不多为最终部署准备好了。接下来，我们来看看如何压缩连接代码，以创建准备最终部署到生成环境的单一文件。

11.2.6 压缩源文件

尽管代码清单 11-12 中的文件可以包含在生产环境的应用程序中，但像这种方式在服务器端与浏览器之间发送的 JavaScript 文件就很大。我们以一种让开发及管理都更便捷的方式编写 JavaScript 代码，这是一种编程艺术。代码本身散布着空格、注释以及其他的让代码更具可读性的处理方式。但对于计算机而言，这些信息是无用且多余的。压缩是一个在不破坏任何应用程序功能的条件下，尽可能多地移除这些多余内容的过程。图 11-16 展示了装配过程的当前阶段。

Grunt 使用 uglify 插件来压缩 JavaScript 代码。如其他 Grunt.js 插件，先要通过以下命令安装这个 grunt-contrib-uglify 插件：

```
npm install grunt-contrib-uglify --save-dev
```

结果如图 11-17 所示。

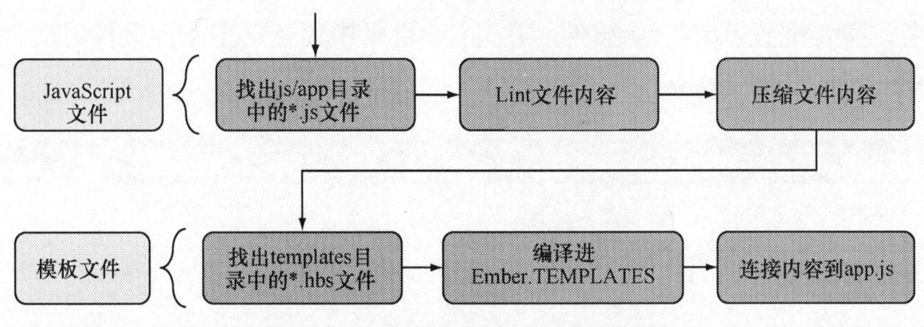

图 11-16 添加压缩文件到装配过程

```
Joachims-MacBook-Pro:webapp jhsmbp$ npm install grunt-contrib-uglify --save-dev
npm WARN package.json Montric@0.9.0 No README.md file found!
npm http GET https://registry.npmjs.org/grunt-contrib-uglify
npm http 304 https://registry.npmjs.org/grunt-contrib-uglify
npm http GET https://registry.npmjs.org/grunt-lib-contrib
npm http GET https://registry.npmjs.org/uglify-js
npm http 304 https://registry.npmjs.org/uglify-js
npm http 304 https://registry.npmjs.org/grunt-lib-contrib
npm http GET https://registry.npmjs.org/zlib-browserify/0.0.1
npm http GET https://registry.npmjs.org/source-map
npm http GET https://registry.npmjs.org/async
npm http GET https://registry.npmjs.org/optimist
npm http 304 https://registry.npmjs.org/zlib-browserify/0.0.1
npm http 304 https://registry.npmjs.org/source-map
npm http 304 https://registry.npmjs.org/optimist
npm http 200 https://registry.npmjs.org/async
npm http GET https://registry.npmjs.org/wordwrap
npm http GET https://registry.npmjs.org/amdefine
npm http 304 https://registry.npmjs.org/amdefine
npm http 304 https://registry.npmjs.org/wordwrap
grunt-contrib-uglify@0.2.2 node_modules/grunt-contrib-uglify
├── grunt-lib-contrib@0.6.1 (zlib-browserify@0.0.1)
└── uglify-js@2.3.6 (async@0.2.9, source-map@0.1.25, optimist@0.3.7)
Joachims-MacBook-Pro:webapp jhsmbp$
```

图 11-17 安装 `grunt-contrib-uglify` 插件

如我们所料，该命令将在 package.json 文件中添加对该插件的依赖，如代码清单 11-13 所示。

代码清单 11-13 添加了 `grunt-contrib-uglify` 之后的 package.json 文件

```
{
  "name": "Montric",
  "version": "0.9.0",
  "devDependencies": {
    "grunt": "~0.4.1",
    "grunt-contrib-concat": "~0.3.0",
    "grunt-contrib-jshint": "~0.6.0",
    "grunt-ember-templates": "~0.4.10",
    "grunt-contrib-uglify": "~0.2.2"      <-- 添加 grunt-contrib-uglify 0.2.2 或更新版本
  }
}
```

接下来，需要配置 uglify 插件。在 tasks 目录中创建 uglify.js 文件，文件内容如代码清单 11-14 所示。

代码清单 11-14　在 tasks/uglify.js 文件中配置 grunt-contrib-uglify 插件

```
module.exports = {
    options: {
        banner: '/*! <%= pkg.name %> <%= grunt.template.today("dd-mm-yyyy")
          %> */\n'
    },
    dist: {
        files: {
            'dist/<%= pkg.name %>.min.js': ['<%= concat.dist.dest %>']
        }
    }
};
```

定义输出文件的顶部显示内容

配置输入和输出文件

在这段代码中，我们为 uglify 插件定义了两个重要内容。banner 属性指定在最终输出文件的顶部显示的文本信息。files 属性定义了插件使用的输出文件和输入文件。在这里，我们的输入文件就是 concat 插件创建的文件，同时，在 dist 目录中新建名为 Montric.min.js 的输出文件。

这就是压缩连接源代码文件所需的全部设置。但在创建压缩文件之前，需要修改 Gruntfile.js 文件，如代码清单 11-15 所示。

代码清单 11-15　修改后的 Gruntfile.js 文件

```
function config(name) {
    return require('./tasks/' + name);
}

module.exports = function(grunt) {
    grunt.initConfig({
        pkg: grunt.file.readJSON('package.json'),
        concat: config('concat'),
        jshint: config('jshint'),
        emberTemplates: config('emberTemplates'),
        uglify: config('uglify')
    });

    grunt.loadNpmTasks('grunt-contrib-concat');
    grunt.loadNpmTasks('grunt-contrib-jshint');
    grunt.loadNpmTasks('grunt-ember-templates');
    grunt.loadNpmTasks('grunt-contrib-uglify');
    grunt.registerTask('default',
         emberTemplates', 'concat', 'uglify']);

};
```

添加 uglify.js 文件到构建配置中

加载 grunt-contrib-uglify 插件

添加 uglify 步骤到默认任务

我们添加了 uglify.js 文件到 Grunt.js 配置，通知 Grunt.js 加载 grunt-contrib-uglify 插件，并将 uglify 注册为默认构建任务的一个步骤。图 11-18 展示了 grunt 运行结果。

```
Joachims-MacBook-Pro:webapp jhsmbp$ grunt
Running "emberTemplates:compile" (emberTemplates) task
File "dist/templates.js" created.

Running "concat:dist" (concat) task
File "dist/Montric.js" created.

Running "uglify:dist" (uglify) task
File "dist/Montric.min.js" created.

Done, without errors.
Joachims-MacBook-Pro:webapp jhsmbp$
```

图 11-18 运行 grunt 以构建最终部署的应用程序

如果这时候观察 dist 目录中的内容，将看到三个文件，如图 11-19 所示。

Name	Date Modified	Size
Montric.js	Today 6:25 PM	115 KB
Montric.min.js	Today 6:25 PM	76 KB
templates.js	Today 6:25 PM	4 KB

图 11-19 最终的 dist 目录

可以将 Grunt.js 用在日后可能会涉及的其他任务上。添加新步骤到构建过程的任务遵循这里描述的相同结构，这种添加步骤的方式是非常简捷的。将来可能需要添加的步骤包括：

- 在使用 concat 插件之前运行 Qunit 测试；
- 连接并压缩 CSS 代码。

Grunt.js 社区很庞大，并充满活力，因此我们总可以找到满足需要的插件。Grunt.js 项目维护了一个插件列表：http://gruntjs.com/plugins/。

我们已经了解了 Grunt.js，但我们也来看看其优缺点。

11.2.7 Grunt.js 的优缺点

Grunt.js 是一个新工具，其既有优点也有缺点。优点是它为构建现代 JavaScript 应用程序而量身打造，并具有以插件为中心的流行结构。由于 Grunt.js 构建在 Node.js 基础之上，因此它是一个原生的 JavaScript 构建工具，并直接访问一个强大的 JavaScript 解释器。集成 Grunt.js 和 JavaScript 特定工具非常容易。在使用 grunt-ember-template 函数的时候可以充分利用这个特性，通过 Node.js 的 JavaScript 解释器来将.hbs 模板编译进 JavaScript 函数。

但是 Grunt.js 也有一些缺点。特别因为其在插件配置方面的宽松方式，导致没有一个标准方法来配置庞杂插件的操作。如果通过浏览器的源代码窗口观察在 tasks 目录中创建的脚本，就会发现脚本的配置方式各不相同。当我们想改变或添加配置属性时，就不得不细读每个插件的文档。

另一个于我而言的主要缺点是 Grunt.js 构建系统需要操作的一些文件污染了项目。如果观察项目目录，就会发现 NPM 创建了一个 node_modules 新目录。该目录的内容如图 11-20 所示。

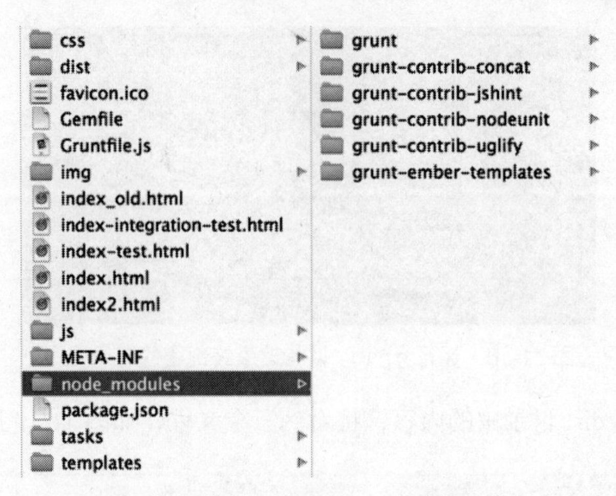

图 11-20　node_modules 目录的内容

node_modules 目录包含了所有添加到 Grunt.js 构建过程的依赖文件，包括 grunt。实际上，该目录占用了 33MB 存储空间并由 2500 个以上的文件组成。尽管我也理解 NPM 需要跟踪项目与依赖文件间的依赖性，以及 NPM 所需依赖文件的版本号，但我不明白为何 NPM 需要将这些内容保存在我的项目目录下。我想是 NPM 及 Grunt.js 可能实现了一个类似于 Maven 依赖方案的结构。Maven 保存了所有曾经请求过的依赖文件的副本，以及独立目录中每个依赖文件的每个版本。但默认地，Maven 将这些依赖文件放置在~/.m2/repository 目录，当构建应用程序时 Maven 会参照该目录。

11.3　小结

通过本章的学习，我们了解了 JavaScript 的装配和打包管道。尽管 JavaScript 是一门解释性语言，而需要通过浏览器以 HTTP 协议传递应用程序给用户的事实，使得使用构建工具是很有必要的。构建工具的使用有利于代码开发和管理工作。在装配和打包阶段，这些工具帮助我们减少了文件数量，并减少了服务器端与浏览器之间的网络传输量。

我们讨论了为生产部署打包应用程序的相关步骤，同时看到了一个使用 Grunt.js 构建工具的样例程序。Grunt.js 是基于 Node.js 的构建工具，与 Ember.js 应用程序一样，由 JavaScript 开发而成，能够直接访问 JavaScript 解释器。我们使用 JavaScript 解释器将模板文件编译进 JavaScript 函数。

本书就要结束了，我想祝贺你到达了学习旅程的终点，过程中你掌握了 Ember.js 基础知识，了解了技术实现的利与弊以及 Ember.js 的一些高级特性。在继续探索 Ember.js、编写雄心勃勃的 Web 应用程序并为了实现目标而挑战极限的荆棘之路上，我要祝你好运！回顾 Ember.js 从 SproutCore 2.0 一路演进过来的风雨历程，我对 Ember.js 成为未来 Web 开发领域中最重要的框架之一极为乐观！